低功耗片上网络

Low Power Networks-on-Chip

［意］克里斯蒂娜·西尔瓦诺（Cristina Silvano）
［美］马塞洛·拉约洛（Marcello Lajolo） 主编
［意］詹卢卡·巴勒莫（Gianluca Palermo）

许川佩　胡　聪　朱爱军
张　龙　黄喜军　李　翔　译

国防工业出版社
·北京·

著作权合同登记　图字：军-2020-022 号

图书在版编目（CIP）数据

低功耗片上网络/（意）克里斯蒂娜·西尔瓦诺，（美）马塞洛·拉约洛，（意）詹卢卡·巴勒莫主编；许川佩等译. —北京：国防工业出版社，2022.8

书名原文：Low Power Networks-on-Chip
ISBN 978-7-118-12523-8

Ⅰ.①低… Ⅱ.①克… ②马… ③詹… ④许… Ⅲ.①微处理器—系统设计 Ⅳ.①TP332.021

中国版本图书馆 CIP 数据核字（2022）第 130127 号

（根据版权贸易合同著录原书版权声明等项目）

First published in English under the title
Low Power Networks-on-Chip
by cristina Silvano, by Springer Science+Business Media, LLC
Copyright © 2011, Springer Science +Business Media,LLC*
This editi on has been translated and published under licence from Springer Science+Business Media, LLC.
All Rights Reserved.
*版权所有人信息须与原版书版权声明中的信息一致
Springer Science +Business Media, LLC takes no responsibility and shall not be made liable for the accuracy of the translation.
本书简体中文版由 Springer 授权国防工业出版社独家出版。
版权所有，侵权必究。

※

*国防工业出版社*出版发行

（北京市海淀区紫竹院南路 23 号　邮政编码 100048）
北京虎彩文化传播有限公司印刷
新华书店经售

*

开本 710×1000　1/16　印张 15¼　字数 265 千字
2022 年 8 月第 1 版第 1 次印刷　印数 1—1000 册　定价 168.00 元

（本书如有印装错误，我社负责调换）

国防书店：（010）88540777　　书店传真：（010）88540776
发行业务：（010）88540717　　发行传真：（010）88540762

译 者 序

Cristina Silvano 是米兰理工大学生物工程与电子信息计算机工程专业的副教授,出版了一本国际科学著作并在国际期刊和会议上发表了 70 多篇论文,同时还拥有多项国际专利,主要研究领域是数字系统计算机架构和计算机辅助设计领域,重点为多处理器系统芯片的设计空间探索和低功耗设计技术。Marcello Lajolo 就职于新泽西州普林斯顿的计算机和通信研究实验室(CCRL,即现在的美国 NEC 实验室),负责片上通信设计和高级嵌入式架构领域相关项目,是 IEEE 的资深成员,主要研究课题涉及片上网络、硬件/软件代码低功耗设计、计算机体系结构、数字集成电路的高级综合和片上系统测试。Gianluca Palermo 曾担任意法半导体公司先进系统技术低功耗设计组的顾问工程师,负责片上网络方向的工作,研究课题包括嵌入式系统的设计方法和架构,致力于低功耗设计、片上多处理器及片上网络。

随着集成电路技术的飞速发展和市场对产品性能要求的不断提高,在单一芯片上集成更多的资源已成为片上系统(SoC)设计的重要挑战。当 SoC 变得越来越复杂时,芯片的速度、功耗、面积、总线交换的效率等成为高性能 SoC 设计面临的最大问题。尤其是总线架构的系统结构极大地限制了 SoC 多个核之间高效的数据通信。1999 年,几个研究小组将计算机网络技术移植到芯片设计中来,提出了一种全新的集成电路体系结构——片上网络(NoC),成为高性能 SoC 设计发展的重要方向。NoC 可以定义为在单一芯片上实现的基于网络通信的多处理器系统,NoC 技术有效地解决了总线架构因地址空间有限而引起的扩展性问题、因分时通信而引起的效率问题和因全局同步而引起的功耗和面积问题,从体系结构层彻底地解决了总线架构带来的一系列问题。在片上网络中,功耗是衡量其性能的重要参数之一,由于片上面积、散热能力等因素的限制,芯片的设计重点已不单单关注高性能,低功耗芯片的设计更加引人重视。虽然高性能能够满足人们的需求,但是过高的功耗必然对系统的可靠性和散热能力造成一定的影响。本书从底层设计技术、系统级设计技术和未来新兴技术三个方面阐述了低功耗 NoC 技术。

本书由桂林电子科技大学的胡聪、许川佩、朱爱军、张龙、黄喜军和李翔合作翻译,其中许川佩翻译了第 1~4 章,胡聪翻译了第 5~7 章,朱爱军翻译了第 8~10 章,张龙翻译了前言、编者介绍、目录,黄喜军和李翔进行了校对和润色,全书最后的审校和定稿由胡聪、许川佩负责。

感谢桂林电子科技大学的凌景、李明、赵彤洲、郭荣、祝佳、殷贤华、牛军浩、陈涛、周甜等，他们认真阅读了翻译稿，并提出了很多修改意见，使翻译工作的质量有了显著提高。在翻译本书的过程中，国防工业出版社崔云编辑进行了大量的协调工作，并提出了很多有益的建议，在此也向他表示感谢。

由于时间和水平有限，本书翻译尚有不足之处，敬请学术界同仁及广大读者斧正。

胡聪　许川佩
桂林电子科技大学
2021 年 5 月

前　言

　　鉴于多处理器片上系统的设计越来越复杂，目前片上通信体系结构正向片上网络通信发展。以片上网络为基础的设计方法是一种高带宽和低功耗的解决方案。使用片上网络为基础的设计方法还有其他方面的一些优点，如可扩展性、可靠性、IP 核可重用性和片上通信和接口设计可分离性。片上网络设计是多核处理器系统设计的一种新模式，其设计理念从以计算为基础演变为以通信为基础。

　　基于此，过去 10 年，研究精力主要集中在 NoC 体系结构及相关设计方法上，对片上网络一些关键设计所面临的挑战进行了研究，最近 Marculescu 等将其分为 3 类：通信架构设计、通信模式的选择和应用映射优化。第一，通信架构的设计在网络拓扑综合、信道宽度选择、缓冲器的大小和 NoC 的布局方面存在问题；第二，通信模式的选择包括路由问题、交换技术的选择（存储转发、直通、虫洞等）问题；第三，应用映射优化依次包括 IP 映射和将应用置于片上网络平台的任务调度问题。所有优化技术应考虑到性能、能耗、服务质量、可靠性和安全性这几个指标。

　　在这种情况下，一些半导体公司开始提出基于片上网络的设计，其中，有 NXP-Philips 公司的 Aetheral NoC、ST 公司的 STNoC 和英特尔公司的 80-core NoC。同时，一些支持 NoC 设计的工业设计流程也相应提出，如 Silistix 的 CHAIN 工具套件、Arteris 的 NoC 开发软件和 NoC 编译器框架以及 iNoCs 的 iNoCs 工具。一些工业和 EDA 供应商证实了 NoC 作为一种可行的并且高能效的方法可以在单一芯片上实现大规模 IP 核的互连。

　　尽管已经发表大量与 NoC 相关的科学书籍和杂志论文，但仍有很多与 NoC 研究相关的挑战性课题值得研究。本书的研究始于一年前，我与 Springer 的 Charles Glaser 开始考虑出一本有关低功耗 NoC 的书籍，功耗和能耗仍然是多核集成芯片的制约因素之一，多抽象层的功率感知设计技术是片上网络互连实现高效节能设计的关键。从这个想法出发，本书试图说明编写一本以低功耗片上网络为主题的教科书的必要性，包括多个角度和多个抽象层次的功耗和能量感知设计技术。出于这个目的，本书会将低功耗 NoC 设计的几个做出突出贡献的实例列举出来。

　　本书章节共分三部分。第一部分，从底层出发，讨论 NoC 的几种功耗感知设计技术。主要包括混合电路/包交换网络、实时电源门控技术以及 NoC 链路和异步通信中的自适应电压控制技术。第二部分，提出了几种系统级能量感知设计技术。用于特定应用的路由算法、自适应数据压缩、延迟受限和功率优化 NoC 的设计技术。第三部分，为了适应未来片上网络体系结构的发展需求，讨论了一些和低功耗片上网络相关的新技术，如 3D 堆叠、CMOS 纳米光子学和 RF 互连等。

第一部分：底层设计技术。第 1 章介绍了满足高带宽低功耗需求的片上网络在未来发展将面临的一些问题。本章首先分析了设计 NoC 体系结构的一些先进方法，并详细介绍了如何将包交换仲裁和电路交换数据传输技术相结合，通过降低仲裁开销和提高网络资源的整体利用率，达到节约能量并提高网络效率的目的。在混合网络中，包交换仲裁为数据传输保留下一步的电路交换通道，在解决纯电路交换网络的一些性能瓶颈问题的同时保留了他们的功耗优势。此外，本章还讨论了基于临近的数据流如何增加网络吞吐量并提高能量效率的问题。最后，从工业研究的角度出发，在 45nm CMOS 技术基础上分析了一些 NoC 测量和设计技术的取舍问题。

第 2 章研究了电源门控技术以便减少片上路由器的泄漏功率。当前的工艺技术中泄漏功率是有效功率的主要影响因素。因此本章介绍了一个实时细粒度电源门控路由器，在这种路由器中每个路由器部件（如虚通道缓冲器、交换开关的多路转换器和输出锁存）可以被单独控制以与工作负载对应。为了减轻每个功耗区域的唤醒延迟对应用性能的影响，本章介绍并讨论了 3 种唤醒控制方法。最后，用商业 65nm 工艺设计了具有 35 个微电源的细粒度电源门控路由器以提早唤醒方法，并以面积开销、应用性能和泄漏功耗作为该方法的评价指标。

第 3 章研究了目前先进 NoC 高能效的通信链路设计技术。在回顾了数据链路层和物理抽象层的技术之后，本章介绍了一种基于前瞻性转换意识的自适应电压控制方法，此方法可以在保证性能和可靠性前提下获得能量效率的提升。然后，对提出的方法的性能和局限性进行了评估，对未来高能效的链路设计进行了展望。

第 4 章对应用于 NoC 链路层的各种异步技术进行了综述，包括信号传输原理、数据编码和同步解决方案，通过对面积、功耗和性能等方面的比较来讨论这些异步技术。对基于数据有效性、确认、延迟无关、时序条件和软错误容忍的数据令牌格式的基本问题进行审议。本章还涉及了作为整个网络体系结构一部分——异步通信链路的相关内容，包括异步逻辑仲裁和路由硬件。最后，本章给出了使用 Petri 网的形式模型和信号转换图来构建小型控制器的基本技术。

第二部分：系统级设计技术。第 5 章描述了在 NoC 平台上如何对路由算法进行优化。路由算法对 NoC 的性能（包延迟和吞吐量）和功耗有很大影响。本章提出了一种用于开发有效且无死锁的路由算法，专门用于某一个应用或一组并发应用。面向特定应用路由算法（APSRA），开发在 NoC 平台上相互通信的核与其他从不通信的核之间的信息，用于在不牺牲无死锁的前提下，来最大化路由算法的自适应性。同时本章在利用 APSRA 方法设计的路由算法和通用无死锁路由算法之间做了一个广泛的比较。基于仿真的评估是利用综合流量以及真实应用的流量来完成的，比较包含几个性能指标，如适应度、平均时延、吞吐量、功耗和能量消耗。虽然 APSRA 对路由器结构有负面影响，但是本章证实了 APSRA 较高的自适应性，且对路由性能和能耗性能都有明显的改进。

第 6 章提出了一种基于表的数据压缩技术方法，此方法取决于高速缓存流量的值模式。把一个大的数据包压缩成一个小的数据包，可以通过减少网络部件所需操作来节省功率消耗，也可以通过增加共享资源的有效带宽来减少竞争，主要是提供一个可扩展的实现表和最大限度地减少压缩的延迟开销。设计了一个共享表方案，需要为每个处理单元提供一个编码表和一个解码表，还需要一个不按次序传递的管理协议。该方案消除了表的大小对网络规模的依赖性，实现了可扩展性，也降低了压缩表的开销。本章也给出了将该压缩方法用在 8 核和 16 核平铺设计中得到的一些仿真结果，讨论了数据包的延迟和网络功耗指标实验结果。

第 7 章介绍了高端商业片上系统（SoC）应用的片上网络设计过程。在侧重 NoC 功耗优化的同时，也要达到要求的性能指标，本章对此阐述了几种设计选择。本章介绍的 NoC 设计步骤包括模块的映射和链路定制容量的配置。不同于以往采用点对点、单位流时间约束的研究方法，本章证明了在优化过程中采用端到端延迟遍历要求的重要性。为了比较这几种设计方案，本章给出了满足商业 4G SoC 实际吞吐量和时序要求的 NoC 设计的综合结果。

第三部分：未来新兴技术。第 8 章解决了将核分成电压岛的 2D 和 3D SoC 的设计问题。为了减少泄漏功耗，可以关闭在应用中不用的包含核的电压岛，而其他岛仍然可以运行。当关闭一个或更多的岛时，互连应保证运行中的各个岛之间的通信。为此，NoC 要设计成允许关闭电压岛，从而减少泄漏功耗。而本章提出的 NoC 拓扑结构的设计方法，为 2D 和 3D 技术提供了支撑。本章提出了在拓扑合成阶段考虑电压岛的概念，还分析了在多个电压岛的实际应用中 3D 堆叠芯片的迁移优势。

第 9 章介绍了新兴的 CMOS 纳米光子技术，这是一种替代传统全电子化 NoC 的途径。因为纳米 NoC 相比全电子化 NoC 可以提供更高的吞吐量和更低的功耗。本章介绍了 CMOS 纳米光子技术，并认为它在整个光子芯片网络中的应用，在与电子同行相比消耗更少功率的同时使多核微处理器性能和灵活性大大提高。作为案例研究，本章还给出了一个设计，该设计利用 CMOS 纳米光子技术优势在一个 256 核的 3D 芯片堆叠中获得 ten-teraop 性能，由光连接到主存储器，从而获得非常高的存储带宽和所有内核间的高速缓存，以及不带有缓存粒度的低延迟芯片间通信的分带宽约束。

第 10 章探讨了未来片上网络中多边带 RF 互连的应用。RF 互连可以在具有低功耗信号传输和可重构带宽的多频带中实现同时通信。同时，本章研究了 CMOS 混合信号电路的实现以提高 RF-I 信号的传输效率。此外，本章还提出了一种微结构的框架，可以用于促进基于物理规划和原型的低功耗 NoC 架构的可扩展性研究。

由于书中讨论了大量的主题，且这些主题都不尽相同，所以低功耗 NoC 的背景在每一章各自的参考文献中被逐章讨论，这样的方式也有助于形成每一章的独立性。

总之，我们坚信全书的所有章节覆盖了对于目前和未来的低功耗片上网络的研究中绝对重要且及时的问题。我们由衷地希望此书在未来的几年内可以成为一本可靠的参考书籍。所有的作者都倾注了大量的努力以力求清晰地表达他们的技术贡献，总结出潜在的影响并且给出一些研究实例。在此特别感谢那些为本书做出贡献的作者们，还要特别感谢从本书开始编写就一直鼓励我们的 Springer 的 Charles Glaser 以及不断帮助我们评阅材料的 Springer 的 Amanda Davis。

米兰，意大利	Cristina Silvano
普林斯顿，新泽西，美国	Marcello Lajolo
米兰，意大利	Gianluca Palermo

目　　录

第一部分　底层设计技术

第1章　基于高效片上互连技术的混合电路/包交换网络 2
 1.1　片上网络的过去、现在和未来 2
  1.1.1　片上网络的发展现状 2
  1.1.2　未来面对的问题及挑战 3
 1.2　混合包/电路交换片上网络的提出 5
  1.2.1　具有包交换仲裁机制的 NoC 电路交换数据 5
  1.2.2　电路/包交换网络仲裁的电路创新 7
  1.2.3　数据传输电路的创新 11
 1.3　在 45nm 工艺下片上网络的测试与权衡 12
 1.4　小结 15
 参考文献 16

第2章　低功耗片上网络的运行时门控电源技术 17
 2.1　引言 17
 2.2　片上虚通道路由器 17
  2.2.1　目标路由器体系结构 18
  2.2.2　目标路由器结构的功耗分析 19
 2.3　低功耗技术的前期工作 20
  2.3.1　电压和频率调节技术 20
  2.3.2　门控电源技术 20
 2.4　细粒度门控电源路由器 22
  2.4.1　电源域划分 22
  2.4.2　电源域实现 23
  2.4.3　唤醒时延估计 24
 2.5　唤醒控制的方法 25
  2.5.1　唤醒时延的影响 25
  2.5.2　前瞻性方法 26
  2.5.3　持续运行的前瞻性方法 27

		2.5.4 带有活动缓冲器窗口的前瞻性方法 ································ 28

- 2.6 实验评估 ·· 28
  - 2.6.1 模拟环境 ··· 28
  - 2.6.2 性能影响 ··· 30
  - 2.6.3 泄漏功耗的降低 ·· 32
- 2.7 小结 ·· 34
- 参考文献 ·· 34

第3章 高能效片上网络链路的自适应电压控制 ································ 36

- 3.1 引言（概述） ··· 36
- 3.2 提高片上链路能效的方法 ··· 36
  - 3.2.1 能效指标 ··· 36
  - 3.2.2 数据链路层技术 ·· 37
  - 3.2.3 物理层技术 ··· 38
  - 3.2.4 其他方法 ··· 41
- 3.3 超前——基于过渡转换感知链路的电压控制 ························· 42
  - 3.3.1 超前变送器设计 ·· 42
  - 3.3.2 HI/LO 电压选择 ·· 45
  - 3.3.3 性能评估 ··· 46
  - 3.3.4 局限性 ·· 52
- 参考文献 ·· 52

第4章 片上网络异步通信 ·· 55

- 4.1 引言 ·· 55
  - 4.1.1 可变性 ·· 56
  - 4.1.2 功耗 ··· 57
  - 4.1.3 本章结构 ·· 57
- 4.2 在片上网络时代之前的异步通信发展史 ······························ 58
- 4.3 基于令牌观的通信 ··· 59
- 4.4 异步信令传输基础 ··· 61
  - 4.4.1 信令技术 ·· 61
  - 4.4.2 握手协议 ·· 61
  - 4.4.3 信道类型 ·· 62
- 4.5 延迟不敏感数据传输 ··· 63
  - 4.5.1 双轨 ··· 63
  - 4.5.2 $1/N$ 和 M/N 编码 ·· 64
  - 4.5.3 单转换编码 ··· 66

- 4.6 延迟敏感通信 66
  - 4.6.1 捆绑式数据编码 67
  - 4.6.2 单轨信令 67
  - 4.6.3 基于脉冲的信令 67
- 4.7 SEU 弹性编码 68
  - 4.7.1 相位编码 68
  - 4.7.2 数据参考码 69
  - 4.7.3 编码小结 70
- 4.8 流水线技术 71
  - 4.8.1 配对握手 72
  - 4.8.2 串行与并行链路 73
- 4.9 片上网络 74
- 4.10 同步器 76
- 4.11 路由器 78
- 4.12 CAD 问题 80
  - 4.12.1 逻辑综合 80
  - 4.12.2 语法驱动设计 80
  - 4.12.3 采用 Petrify 综合的举例 81
- 4.13 小结 83
- 参考文献 83

第二部分 系统级设计技术

- 第5章 低功耗片上网络设计中面向应用的路由算法 88
  - 5.1 引言 88
  - 5.2 路由算法和功耗的背景 89
    - 5.2.1 路由算法的分类 89
    - 5.2.2 虫洞交换和死锁 90
    - 5.2.3 路由算法的基本要素 91
    - 5.2.4 路由逻辑和硬件影响 92
    - 5.2.5 NoC 中区域的概念 93
    - 5.2.6 网络能量和路由算法 94
    - 5.2.7 常见性能指标 94
  - 5.3 术语和定义 95
    - 5.3.1 基本定义 95
    - 5.3.2 通道依赖图和无死锁 95

  5.3.3 面向应用的通道依赖图 ··· 96
  5.3.4 自适应路由 ··· 97
 5.4 APSRA 设计方法 ·· 97
  5.4.1 APSRA 举例 ·· 98
  5.4.2 主要算法 ··· 99
  5.4.3 自适应最小损耗的阻断沿 ·· 99
  5.4.4 路由表 ··· 101
 5.5 APSRA 的性能评估 ·· 104
  5.5.1 流量情况 ··· 104
  5.5.2 自适应性分析 ·· 105
  5.5.3 仿真评估 ··· 107
 5.6 成本、功耗和能耗分析 ·· 114
  5.6.1 常用的路由器结构 ·· 114
  5.6.2 面积和功耗 ··· 115
  5.6.3 能耗 ·· 116
 5.7 小结 ·· 117
 参考文献 ·· 118

第 6 章 低功耗片上网络的自适应数据压缩 ······························· 121
 6.1 引言 ·· 121
 6.2 相关工作 ··· 122
 6.3 片上网络上的数据压缩 ·· 123
  6.3.1 片上网络体系结构 ·· 123
  6.3.2 压缩支持 ··· 124
  6.3.3 表组织 ·· 126
 6.4 优化压缩 ··· 126
  6.4.1 共享表结构 ··· 126
  6.4.2 共享表一致性管理 ·· 127
  6.4.3 提高压缩效率 ·· 129
 6.5 方法 ·· 129
 6.6 实验结果 ··· 131
  6.6.1 可压缩性和数值的分析模型 ································· 131
  6.6.2 功耗的影响 ··· 134
  6.6.3 数据包延迟的影响 ·· 135
  6.6.4 压缩表面积分析 ··· 137
  6.6.5 宽/长的-通道网络的比较 ····································· 137
 6.7 小结 ·· 138
 参考文献 ·· 139

第7章 4G SoC 延迟约束、功率优化的 NoC 设计：案例研究 … 141
7.1 引言 … 141
7.2 相关工作 … 142
7.3 目标应用程序 … 143
7.4 NoC 设计与优化 … 147
7.4.1 成本优化映射 … 147
7.4.2 设置链路容量 … 149
7.5 实验结果 … 151
7.5.1 目标路由器的体系架构 … 152
7.5.2 综合结果 … 155
7.6 小结 … 157
参考文献 … 158

第三部分　未来和新兴技术

第8章 低功耗 2D 和 3D SoC 的片上网络的设计与分析 … 162
8.1 引言 … 162
8.2 电压岛支持构架 … 164
8.2.1 2D SoC 构架 … 164
8.3 3D SoC 构架 … 165
8.4 设计方案 … 166
8.4.1 综合问题规划 … 166
8.5 使用 VI 关闭的 2D IC 合成算法 … 167
8.6 3D IC 的扩展 … 171
8.7 实验结果 … 171
8.7.1 2D IC 设计 … 172
8.7.2 2D 和 3D IC 的标准比较 … 175
8.7.3 比较不同数目的电压频率岛 … 176
8.7.4 结果分析 … 179
8.8 小结 … 179
参考文献 … 179

第9章 CMOS 纳米光子学技术、系统影响和多芯片处理器（CMP）的案例研究 … 182
9.1 引言 … 182
9.2 CMOS 纳米光子技术 … 184

9.2.1　概述 ·· 184
　　9.2.2　光源 ·· 185
　　9.2.3　波导、分离器、耦合器和连接器 ······················ 186
　　9.2.4　探测器 ·· 186
　　9.2.5　芯片内部与芯片间的通信技术 ························ 187
9.3　纳米光子学网络原理 ·· 188
　　9.3.1　电互连 ·· 188
　　9.3.2　光互连 ·· 189
　　9.3.3　光子网络基本原理 ·································· 190
　　9.3.4　光仲裁 ·· 192
　　9.3.5　光屏障 ·· 194
9.4　Corona：纳米光子的案例研究 ································ 194
　　9.4.1　Corona 架构 ·· 195
　　9.4.2　实验装置 ·· 201
　　9.4.3　性能评估 ·· 203
9.5　小结 ·· 206
参考文献 ··· 206

第 10 章　未来片上网络的 RF 互连 ···························· 209

10.1　引言 ·· 209
10.2　未来信息处理器的互连问题 ································ 209
10.3　RF 如何帮忙? ·· 211
10.4　可扩展 RF-I 的预期性能 ·································· 213
10.5　实施案例 ·· 214
　　10.5.1　片上多载体形成 ···································· 214
　　10.5.2　片上 RF 互连 ······································ 216
　　10.5.3　3D IC 的 RF 互连 ·································· 221
10.6　RF-I 对未来 SoC/NoC 架构的影响 ·························· 222
10.7　未来 RF-I 的研究方向 ···································· 224
参考文献 ··· 228

编者介绍 ·· 230

第一部分 底层设计技术

第1章 基于高效片上互连技术的混合电路/包交换网络

1.1 片上网络的过去、现在和未来

片上网络（NoC）从过去的超级计算机时代发展而来，这些装在机箱中的计算机，通过多根电缆互连形成一个完全并行的计算机系统。这些网络虽然很简单，如原先简单的以太网，然而却能在适当的延迟内提供需要的带宽。现在，经过几代的技术更新，人们能够将多个计算机系统设计在一个硅片上，通过网络互连成为一个同构多核的并行计算机系统。而且，如此高的集成度使得将不同功能块集成到一块芯片上成为可能，这些功能块通过通信网络连接，形成异构系统，称为片上系统（SoC），将这些功能块连接到一起的网络就是片上系统的主干网。本章，将讨论该领域的发展现状，未来将要面对的问题和挑战，以及解决这些问题需要做的一些主要工作。为提高能效，还提出混合电路/包交换网络，该设计结合网络优势，具有更高的包交换网络的资源利用率，以及电路交换网络的低功耗优势。用一块45nm CMOS 工艺的 8×8 网格片上网络硅片的测量结果去分析能效优势和设计间的权衡。

1.1.1 片上网络的发展现状

过去的 30 年，NoC 从初期仅包括若干简单功能块的单芯片微控制器发展到了今天在一块芯片上集成不同功能块的复杂的片上系统。早期的片上网络能够很好地满足当时的应用需求，然而随着带宽需求的加大，它们演变成由复杂开关组成的更高阶拓扑结构的复杂网络。本章节将对这种进展进行研究。

1. 总线结构

在早期的微控制器时代，最简单的 NoC 中采用总线连接微处理器核和其他外设，如存储器、定时器、计数器和串行控制器。该总线通常很窄，仅有 8～16 位（bit）的数据宽度，跨越整个芯片，几乎将所有模块连接在一起。这么长的总线会影响到总线上大量的 RC 延时，这似乎导致芯片运行速度很慢，其实芯片的频率是受晶体管性能的限制而非总线。总线最显著的特征就是简单，仅仅需要少量的晶体管。一方面由于总线的共享性，所有模块都通过总线仲裁传输数据，使其利

用率受到限制；另一方面，这样的共享总线又有利于广播和多播方式。

2. 环形结构

随着晶体管工艺的迅速发展，总线 RC 延时成为影响芯片工作频率的主要因素时，显而易见的解决办法就是在总线中使用中继器改善总线延迟，总线的每个中继器都有各自时钟，最后变成流水线型总线。它由许多中继式的总线段组成，并且在每个模块上都有由时钟驱动的中继器。如果将两个远端连接在一起会形成一个环形结构[1]。环形结构能提供更高的工作频率，但是在每一跳中会增加几个时钟的延迟，节点到节点的延迟为跳数的一半。环形结构在模块数量较少时有足够的优势，然而随着模块数量的增加，延迟也呈线性递增。

3. 网格结构

环形结构的延迟限制导致出现一个更高维网格或者圆环的网格结构[2]。网格结构也是二维的分段总线，每个模块都有交换开关，但增加了跨维度路由数据的复杂性，如从 X 到 Y。网格网络结构的优点是平均延时（平方根）在模块的数量增长时不会增加得很快，但是会增加网络协议和实现逻辑的复杂性，可能会发生如死锁这样的危险情况。这样的网络也能够虚拟化，通过物理链路上的虚拟通道来进一步地提高利用率[3]。

1.1.2 未来面对的问题及挑战

随着技术的发展，人们不断为不同功能块的整合提供大量的晶体管，在此背景下片上网络将如何发展？下面阐述未来片上网络面临的挑战。

1. 功耗和能耗

针对 45 nm 工艺的片上系统，如图 1.1 所示，包含 8 个互连功能块。按照摩尔定律，连续的技术更新将会使集成容量加倍，15 nm 工艺下，预计将有数十亿晶体管，近 64 个功能块提供万亿次运算（Tera-ops）级别性能。如果这些功能块通过 8×8 网格网络连接，则在网格中的导线段尺寸将大约是 1 mm。

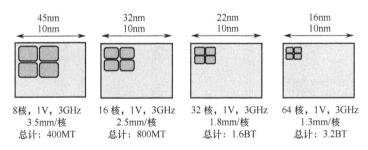

图 1.1 未来的片上系统集成容量

值得注意的是，随着技术的大规模发展，在模块上的功能块数量将加倍，如果一个网格网络中每个功能块都带一个交换开关，则在交换开关中的能耗会成比例地增加。导线的数量也会加倍,但是导线的长度会减小。图 1.2(a)显示了总线的估计延时和能耗,图 1.2(b)显示了在开关中的能耗。利用上述估值,并且假设万亿级片上系统访问一个万亿级操作数(32bit),平均遍历 10 跳,那么单是网络上的功耗就太高了。

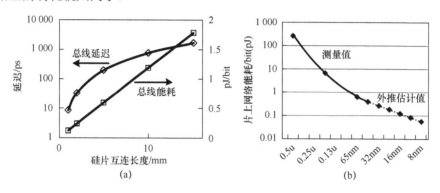

图 1.2　硅片互连延迟和能耗与长度和工艺的关系

(a)长度与延迟;(b)工艺和能耗。

2. 异构性

明显地,网格结构作为同构片上网络不是最好的。对于像相邻功能块之间这样短距离的情况,总线连接是更好的连接方式,因为总线的延时和功耗都更低。而且,针对低电压波动设计总线能够进一步地减小能耗。当导线长度增加时,相连延迟接近于在开关中的延迟,因此总线更适合传统的包交换网格网络。

片上网络需要新的设计方法,如图 1.3 所示,用传统总线将距离很近的功能块相互连成簇,这样对于短距离的数据传输是高效的。用宽(高带宽)低波动(低能耗)总线将这些簇连在一起,还可以选择用包交换或电路交换网络将这些簇连在一起,根据距离的不同选择用哪种转换网络连接。因此,片上网络能够分层和异构,彻底脱离了传统片上网络的设计方法[4]。

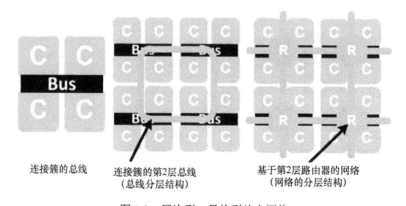

图 1.3　层次型、异构型片上网络

1.2 混合包/电路交换片上网络的提出

在功耗受限的条件下,随着芯片的集成度不断提高,多核处理器通过降低电压和频率的并行处理提供了更高的性能。随着芯片上 IP 核数量的增加,用于硅片通信的互连网络技术的创新,是实现芯片扩展性能的关键[5-8]。通过将网络拓扑和体系结构优势与高效电路设计相结合,能实现更有效的通信。对于多核片上网络,包交换二维网格网络能提供高效的互连利用率、低延时和高吞吐量,然而由于路由过程中的数据存储会导致低能耗[9-10]。电路交换数据传输技术通过消除内部路由数据存储,能获得高带宽和高能效[11-13]。电路交换数据传输技术在数据传输过程中通过提供一个专用通道,避免了中间缓冲和仲裁。然而,要避免缓冲和仲裁,必须要在数据传输之前预留专用通道资源,这可能会阻碍更优化的数据传输。与预先安排的源定向路由方案不同,分布式路由方案不会受到预定的流量模式或应用的限制,但是确定数据包路由和保留资源的优先级却是基于不完整的实时信息。因此,为了解决资源分配和分布式控制的问题,需要在保持电路转换网络节能优势的同时,要有接近包转换网络吞吐量的高效电路。

1.2.1 具有包交换仲裁机制的 NoC 电路交换数据

具有包交换仲裁机制的电路交换二维网格网络是由包交换请求地址网络、电路交换的应答和数据网络组成(图 1.4)。在这种异构网络中,由于在数据传输前,小的数据包要保留通道,所以允许延迟通道分配以提高资源利用率。然而,由于数据传输使用没有中间数据存储的电路交换路径,节能就要一直保留。此外,高效电路通过减小仲裁开销和提高网络资源的整体利用率从而改善整体网络效率。

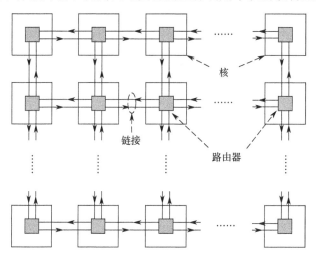

图 1.4　电路交换二维网格结构

运用这种混合网络进行数据传输有 3 个不同阶段（图 1.5）。在电路交换数据传输的准备阶段，包含目的地址的请求数据包通过数据包转换网络进行路由。当请求包经过每个路由和互连段时，互连段相应的电路交换数据通道会分配给后续的数据传输。当请求包到达对应的目的地址时，一个完整的通道或者电路就已经分配完毕。该通道仅在终点有一个锁存或存储元件，而在数据传输路径上只有复用器和中继器。应答信号表明该通道准备好用于数据传输，这样准备阶段就完成了。当通道准备完毕，源路由器驱动数据到输出端口，输出端口的数据不会被状态元件中断而可直接传输到目的地址。目的地址接收到数据后，该分配通道在周期结束后被释放。

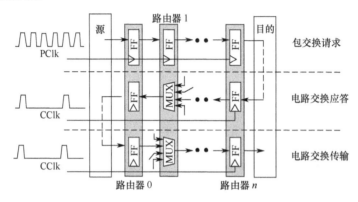

图 1.5　电路交换流水线和时钟

与纯基于数据包的网络相比，上述混合网络在源地址和目的地址之间没有存储操作使得能耗降低。同时，由于只有单个头包被传输用来分配每条通道，没有多个后续数据片，包交换网络上的通信量也会减小。分配阶段，数据包只有在为后续路由传输存储路由方向的时候占用当前路由器的资源。相反，纯电路交换网络即使被其他通信量阻塞，也会占用在源路由器到当前仲裁点之间的资源。由于电路交换的资源分配实行的是没有全局控制的分布式优化，像流水线型和队列槽这样的高效电路能通过提高电路交换数据总线带宽的利用率来进一步地提高整体能效。3 个路由阶段的流水线型设计提高了数据吞吐量，网络的请求包转换和数据电路交换部分用不同的时钟（图 1.5），因为每个请求数据包只能在每个周期相邻核之间进行传输，所以它能够在一个比电路交换部分（CClk）更高的时钟频率（PClk）下工作，在电路交换部分每个周期数据可能要遍历整个网络。在电路交换数据传输中，要发送后续数据传输的确认信息（图 1.6）。此外，请求数据包同时一直在创建新的通道，为后续数据传输存储路由方向。这种流水线型从关键路径中移除了请求和应答阶段，从而将交换电路的吞吐量提高了 3 倍。

为了进一步提高分布式控制的资源利用率，加入到每个路由器端口的队列槽存储多个请求路径，这样在应答阶段就为电路交换网络提供了几种可供选择的路径。随着这种可用数据传输路径的增加，实现了更优化互不干扰的同步数据传输，从而提高了总吞吐量和资源利用率。

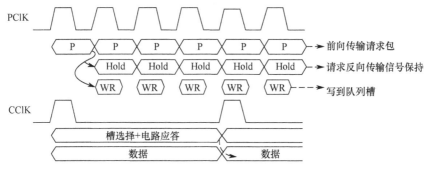

图 1.6　网络时序图

1.2.2　电路/包交换网络仲裁的电路创新

网络中的每个路由器分为 5 个独立的端口：北（North）、南（South）、东（East）、西（West）和中心（Core）（图 1.7）。每个端口又进一步地分为输入（In）和输出（Out）端口，分别用于接收和发送数据。一个路由器中的所有端口通过交叉开关完全互连。为了避免死锁，二维网格架构使用这样的路由算法：数据包先在 x 方向传输，然后再在 y 方向传输，同时移除路由器中未使用的路径。用于初始仲裁的请求数据包在相邻路由间传送，这些请求数据包带有用于提供流量控制的信号。源节点（SrcAck）和目的节点（DestAck）间的双向应答信号，表明电路交换路径为下个 CClk 周期的数据传输做好了准备，这样便完成了仲裁。最后，电路交换数据从源节点路由至目的节点。

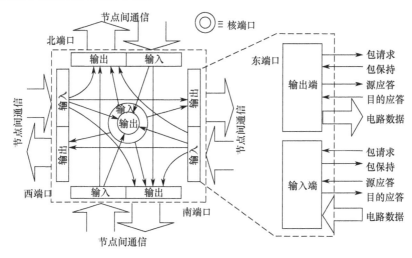

图 1.7　电路交换网络路由结构

当请求数据包要从一个路由器传输到另一个路由器的时候，它的路由方向存

7

储在队列槽里。一个 CClk 周期内,每个路由端口依据轮转优先级独立地选择其中一个队列槽(图 1.8(a)),先期存储在该队列槽中的方向用于源和目的节点间路由的应答信号。路径中任意一个路由器收到了来自源节点和目的节点的两个响应信号之后表明整条路径已经为下一个周期的数据传输做好了准备(图 1.8(b))。没有准备好的路径必须等下一个 CClk 周期,而准备好的路径在数据传输后就释放资源。请求包电路则负责路由包括目的地址和队列槽的数据包(图 1.9)。输入端口通过与路由器和目的地址进行对比来决定路由方向以及相对应的输出端口。轮转优先级电路在每个输出端口选择一个有效数据包,并发送 Hold 保持信号到未被选择的输入端口。当每个请求数据包发送后,将路由方向写入到一个 2b 寄存器文件里的队列槽入口,创建从路由器到路由器的请求路径。当请求队列槽已满或者收到来自下一个路由器的 Hold 信号时,Hold 信号就会激活生效,阻止请求包的输入口继续输入。

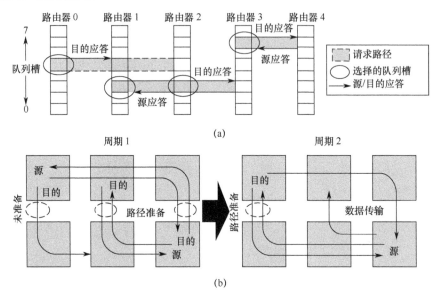

图 1.8 队列槽选择与路径选择和数据传输

采用触发器使得前一个路由器的 Hold 信号延迟一个周期,将 PClk 周期减少了一个互连遍历。当任意一个 Hold 信号生效后,前一个路由器发送下一个请求数据包,为了调整延迟了的 Hold 信号,会关掉请求数据包电路输入端口的一个附加锁存器,这会导致当前数据包依然在路由器内,而下一个数据包占用互连线。在一个周期延迟之后,前一个路由器也将停止数据传输。流控机制的流水线导致 PClk 周期降低 30%。来自核输入端口的方向电路如图 1.10(a)所示,每个输入端口对请求数据包的 $X_{dest}[2:0]$ 和 $Y_{dest}[2:0]$ 域分别与路由器固定的 $X_{core}[2:0]$ 和 $Y_{core}[2:0]$ 地址进行比较来决定路由方向。一系列脉动进位门电路实现的 3 位比较器适合用于固定核地址,但会造成两个门电路后的反相器出现最差延迟（图 1.10（b））。

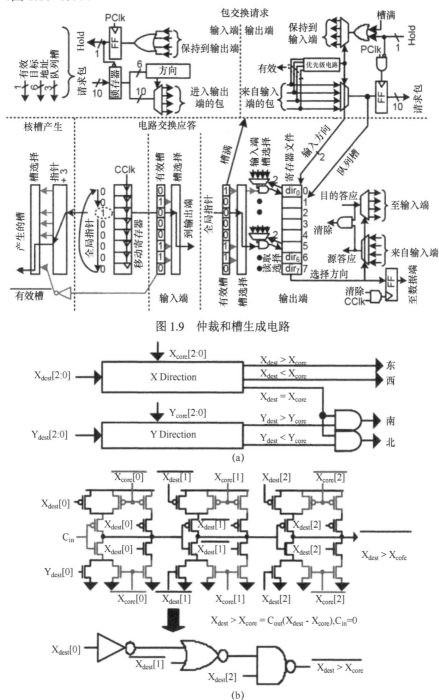

图 1.9 仲裁和槽生成电路

图 1.10 （a）请求数据包的方向电路图 1.10；（b）请求数据包的 3b 比较器。

紧接方向电路后，每个 OUT 端口的优先权电路从有效的请求包中选出一个（图 1.11），运用 6 个电路实现轮转优先级选择，通过比较并行的全部有效信号对，选出最早到达的有效信号。与树型相比，减少了 50%的延迟[15]。电路处于 Hold 状态时，有多个 Valid（有效的）信号到达，就会解除选出的 Valid 信号，允许下一个请求包继续传输。

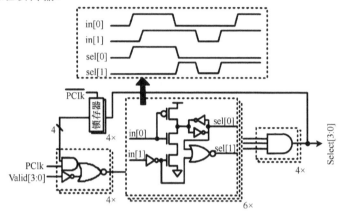

图 1.11　请求数据包轮转优先电路

每一个 CClk 周期，双向源和目的的应答在网络中发送。全局指针为有效队列槽选择提供了起点，在每个周期用一个移位寄存器循环移动全局指针，可以提高公平性，同时避免饥饿现象的发生。在所有路由器中使用全局指针确保常用路径的选择，存储在选出的队列槽中的方向信息为两个应答信号设置路由方向。请求数据包电路和电路交换路由之间的接口如图 1.9 所示。所有寄存器文件存储采用带有中断反馈的静态锁存，便于鲁棒性操作。在每个周期，2b 路由方向写入由 3b 队列槽寻址的锁存器，同时置位一个分立的锁存器，通知请求数据包队列槽已满。在每个 CClk 周期，full 标志位传输到第二个锁存器指示有效队列槽。如果源和目的应答信号已激活，就会清除所选的队列槽，表明数据将会在下个周期里传送，队列槽选择电路从指针起始位置开始寻找下个有效队列槽（图 1.12）。这个操

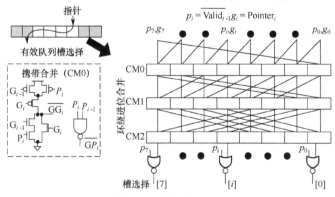

图 1.12　槽选择电路

作类似于一个加法器进位链,在这个链里只要队列槽是空的,指针便能通过该链生成一个传输点。在 3 个逻辑门后,用一个带有中间载体的对数携带树实现这个功能,该中间载体采用 MSB 到 LSB 循环,该对数树能减小 63%的延迟时间,携带树中的首位即为选择槽的最优位置。

1.2.3 数据传输电路的创新

在电路交换数据传输中,数据位从源节点通过复用器、互连线和中继器路由到目的节点,在每个 CClk 周期选择新的路径可能会改变每个路由器的路由方向,造成不必要的互连变换,沿一条路径多次改变传输方向会明显地增加功耗。通过多路复用器将这样的变换转变为脉冲,当选择新路径时,通过确保在所有输入端口有相同的低值来避免这些缺陷(图 1.13)。然后,在驱动下一个互连段前,为了减小全局互连切换功耗,又将该脉冲转换状态,这样能最高减少 30%的数据切换功耗。除了通过消除额外的转换来降低功耗外,也可以用双电源供电(使用 Vlo 和 Vhi 电平),仅有数据传输电路用低电源供电,也可使在标准吞吐量时减小 28%的功耗,同时可避免在控制电路内 Vlo 到 Vhi 的电平转换的临界值。

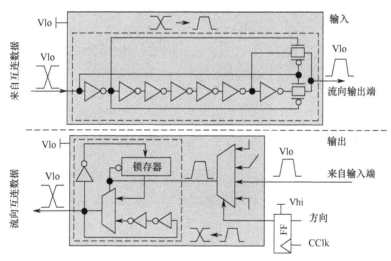

图 1.13 用于数据传输的双电源电路

由于最小 CClk 周期是由遍历对角网格的时间决定的,经过较短距离的数据会较早到达目的地。数据流电路利用 slack 可以在一个 CClk 周期内在同一个通道传输多个数据(图 1.14)。随着数据从源节点到目的节点的 SClk 和 DClk 信号沿着数据路径以相反方向传输(两个信号最初都是由 CClk 触发产生)。当 SClk 到达目的节点时触发了数据采集和下一个 DClk。如果有更多有效数据,DClk 到达源节点会触发数据传输和下一个 SClk。在源节点的发送计数器,CClk 有效时装载数据,每个 DClk 有效时递减,提供门控 MData 信号用来表明有更多有效数据(图 1.15)。

对于随机数据的传输,数据流最高能增加 4.5 倍总网络吞吐量。

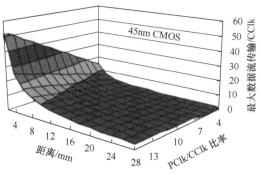

图 1.14　每周期临近性最大数据流传输

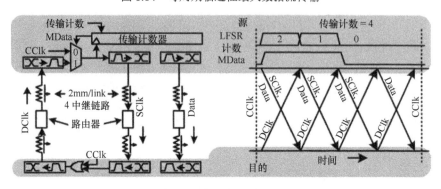

图 1.15　临近数据流电路

1.3　在 45nm 工艺下片上网络的测试与权衡

一个 8×8 网格混合电路交换片上网络,由 512 位数据宽度的仲裁逻辑包交换电路组成,其中每一位用1位电路交换数据互连构成,采用 45 nm High-k/Metal-gate CMOS 工艺设计（图 1.16）[16]。为了减小设计面积,每 2 mm 互连被压缩至 1/8。片上集成流量生成和测量电路支持具有每个路由器可编程数据速率的静态或随机目标地址。通过单独供电,测量 1 位数据互连线功耗,吞吐量用 50%的转换速率按比例缩小到 512 位,获得 560 Tb（s·W^{-1}）能源效率,4.1 Tb/s 的对分带宽和 11 ns 对角直线延时。包交换请求在 2 GHz 的最大测量频率(PClk)下传输,同时最大为 512 MHz 的 CClk 允许单周期的对角电路交换通信。该片上网络在 1.1 V、50 ℃、PClk/CClk 比值为 4 时,网络传输随机数据能达到 2.64 Tb/s 的最大吞吐量(图 1.17)。在应答阶段,通过降低 PClk 的频率来降低该比值会减小有效路径,而通过降低 CClk 频率来提高时钟速率会减慢电路交换传输速率。对于一个 64 核网络,随着减少附加槽的返回,4 队列槽可提供 87%的吞吐量。通过测量链路利用率来求出交换电路互连使用平均值，说明路由效率。总互连线利用率平均为 20%，而可用路径的互连线利用率平均为 50%。

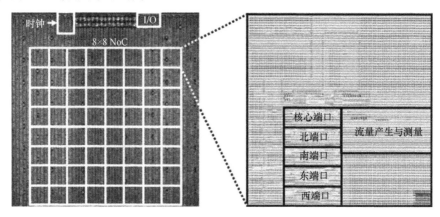

图 1.16　在 45nm 工艺下片上网络硅片显微图

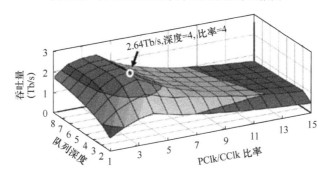

图 1.17　网络性能与队列深度和 PClk/CClk 比值的关系

网络流量模式会根据终点、随机或者静态，以及数据插入间隔或传输速率而改变。通过提高随机发送到 64 个核中的数据速率就能使网络达到饱和状态。在平均延时从 8 ns 增加到 30 ns 的情况下，最大吞吐量能达到 2.64 Tb/s（图 1.18）。在 0.97 W 的动态漏电或者每核 74 mW 时，整个网络的峰值功耗为 4.73 W，这个功耗会随着网络活动的减少而减少，在长插入间隔时达到 1.35 W 或者每核 21 mW（1.1 V，50 ℃）。终点随机的传输能反映网络的平均性能，而静态传输模式能够体现在最大吞吐率或者最差的功耗情况时的饱和网络效率极限。在相邻核之间静态传输可以达到最大的网络吞吐量，能源效率也增加到 3.0 Tb/(s·W^{-1})。最差电源时的静态传输模式，会使用 88% 可用的电路交换互连线，能源效率降低到 0.51 Tb/(s·W^{-1})（图 1.19）。

在降低供电电压时，功耗比性能降得更快，这就提高了能源效率。图 1.20 所示为供电电压的改变对一个采用随机传输模式的饱和网络的吞吐量、功耗和能源效率的影响。当网络运行在 634 Gb/s、420 mW 时,能源效率从 0.56 Tb/(s·W^{-1}) 升到了 1.51Tb/(s·W^{-1})(550 mV、50 ℃)。当工作电压为 1.1 V 时,总功率的 83%消耗在实际的数据传输上,仲裁花销比 550mV 时降低了 10%。

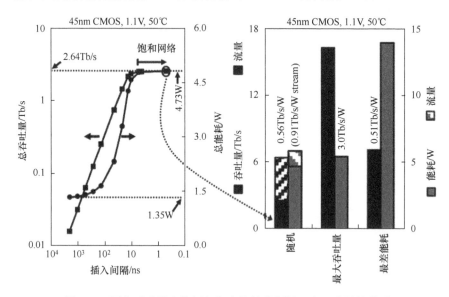

图 1.18 网络吞吐量和能耗与每个核的数据插入率及流量的关系

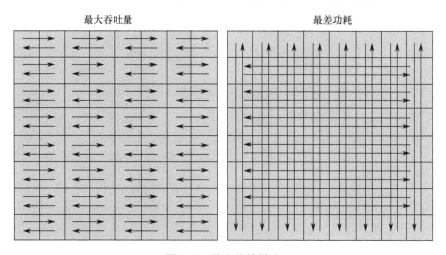

图 1.19 静态传输模式

此外,随机终点饱和网络的能源效率还可以通过使用流传输来增加,因为在完成仲裁之后,数据流电路能在一个通道里面传输多组数据。随着一个 CClk 周期的最大传输极限的提高,总的网络吞吐量增加了 4.5 倍,达到 11.8 Tb/s(图 1.21)。仲裁功耗分摊到了更大的数据传输上,能源效率从 0.56Tb/(s·W^{-1})提高到了 1.03Tb/$(s \cdot W^{-1})$。

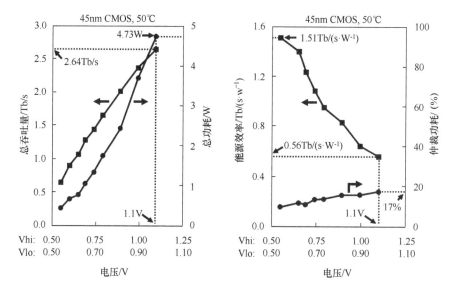

图 1.20 网络吞吐量、功耗、能源效率和仲裁费用与电源电压的关系

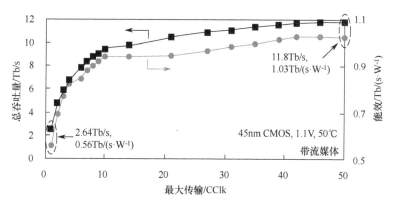

图 1.21 网络性能和能源效率与数据流传输的关系

1.4 小结

NoC 将是未来 SoC 设计的支柱。这些网络从简单的总线发展到如今复杂的高维网络，将会受到功耗和能耗的限制。因而必须考虑分层、异构网络，包括包交换和电路交换网络来满足未来 SoC 的需求。通过对每种网络的拓扑结构和交换形式的研究，发现混合网络能实现更高的能效。本章所提出的混合电路交换网络使用一个包网络为未来数据传输保留通道，这样能提高电路交换资源的利用率，能够通过消除内部路由数据的存储来减小总的功耗。未来的 SoC 将需要有不同带宽、

延时、能效以及面积限制的多种网络,并且能够结合不同网络的优点。

参 考 文 献

1. Pham D et al (2005) The design and implementation of a first-generation CELL processor. International Solid State Circuits Conference 49–52
2. Vangal S et al (2008) An 80-Tile Sub-100-W TeraFLOPS processor in 65-nm CMOS. IEEE Journal of Solid-State Circuits 43(1): 29–41
3. Borkar S et al (1988) iWarp: An integrated solution to high-speed parallel computing. Proceedings of Supercomputing '88 330–339
4. Borkar S (2006) Networks for multi-core Chip—A controversial view. Workshop on On- and Off-Chip Interconnection Networks for Multicore Systems (OCIN06)
5. Benini L, Micheli G (2002) Networks on chips: A new SoC paradigm. Computer Magazine 35(1): 70–78
6. Dally WJ, Towles B (2001) Route packets, not wires: On-chip interconnection networks. Design Automation Conference 684–689
7. Yu Z et al (2006) An asynchronous array of simple processors for DSP applications. International Solid State Circuits Conference 428–429
8. Keckler S et al (2003) A wire-delay scalable microprocessor architecture for high performance systems. International Solid State Circuits Conference 168–169
9. Bell S et al (2008) TILE64 – processor: A 64-Core SoC with mesh interconnect. International Solid State Circuits Conference 88–89
10. Taylor M et al (2003) A 16-issue multiple-program-counter microprocessor with point-to-point scalar operand network. International Solid State Circuits Conference 170–171
11. Wolkotte P et al (2005) An energy-efficient reconfigurable circuit-switched network-on-chip. International Parallel and Distibuted Processing Symposium 155a
12. Anders M et al (2008) A 2.9Tb/s 8W 64-Core circuit-switched network-on-chip in 45nm CMOS. European Solid State Circuits Conference 182–185
13. Anders M et al (2010) A 4.1Tb/s bisection bandwidth 560Gb/s/W streaming circuit-switched 8x8 mesh network-on-chip in 45nm CMOS. International Solid State Circuits Conference 110–111
14. Wu CM, Chi HC (2005) Design of a high-performance switch for circuit-switched on-chip networks. Asian Solid States Circuits Conference 481–484
15. Lee K. et al (2003) A high-speed and lightweight on-chip crossbar switch scheduler for on-chip interconnection networks. European Solid State Circuits Conference 453–456
16. Mistry K et al (2007) A 45nm logic technology with high-k+Metal gate transistors, strained silicon, 9 Cu interconnect layers, 193nm dry patterning, and 100% Pb-free packaging. International Electron Devices Meeting 247–250

第2章 低功耗片上网络的运行时门控电源技术

2.1 引言

片上网络（NoC）不仅应用于高性能微架构中，而且还作为经济型嵌入式设备用于大多数消费产品中，如机顶盒或移动无线装置。这些嵌入式应用通常要求低功耗，因为功耗是影响电池寿命、散热和包装成本的主要因素。总功耗由动态开关功耗和静态泄漏功耗组成，在运行中开关功耗仍然是整体功耗的主要部分。此外，需要注意泄漏功耗，因为在近期的工艺技术中，泄漏功耗已经消耗了相当大的一部分有功功率。并且当工艺尺寸缩小时，开关功耗会变小，而泄漏功耗会进一步增加。不同的节能技术已被用于减少各种类型的功耗，如时钟门控、操作数隔离和以降低开关功耗为目标的动态电压及频率调节（DVFS）。该设计运用具有多阈值电压的晶体管，包含用于降低泄漏功耗的门控电源，降低泄漏功耗。

现在主要研究门控电源以减少片上网络的泄漏功耗，因为只要NoC上电，即使没有任何包交换，都会存在泄漏功耗。由于NoC是不同SoC组成的通信架构，它必须随时准备在任意负载下进行包交换，做到不增加通信延迟。因此，在研究电源管理技术时，尽可能动态阻止泄漏电流产生[16,17]。

本章引入一个运行时细粒度门控电源路由器，与工作负载对应，每个路由器组件（如虚通道缓冲器，交换开关的多路转换器和输出锁存）可以单独控制。一旦传输数据包的数据通路上的路由器组件被激活，片上网络的泄漏功率就可以减小到接近最佳水平。然而，这种运行时门控电源需要一定量的唤醒延迟来激活睡眠组件，所以本身就增加了通信延迟并降低了应用程序性能。为了减少唤醒延迟，引入3种早唤醒方法，可以检测下一个数据包到达并提前激活相应的组件。采用应用性能、面积开销和泄漏功耗作为这种早唤醒方法的细粒度门控电源路由器的评价指标。

本章组织结构如下。第2.2节介绍架构典型的片上路由器，并分析其功耗。第2.3节介绍低功耗技术及NoC的电源门控。第2.4节介绍细粒度的电源门控路由器。第2.5节讲述三种唤醒控制的方法。第2.6节评估了具有早期唤醒控制方法的电源门控路由器。第2.7节对本章进行了小结。

2.2 片上虚通道路由器

在讨论片上路由器低功耗技术之前，提出一种简单的片上虚通道（VC）路由器,并分析它的动态和静态功耗。

2.2.1 目标路由器体系结构

为了研究 NoC 的架构,已经实现了一个虚通道的虫洞路由器,同时还开发了一个片上网络发生器,可以在任意网络拓扑结构中自动连接路由器。生成的 NoC 用 65 nm 标准单元库综合、布局和布线。

图 2.1 为虚通道路由器。路由器有 p 个输入和输出物理通道,一个 $p×p$ 交叉开关,一个循环仲裁器为每一个输入数据包分配一对虚拟输出和物理通道。每个输入物理通道为每个虚通道提供一个分离缓冲队列,而每个输出物理通道独享一个单微片缓冲器(输出锁存)对开关和链路延迟进行去耦。

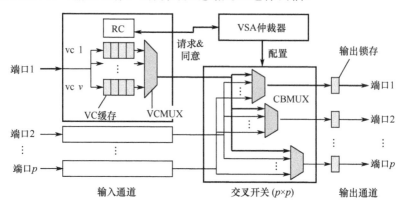

图 2.1 虚通道路由器架构

为了克服队头阻塞问题,虚通道设计有时采用 $pv×pv$ 满交叉开关,其中,p 是物理通道数量,v 是虚通道数量。但是,采用 $pv×pv$ 满交叉开关会使交叉开关复杂度显著提高,而由于每个输入端口的数据速率受其带宽限制,其性能的改善也是有限的[5]。因此,仅通过复制缓冲区,设计一个小型的 $p×p$ 交叉开关实现,其由 p、p-to-1 多路复用器(CBMUX)构成,多路复用器由仲裁器的选择信号控制。

每个输入物理通道有 v 个平排虚通道,它包含一个路由计算(RC)单元和一个 v-to-1 多路复用器(VCMUX),即仅从 v 个虚通道中选择一个输出。每个虚通道有一个控制逻辑、状态寄存器和一个 n 微片 FIFO 缓冲器(VC 缓冲器)。RC 单元非常简单,因为路由决策在数据包注入(即源路由)之前就存储在头微片里。因此,使用注册文件来存储路由路径的路由表是不需要的。

路由器架构是完全流水线式的。尽管用一些激进技术开发了单周期或双周期路由器[18,19],但是选择的是简单的 3 周期路由器结构,如图 2.2 所示,由 1 个简单头微片和 3 个数据微片组成的数据包从路由器 A 传送到路由器 C,每个路由器传输一个头微片要经过三级流水线,分别是路由计算(RC)阶、虚通道和开关分配(VSA)阶及交换开关遍历(ST)阶。

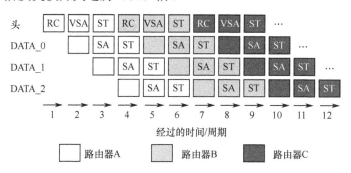

图 2.2 路由器的三级流水线,数据包从路由器 A 传输到路由器 C

最后,设计一个路由器的 RTL 模型,它的参数 p、v 和 n 分别设置为 5、4 和 4,微片片宽 w 设置为 128 位。FIFO 缓冲区可以用 SRAM 或触发器(FF)实现,这取决于缓冲区的深度而非宽度。假设缓冲区的深度超过 16 时采用宏单元实现,否则采用 FF 简单地实现。由于 FIFO 缓冲器在该设计中的深度仅为 4,故输入缓冲器采用 FF 来实现。

2.2.2 目标路由器结构的功耗分析

为了评估前面提到的路由器功耗,执行以下步骤。
(1)路由器的 RTL 模型采用 Synopsys Design Compiler 综合。
(2)网表通过 Synopsys Astro 布局和布线(包括时钟树综合和缓冲区插入)。
(3)布局和布线设计用 Cadence 的 NC-Verilog 仿真,以获得路由器的开关活动信息。
(4)使用 Synopsys 的 Power Compiler 对开关活动进行功耗评估。

以内核电压为 1.20 V 的 65 nm CMOS 工艺来进行分析,路由器全部采用门控时钟和操作数隔离技术,以尽量减少其开关活动和动态功耗。

在步骤(3)中,采用和文献[2]相同的方法,路由器在 500 MHz 下,针对不同的固定负载(即吞吐量)进行仿真。数据包流的定义为包的间接性注入,使用单个路由器链路约 30% 的最大链路带宽。每个数据包头微片含有固定的目的地址,而数据微片则采用随机值作为有效负载。改变注入路由器数据包流的数量以产生不同的负载。在该实验中,多达 5 个数据包流施加到了 5 端口路由器,并且分析了每个负载下的功耗。

图 2.3 给出了不同负载和温度下的路由器功耗。路由器处理的数据包流越多功耗就越大,计算公式可表示为

$$P_{total}=P_{standby}+xP_{stream}$$

式中:x 为数据包流的数量;P_{stream} 为处理一个数据包流的动态功耗。

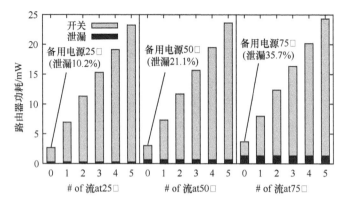

图 2.3　不同负载的路由器功耗（温度分别为 25℃、50℃和 75℃）

需要注意的是，路由器在没有数据包传输时也消耗一定量的功率（即 $P_{standby}$，待机功耗）。泄漏功耗是待机功耗的主要部分，并且随着温度的增加而快速增加。例如，在温度为 75 ℃时，泄漏功耗占待机功耗的 35.7%，其他的是时钟树缓冲器和插入门控时钟的锁存器消耗的动态功耗，因此开关活动的进一步减少就会很困难。

只要片上网络上电，即使没有任何数据包传输也会产生泄漏功耗。因此，泄漏功耗是不可忽略的，本章将介绍门控电源技术，以减少泄漏功耗。

2.3　低功耗技术的前期工作

微处理器和片上路由器上已经用到了各种低功耗技术。例如，门控时钟和操作数隔离是比较常用的技术，目前已经将这两种技术应用到了路由器设计上。

2.3.1　电压和频率调节技术

动态电压及频率调节（DVFS）是一种节能技术，它根据工作负载来降低工作频率和电源电压。动态功耗与电源电压的平方有关，因为大多数情况下，在整个执行过程中不会一直需要考虑峰值性能，因此，调整频率和电源电压以达到所需的性能可以降低动态功率。DVFS 已应用于各种电路，如微处理器、加速器，以及网络链路。在文献[21]中，网络链路的频率和电压根据以往的使用率进行动态调整，在文献[23]中，网络链路电压通过使用一个自适应路由分散流量负载而按比例地缩小。频率通常由 PLL 分频器控制，电源电压通过控制一个片外的 DC/DC 转换器进行调整。

2.3.2　门控电源技术

门控电源是代表性的降低泄漏功耗技术，该技术通过控制插入在 GND 线和模块之间或 VDD 线和模块之间的电源开关来关闭闲置的电路模块电源。通过使用高阈值低泄漏晶体管制作的电源开关，可以在不降低使用低阈值高速晶体管目标电路模块速度的情况下大大减小泄漏电流。此概念已应用于不同粒度的电路模块中，如处理器内核或 IP 模块[10,11]、处理器的执行单元[7,9,20]和基本门电路。根据目标电路模块（即电源域）的粒度，门控电源分为粗粒度门控和细粒度门控。

1. 粗粒度门控电源技术

在粗粒度的方法中，目标电路模块通过一个电源/接地环包围。电源开关插入在核心环和电源/接地 IO 单元之间。由电源开关控制电路模块供电电源。由于电源同时向核心环内的所有单元供电，所以这种方法非常适合 IP 或模块级的电源管理。粗粒度的方法因其 IP 或模块级的电源管理简单、易于控制而得到广泛应用。

2. 细粒度门控电源技术

近年来，由于细粒度门控电源技术的灵活性好和唤醒延迟短，获得了广泛关注[8-9,20,24]。

虽然已有各种类型的细粒度门控电源技术，但是主要关注的是文献[24]提出的方法。在该方法中，使用自定义标准单元，为了扩展原来的单元，每个标准单元都有一个虚拟接地（VGND）端口。这些标准单元共享同一个有源信号，形成一个微型电源域，通过 VGND 端口连接来共享本地 VGND 线，如图 2.4 所示，电源开关插在 VGND 线和 GND 线之间，用于控制微电源域的电源。图 2.4 给出了 2 个微电源域和 1 个非门控电源域，每个微电源域具有其自身的本地 VGND 线和电源开关。

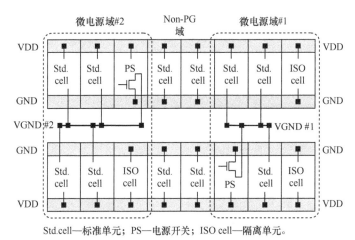

Std.cell—标准单元；PS—电源开关；ISO cell—隔离单元。

图 2.4 细粒度门控电源，给出了 2 个微电源域和 1 个非门控电源域，
PS 和 ISO 分别指的是电源开关和隔离单元

与基于 UPF 的方法[8]相比较，该方法可以通过考虑给定唤醒延迟时间要求更灵活地控制电源开关的数目。也就是说，各种形状的微电源域，可以通过划分共享同一有源信号的标准单元而形成。该方法的唤醒延迟通常在几纳秒以下（见 2.4.3 节）。

使用这种细粒度门控电源技术的微处理器芯片在文献[9]中有记载,其可行性也得到了证实。

本章重点讨论细粒度的方法,因为粗粒度门控电源难以用于片上路由器。每个输入物理通道彼此独立运行,除非出现数据包竞争其他物理通道。另外,在相同的物理通道中不是所有的虚通道都始终在用,实际上,在大多数情况下,可以占用任意个虚通道。这表明,细粒度的划分可以利用空间和时间进行局部性的通信,进而增加门控电源实施机会。

3. 互连网络中的门控电源技术

由于待机功耗变得越来越严重,片上路由器已通过应用各种门控电源技术降低待机泄漏功耗[16,17,25]。在文献[25]中,每个路由器被划分成 10 个小睡眠区,由单独路由器端口控制。文献[17]研究了输入物理通道级门控电源,文献[16]讨论了虚通道级电源管理。文献[3]通过将超切断(UCO)技术插入到每个 NoC 单元,控制 PMOS 电源开关来最小化处于待机模式的泄漏功率。

当将门控电源技术用于片上网络时,电源域的唤醒控制是影响应用性能的最重要的因素。文献[22]的作者详细讨论了一种可以打开和关闭链路的电源感知网络,并对该网络的连通性、路由、唤醒、休眠策略和路由器的流水线结构等进行了深入探讨。文献[4]的泄漏功耗感知缓冲管理方法,为了降低性能损失,在被访问之前激活缓冲器的特定部分(即窗口大小),通过调整窗口大小,输入端口可以为包的到达提供足够的缓冲空间,网络的性能将不会被影响[4]。

2.4 细粒度门控电源路由器

本节首先说明如何将一个路由器分成多个微电源域,然后采用 65nm 工艺实现,并评估其开销和唤醒延迟。

2.4.1 电源域划分

在将路由器分成多个微电源域之前,应估计每个路由器组件的电路门数,因为泄漏功率和器件面积是成正比的。运用 2.2.1 节设计的路由器 RTL 模型,如前所述,路由器 5 个输入物理通道,每个有 4 个虚通道,每个虚通道有一个 4 微片的缓冲队列,微片宽度为 128 位。

表 2.1 所列为每个路由器组件的门数,如 VC 缓冲器、输出锁存器、CBMUX 和 VCMUX(图 2.1)。表 2.1 中,"其他"包括路由计算单元门数、一个仲裁器、VC 状态寄存器和其他控制逻辑,但与其他组件相比这些"其他"组件是相当小的,实际上,这些逻辑仅占路由面积的 11.9%,所以为了简化门控电源路由器设计,将它们从电源域列表中移除。随后将路由器的区域划分为 35 个电源域,包括 VC 缓冲器、输出锁存器、CBMUX 和 VCMUX,占路由器总面积的 88.1%。

表 2.1　每个路由器组件的总门数（PS 插入前）（千门）

路由器组件	数目	总门数	所占比例
4 微片 VC 缓冲器	20	111.06	77.9%
1 微片输出锁存器	5	5.49	3.9%
5 选 1 CBMUX	5	4.91	3.4%
4 选 1 VCMUX	5	4.21	3.0%
其他	1	16.92	11.9%
总计		142.58	100%

2.4.2　电源域实现

人们设计的所有电源域的类型（即 VC 缓冲器、输出锁存器、CBMUX 和 VCMUX）都是为了评估它们的面积开销和唤醒延迟。

下面是用于所有电源域类型的设计流程。

（1）设计带有源信号的电源域 RTL 模型。

（2）Synopsys Design Compiler 综合 RTL 模型。

（3）隔离单元插入到综合网表的所有输出端口，以便停止供电时，保持该域的输出值。

（4）用 Synopsys 公司的 Astro 完成隔离单元的网表布局。

（5）连接每个单元的虚拟接地（VGND）端口，通过 Sequence Design Cool Power 将电源开关插入到 VGND 和 GND 线之间。

（6）用 Synopsys 公司的 Astro 进行电源开关的网表布局。

（7）再次执行（5）、（6）两步骤，以优化 VGND、电源开关大小和路由。

采用这样的设计流程得到 VC 缓冲器、输出锁存器、CBMUX 和 VCMUX 的布局数据（GDS 文件）。必须注意的是，这个流程是全自动的，所以对于细粒度的门控电源额外的设计复杂度很小。

表 2.2 列出了每个路由器组件的隔离单元和电源开关的面积开销。表中，ISO 和 PS 分别是路由器中使用的隔离单元和电源开关的总门数。在开销一栏中，"只有 ISO 和 PS" 指的是隔离单元和电源开关的面积开销。ISO 和 PS 单元的总的面积开销仅为 4.3。

在这种细粒度门控电源中，使用具有 VGND 端口的标准定制单元。从商用 65nm 标准单元库中选择 106 个单元，通过扩大它们的单元高度来获得一个 VGND 端口。在表 2.2 的"开销"栏，"+单元宽度"是定制的标准单元的面积开销与原有单元(除了 ISO 和 PS 外)相比的结果。在这种情况下，总面积开销增加到 15.9%，但仍然是合理的，因为这些单元在没有激活时不具有泄漏功耗。

表2.2 每个路由器组件（PS插入后）总门数（千门）

路由器组件	数目	ISO	PS	开销 只有ISO和PS	开销 +单元宽度
4微片VC缓冲器	20	2.07	2.25	3.9%	15.4%
1微片输出锁存器	5	0.51	0.16	12.2%	24.6%
5选1 CBMUX	5	0.52	0.02	10.9%	23.3%
4选1 VCMUX	5	0.54	0.02	13.3%	25.9%
其他	1	0	0	0%	11.1%
总计		3.64	2.44	4.3%	15.9%

2.4.3 唤醒时延估计

为了评估电源域的唤醒时延，执行以下步骤。

（1）通过Cadence QRC Extraction从布局数据中提取目标电源域的SPICE网表。

（2）通过Synopsys公司的HSIM，基于SPICE网表的电路仿真，测量唤醒延迟。

图2.5给出了当有源信号激活时，VC缓冲区和CBMUX域的测量波形，输出锁存器和VCMUX域的波形与VC缓冲器和CBMUX域的波形类似，故在此省略。图2.5中，前两行波形显示了域的2个低位输出（OUT[1]和OUT[0]）。第3行波形给出了1 GHz的时钟信号，第4行波形是有源信号。在这些仿真信号中，将输

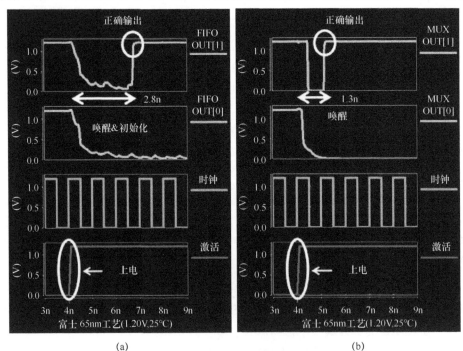

图2.5 每个微电源域唤醒延迟

(a) 4微片VC缓冲器域；(b) 5选1 CBMUX域。

入的 2 个低位（IN[1]和 IN[0]）分别设置为 1 和 0，在时钟的第 2 个上升沿插入有源信号。从图中可见，VC 缓冲器的输出值在 2.8 ns 内达到预期值，而在 CBMUX 中需要大约 1.3 ns。

因此，当目标 NoC 的运行频率为 667 MHz、1 GHz 和 1.33 GHz 时，假设每个电源域的唤醒延迟分别是 2 个周期、3 个周期和 4 个周期。这种假设是略为保守的，如上所述，因为实际的唤醒延迟小于 3 ns。

2.5　唤醒控制的方法

本节首先说明唤醒时延对应用性能的负面影响，然后介绍 3 种减少唤醒时延影响的控制方法。

2.5.1　唤醒时延的影响

片上网络对时延非常敏感，在多核架构中传输时延决定了应用性能。因此，应避免门控电源强加于路由器组件的唤醒延时产生影响。

为了清楚地说明唤醒时延造成的负面影响，采用一个没有使用任何早唤醒方法的片上网络进行初步的性能评估。作为目标片上网络，假设一个多处理器芯片片上网络如图 2.10 所示，多处理器芯片将在第 2.6 节详细描述。

图 2.6 给出了 10 个选自 SPLASH-2 标准电路的应用程序的执行周期，分别为：①radix；②lu；③fft；④barnes；⑤ocean；⑥raytrace；⑦volrend；⑧water-nsquared；⑨water-spatial；⑩fmm。模拟 2、3、4 周期时的唤醒时延，图中时间值 1.0 表明在没有门控电源情况下的初始应用性能（也就是说，没有唤醒时延）。如图 2.6 所示，当唤醒时延在 2、3、4 周期时，这些应用的平均执行时间分别增加了 23.2%、35.3%和 46.3%。

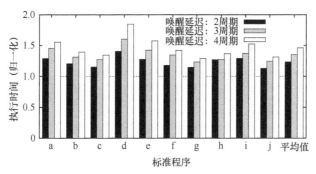

图 2.6　基于 SPLASH-2 标准电路的无早唤醒方法的执行时间
（时间值 1.0 表明在没有门控电源下的执行时间）

即使泄漏功耗显著降低，但由于需要更多的计算功耗或更高的时钟频率来补偿性能损失，这样的性能损失是不可接受的。为了减少或消除唤醒时延，有必要使用早唤醒方法来侦测下一个数据包到达并且激活相应的组件。

2.5.2 前瞻性方法

为了尽可能早唤醒每个微电源域，前瞻法采用前瞻路由器[6,17]，能够检测到将使用哪一个两跳数的输入通道。由于微电源域的激活是在数据包到达域之前提前几个周期触发的，所以可以消除或减少唤醒时延的负面影响。

（1）数据包到达的前期侦测。图 2.7 描述了前瞻路由器是如何对使用两跳数的输入通道进行侦测的，NRC 表示下一跳的路由计算。假设一个数据包从路由器 A 通过路由器 B 到路由器 C，路由器 A 的 NRC 单元计算下一路由（即路由器 B）的输出信号，而不是路由器 A 自身的输出信号。由于路由器 B 的输出信号直接与路由器 C 的输入信号相连，路由器 A 的 NRC 单元可以侦测到使用路由器 B 的哪一路输出通道以及路由器 C 的哪一路输入通道，如图 2.7 所示，路由器 A 可以在 NRC 单元完成时触发激活路由器 C，路由器 A 的一个数据包完成 NRC 之后，直到到达路由器 C，有 5 个周期的余量。因此，这一方法可以去除少于 5 个周期的唤醒延迟。

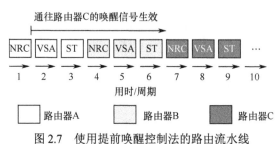

图 2.7 使用提前唤醒控制法的路由流水线

（2）唤醒调度。每个微电源域（即 VC 缓冲区、VCMUX、CBMUX 和输出锁存器）在不同的时序触发。假设一个数据包从路由器 A 通过路由器 B 到路由器 C，则路由器 C 的每个电源域按照如下方式唤醒。

① VC 缓冲区：当路由器 A 的数据包头部完成 NRC 操作之后，路由器 C 的输入 VC 缓冲区激活就会触发。

② VCMUX：当路由器 A 的数据包头部完成 NRC 操作之后，路由器 C 的 VCMUX 激活就会触发。

③ CBMUX：当路由器 B 的数据包头部完成 NRC 操作之后，路由器 C 的 CBMUX 激活就会触发。

④ 输出锁存器：当路由器 B 的数据包头部完成 NRC 操作之后，路由器 C 的输出锁存器激活就会触发。

（3）唤醒控制网络。为了传递唤醒信号，片上网络中需要唤醒控制网络。即路由器 A 的一个输入通道（或 NRC 单元）需要传递唤醒信号到相应的路由器 C 的 VC 缓冲区和 VCMUX，路由器 B 的 NRC 单元需要传递唤醒信号到与路由器 C

相一致的 CBMUX 和输出锁存器。图 2.8 给出了 3×3 网格网络中唤醒信号的例子，图中给出了 5 个唤醒信号，用于唤醒路由器 21 的北输入通道（即 VC 缓冲区和 VCMUX）。例子中，路由器 01 的北、西和东输入通道，路由器 10 的西输入通道和路由器 12 的东输入通道都有用来唤醒路由器 21 的北输入通道的唤醒信号。当一个或多个唤醒信号生效时，目标输入通道将被激活。网络中的每个输入通道都有这样的唤醒信号，并监视激活或失效情况。

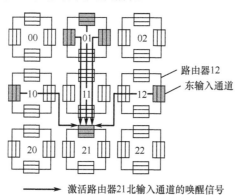

图 2.8　唤醒 3×3 网格片上网络上路由器 21 的北输入信号的唤醒信号

唤醒信号跨越 2 个相邻路由之间导线的 2 倍距离长度，因此根据 2 个路由之间的距离，需要一个额外的周期来传递唤醒信号。

第 1 跳的问题：前瞻方法的另一个困难是第 1 跳的唤醒控制。假设源网络接口（Source NI）在分包期间触发激活第 1 跳和第 2 跳。然而，假定的源网络接口提前 1 个周期触发激活第 1 跳，第 1 跳的唤醒时延就无法隐藏。在这种情况下，前瞻法只能补偿第 1 跳的唤醒时延 1 个周期，但是会经历剩下的唤醒时延。

假设第 i 跳路由器可以减少唤醒时延的 T_{recover}^i 周期，T_{recover}^i 的计算可表示为

$$T_{\text{recover}}^i = \begin{cases} 2n - T_{\text{wire}} - 1 & i \geqslant 2 \\ 1 & i = 1 \end{cases}$$

式中：n 为路由器流水线深度（如 3 级）；T_{wire} 为唤醒信号的线延时。假设，$T_{\text{wire}}=1$，第 2 跳或更多跳路由器的唤醒时延可以减少到 4 个周期，然而第 1 跳仅减少 1 个周期。

2.5.3　持续运行的前瞻性方法

1. 概念

持续运行的前瞻性方法是为了减少第 1 跳唤醒时延的初始前瞻性方法的一种扩展，通过这种方法，第 1 跳频繁激活的 VC 缓冲区选作"持续运行"域，供电电源不会停止，因此持续运行域不需要唤醒时延。然而，由于持续运行域总有泄漏功耗，所以必须谨慎选择。其他电源域以与初始前瞻法相同的方法唤醒。

2. 持续运行的选择

应该通过分析目标片上网络的传输模式，选择合适的持续运行域。在细粒度门控电源路由器用于多处理器芯片的例子中，为了减少第 1 跳延时的最小泄漏功耗开销，应将直接连接处理器核并大量使用的 VC 缓冲区选作持续运行域。因此，本研究中选择直接连接 8 核心处理器的 VC0 和 VC2 缓冲区作为持续运行域。

将在 2.6 节从应用性能和泄漏功耗角度来评估这些持续运行域的影响。

2.5.4 带有活动缓冲器窗口的前瞻性方法

1. 概念

带有活动缓冲器窗口（ABW）的前瞻性方法是初始前瞻法的另一种扩展，通过保持每个 VC 缓冲区活跃的一部分来完全消除第 1 跳唤醒时延。也就是说，VC 缓冲器的一部分总是保持活跃的，为下一个微片抵达做准备，而这种活跃部分总是消耗泄漏功率。这种 ABW 方法受到文献[4]提出的泄漏感知缓冲管理启发。

2. 活跃缓冲窗口

在 ABW 方法中，每个 VC 缓冲器被分成多个微片级的电源域，其中每个都可以独立激活或停用。例如，图 2.9 描述的一个 8 片 VC 缓冲器，被分成 8 个微片级电源域。为了在无须唤醒时延的情况下储存即将到来的微片，不考虑负载，VC 缓冲器中一定量的微片级电源域需要一直保持活跃。VC 缓冲器已激活的部分称为"活跃缓冲窗口"。微片级域被激活使得活跃缓冲窗口大小在任何时间都是固定的，也就是说，为连续微片的到来做准备，每当消耗部分活跃缓冲区时，VC 缓冲器的活跃缓冲窗口都可移动。在图 2.9 中，活跃缓冲窗口大

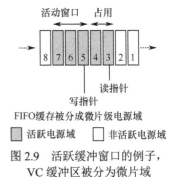

图 2.9 活跃缓冲窗口的例子，VC 缓冲区被分为微片域

小是 3 个微片，微片占据了 2 个微片级域，后 3 个域被激活，为微片的连续到来做准备。

ABW 方法仅用于 VC 缓冲器，其他电源域的唤醒方法和初始前瞻法的一样。

2.6 实验评估

本节对采用提早唤醒方法的细粒度功耗门控路由器的应用性能和泄漏功耗进行评估。

2.6.1 模拟环境

对图 2.10 所示的 8 核单芯片多处理器（Chip multiprocessors，CMP）片上网

络进行模拟,由图可见,8 处理器核和 64 个 L2 缓存区通过 16 个片上路由器连通。高速缓存架构是 SNUCA[12]。由于这些 L2 缓存区是由所有处理器共享的,所以 CMP 采用高速缓冲一致性协议。表 2.3 列举了处理器和存储系统参数,表 2.4 列出了片上路由器和网络参数。为了模拟上述 CMP,使用一种全系统多处理器模拟器:GEMS[15]和 Virtutech Simics 仿真器[13]。

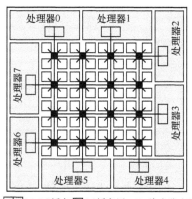

图 2.10　用来评估的目标 CMP 架构

表 2.3　仿真参数（处理器和内存）

处理器	UltraSPARC-III
L1 I-缓存大小	16 KB(line:64B)
L1 D-缓存大小	16 KB(line:64B)
处理器个数	8
L1 缓存延迟	1 周期
L1 缓存大小	256KB(assoc:4)
L2 缓存个数	64
L2 缓存延迟	6 周期
内存大小	4 GB
内存延迟	160 周期

表 2.4　仿真参数（路由器和网络）

拓扑结构	4×4 网格(mesh)
路由	维序
开关	虫洞
虚通道(VC)个数	4
缓存大小	4 微片
路由流水线	[RC][VSA][ST]
微片大小	128 bit
控制包	1 微片
数据包	5 微片

1. 网络模型

为了准确地模拟片上路由器细粒度门控电源和3种唤醒方法，修改了GEMS网络模型，称为Garnet[1]。根据表2.4所列，片上网络使用典型的三级流水线路由器。在基本的前瞻法中，唤醒信号的线时延T_{wire}设置为1个周期，路由器的VC缓冲器大小设置为4个微片。在ABW方法中，活跃缓冲窗口设置为2个微片。

2. 高速缓存一致性协议

运用令牌一致性协议[14]，为了避免端到端协议（如请求—回应）的死锁，片上网络使用的4个虚通道（VC0到VC3）如下。

（1）VC0：从L1缓存到L2缓存区的请求；从L2缓存区到L1缓存的请求。

（2）VC1：从L2缓存区到目录控制器的请求；从目录控制器到L2缓存区的请求。

（3）VC2：从L1缓存（或目录控制器）到L2缓存区的应答；从L2缓存区到L1缓存（或目录控制器）的应答。

（4）VC3：从L1缓存来的持续请求。

每个虚通道的利用率是不同的。当主内存因为频繁的缓存点击使得访问减少时，VC1的利用率就降低了。为了避免VC3闲置将其分配给持续的请求，这样传输量会比较小，因为这种情况不会频繁发生（占所有请求的0.19%[14]）。提出的细粒度门控电源技术就是利用了这种路由器内的电源域的不平衡使用。

3. 基准问题

为了评估提出的采用不同唤醒方法的细粒度门控电源的应用性能，使用10个SPLASH-2基准[26]的并行程序。这些基准程序使用Sun Studio 12编译并且在Solaris 9上执行，每个程序被设置为8线程，Sun Solaris 9操作系统工作在8核CMP上。

2.6.2 性能影响

本节评估运行时门控电源和提前唤醒方法对性能的影响。

将细粒度门控电源技术应用到CMP的片上路由器中，计算其10个基准程序的运行周期，并在应用性能方面与提出的提早唤醒方法进行比较。如2.4.3节所提出的，每个电源域的唤醒时延低于3 ns，因此，假设当目标片上网络分别工作在667 MHz、1 GHz和1.33 GHz时，唤醒时延在仿真中分别为2、3和4周期。

图2.11（a）展现了当每个域的唤醒时延设置为2个周期时，采用初始前瞻法、持续运行的前瞻法和基于ABW的前瞻法的应用性能。基准设置包括（a）radix，(b)lu，(c)fft，(d)barnes，(e)ocean，(f)raytrace，(g)volrend，(h)water-nsquared，(i)water-spatial，(j)fmm。将每个应用性能都做了归一化处理，将无门控电源的初始应用程序性能（即0唤醒周期）设置为1.0。

如图2.11所示，所有的程序都有相同的趋势。虽然没有使用提早唤醒方法的门控电源执行时间增加了23.2%（见2.5.1节），但初始前瞻法、持续运行的前瞻法和基于 ABW 的前瞻法仅分别平均增加了 6.3%、3.2%和 0.0%。

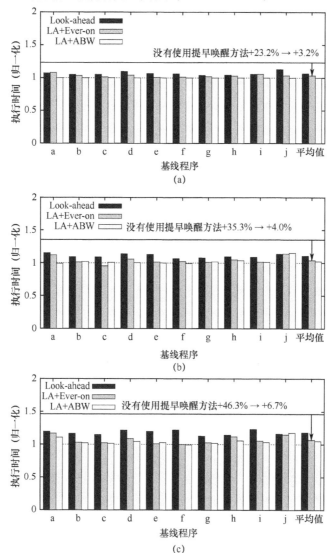

图 2.11　不同唤醒方法针对基于 SPLASH-2 基准的执行时间（1.0 表明没有门控电源的执行时间）
(a) 唤醒时延：2 周期；(b) 唤醒时延：3 周期；(c) 唤醒时延：4 周期。

图 2.11（b）所示为工作频率在 1 GHz、唤醒时延为 3 周期下，3 种唤醒方法的应用性能。无提早唤醒方法的门控电源增加了 35.3%的执行时间，初始前瞻法、持续运行的前瞻法和基于 ABW 的前瞻法分别平均增加了 10.5%、4.0%和 2.4%的执行时间。因此，当目标片上网络工作在 1 GHz 时，前瞻法、持续运行的前瞻法和基于 ABW 的前瞻法可以成功减少唤醒时延。

图 2.11（c）所示为工作频率在 1.33 GHz、唤醒时延为 4 周期下，3 种唤醒方

法的应用性能。无提早唤醒方法的门控电源增加了 46.3%的执行时间,而持续运行的前瞻法和基于 ABW 的前瞻法仅分别增加了 6.7%和 4.9%。因此,这些提早唤醒方法在较高的运行频率下还是合理的。

2.6.3 泄漏功耗的降低

本节,评估加应用程序负载后使用不同唤醒方法的门控电源路由器的平均泄漏功耗。

基于 2.4.2 节实现了门控电源路由器,表 2.5 列出了布局后的路由组件的泄漏功耗。将运行时门控电源用于 VC 缓冲器、输出锁存器、VCMUX 和 CBMUX。基于商用 65 nm 标准单元库[①]低功耗版本,使用其中的 106 个自定义标准单元,温度和核电压分别设置为 25 ℃和 1.20 V,这些泄漏参数被送到全系统 CMP 仿真器中,来评估当应用程序运行时,该路由器运行时的泄漏功耗。

表 2.5 路由组件的泄漏功耗

路由器组件	数目	总泄漏能耗
4 微片 VC 缓冲器	20	189.07
1 微片输出锁存器	5	16.71
5 选 1 CBMUX	5	11.41
4 选 1 VCMUX	5	13.45
其他	1	38.36
总计		269

为了清楚地展示每种电源域泄漏功耗的减少量,细粒度门控电源依照以下 3 个步骤逐步应用到路由器中。

第一级:仅 VC 缓冲器采用门控电源。
第二级:VC 缓冲器、VCMUX 和 CBMUX 采用门控电源。
第三级:VC 缓冲器、VCMUX、CBMUX、输出锁存器采用门控电源。

图 2.12(a)给出了第一级仅 VC 缓冲器采用门控电源时路由器的平均泄漏功耗。所有电源域的唤醒时延设置为 3 周期、1 GHz 的工作频率。图中,100%表示无门控电源(即 269 W)路由器的泄漏功耗。

初始前瞻法的泄漏功耗是这几种方法中最小的,但是它不能解决 2.6.2 节中提出的第 1 跳唤醒时延和应用性能下降的问题。尽管基于 ABW 的前瞻法获得了最好性能,但是由于在每个 VC 缓冲器的活跃缓冲窗口激活时,基于 ABW 的前瞻法的泄漏功耗最大。持续运行的电源域减少了第 1 跳唤醒时延,所以基于持续运行的前瞻法比初始前瞻法的功耗略大。幸运的是,这些持续运行域的泄漏功耗不

---

① 我们选择泄漏功率非常小的低功率非常小的低功耗 CMOS 工艺是因为我们的最终目标是开发超低泄漏功率的片上网络。

是决定性的，因为泄漏功耗受到了直连到处理器核的输入物理通道中的 VC0 和 VC2 的限制，总之，基于持续运行的前瞻法是权衡性能和泄漏功耗的最好选择。在第一级门控电源中，平均路由器泄漏功耗减少了 64.4%。

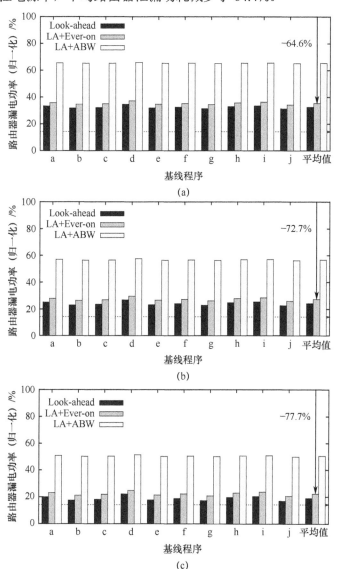

图 2.12　不同唤醒方法下片上路由器的平均泄露功耗（100%表示的是无门控电源的泄漏功耗）
　　　（a）电源域：VC 缓冲器；（b）电源域：VC 缓冲器、VCMUX 和 CBMUX；
　　　（c）电源域：VC 缓冲器、VCMUX、CBMUX 和 Output latch。

图 2.12（b）给出了第二级门控电源用于 VC 缓冲器、VCMUX 和 CBMUX 时，路由器的平均泄漏功耗。可以看出第二级门控电源与第一级门控电源有同样的趋势，基于持续运行的前瞻法使路由器平均泄漏功耗减少了 72.7%。

图 2.12（c）给出了当细粒度门控电源全部应用时的路由器平均泄漏功耗。在第三级门控电源中，基于持续运行的前瞻法使路由器平均泄漏功耗减少了 77.7%。

总之，当假定应用程序在 1 GHz 频率下运行时，以 4.0% 的性能开销为代价，基于持续运行的前瞻法的细粒度门控电源使泄漏功耗降低了 77.7%，其面积开销是 2.4.2 节中估算的 4.3%。因此细粒度门控电源路由器是节约开销和显著减少泄漏功耗之间良好的折中。

2.7 小结

本章内容小结如下。

（1）描述了一种片上路由器架构并分析其泄漏功耗。

（2）阐述了低功耗技术尤其是片上网络的门控电源。

（3）介绍了使用商用 65 nm 处理器 35 微能量域的细粒度门控电源路由器。

（4）从面积开销、唤醒时延、应用性能和减少泄漏功耗方面对细粒度门控电源路由器进行评估。

在接下来的工作中，计划将细粒度门控电源应用到网络接口，并考虑使用一致性协议或操作系统的多种信息来引导运行时门控电源决策。

致谢 本章研究内容受"下一代电路架构技术发展"项目赞助，由日本经贸工业部的 STARC 分部人员完成。感谢 VLSI 设计和教育中心（VDEC）以及日本科学技术处（JST）的支持。

参 考 文 献

1. Agarwal, N., Peh, L.S., Jha, N.: Garnet: A Detailed Interconnection Network Model Inside a Full-System Simulation Framework. Tech. Rep. CE-P08-001, Princeton University (2008)
2. Banerjee, A., Mullins, R., Moore, S.: A Power and Energy Exploration of Network-on-Chip Architectures. In: Proceedings of the International Symposium on Networks-on-Chip (NOCS'07), pp. 163–172 (2007)
3. Beigne, E., Clermidy, F., Lhermet, H., Miermont, S., Thonnart, Y., Tran, X.T., Valentian, A., Varreau, D., Vivet, P., Popon, X., Lebreton, H.: An Asynchronous Power Aware and Adaptive NoC Based Circuit. IEEE Journal of Solid-State Circuits **44**(4), 1167–1177 (2009)
4. Chen, X., Peh, L.S.: Leakage Power Modeling and Optimization in Interconnection Networks. In: Proceedings of the International Symposium on Low Power Electronics and Design (ISLPED'03), pp. 90–95 (2003)
5. Dally, W.J.: Virtual-Channel Flow Control. IEEE Transactions on Parallel and Distributed Systems **3**(2), 194–205 (1992)
6. Galles, M.: Spider: A High Speed Network Interconnect. IEEE Micro **17**(1), 34–39 (1997)
7. Hu, Z., Buyuktosunoglu, A., Srinivasan, V., Zyuban, V., Jacobson, H., Bose, P.: Microarchitectural Techniques for Power Gating of Execution Units. In: Proceedings of the International Symposium on Low Power Electronics and Design (ISLPED'04), pp. 32–37 (2004)
8. IEEE Standard for Design and Verification of Low Power Integrated Circuits. IEEE Computer Society (2009)
9. Ikebuchi, D., Seki, N., Kojima, Y., Kamata, M., Zhao, L., Amano, H., Shirai, T., Koyama, S., Hashida, T., Umahashi, Y., Masuda, H., Usami, K., Takeda, S., Nakamura, H., Namiki, M.,

Kondo, M.: Geyser-1: A MIPS R3000 CPU Core with Fine Grain Runtime Power Gating. In: Proceedings of the IEEE Asian Solid-State Circuits Conference (A-SSCC'09) (2009)
10. Ishikawa, M., Kamei, T., Kondo, Y., Yamaoka, M., Shimazaki, Y., Ozawa, M., Tamaki, S., Furuyama, M., Hoshi, T., Arakawa, F., Nishii, O., Hirose, K., Yoshioka, S., Hattori, T.: A 4500 MIPS/W, 86 μA Resume-Standby, 11 μA Ultra-Standby Application Processor for 3G Cellular Phones. IEICE Transactions on Electronics **E88-C**(4), 528–535 (2005)
11. Kanno, Y., et al.: Hierarchical Power Distribution with 20 Power Domains in 90-nm Low-Power Multi-CPU Processor. In: Proceedings of the International Solid-State Circuits Conference (ISSCC'06), pp. 2200–2209 (2006)
12. Kim, C., Burger, D., Keckler, S.W.: An Adaptive, Non-Uniform Cache Structure for Wire-Delay Dominated On-Chip Caches. In: Proceedings of the International Conference on Architectural Support for Programming Languages and Operating Systems (ASPLOS'02), pp. 211–222 (2002)
13. Magnusson, P.S., et al.: Simics: A Full System Simulation Platform. IEEE Computer **35**(2), 50–58 (2002)
14. Martin, M.M.K., Hill, M.D., Wood, D.A.: Token Coherence: Decoupling Performance and Correctness. In: Proceedings of the International Symposium on Computer Architecture (ISCA'03), pp. 182–193 (2003)
15. Martin, M.M.K., Sorin, D.J., Beckmann, B.M., Marty, M.R., Xu, M., Alameldeen, A.R., Moore, K.E., Hill, M.D., Wood, D.A.: Multifacet General Execution-driven Multiprocessor Simulator (GEMS) Toolset. ACM SIGARCH Computer Architecture News (CAN'05) **33**(4), 92–99 (2005)
16. Matsutani, H., Koibuchi, M., Wang, D., Amano, H.: Adding Slow-Silent Virtual Channels for Low-Power On-Chip Networks. In: Proceedings of the International Symposium on Networks-on-Chip (NOCS'08), pp. 23–32 (2008)
17. Matsutani, H., Koibuchi, M., Wang, D., Amano, H.: Run-Time Power Gating of On-Chip Routers Using Look-Ahead Routing. In: Proceedings of the Asia and South Pacific Design Automation Conference (ASP-DAC'08), pp. 55–60 (2008)
18. Matsutani, H., Koibuchi, M., Amano, H., Yoshinaga, T.: Prediction Router: Yet Another Low Latency On-Chip Router Architecture. In: Proceedings of the International Symposium on High-Performance Computer Architecture (HPCA'09), pp. 367–378 (2009)
19. Mullins, R., West, A., Moore, S.: Low-Latency Virtual-Channel Routers for On-Chip Networks. In: Proceedings of the International Symposium on Computer Architecture (ISCA'04), pp. 188–197 (2004)
20. Seki, N., Zhao, L., Kei, J., Ikebuchi, D., Kojima, Y., Hasegawa, Y., Amano, H., Kashima, T., Takeda, S., Shirai, T., Nakata, M., Usami, K., Sunata, T., Kanai, J., Namiki, M., Kondo, M., Nakamura, H.: A Fine-Grain Dynamic Sleep Control Scheme in MIPS R3000. In: Proceedings of the International Conference on Computer Design (ICCD'08), pp. 612–617 (2008)
21. Shang, L., Peh, L.S., Jha, N.K.: Dynamic Voltage Scaling with Links for Power Optimization of Interconnection Networks. In: Proceedings of the International Symposium on High-Performance Computer Architecture (HPCA'03), pp. 79–90 (2003)
22. Soteriou, V., Peh, L.S.: Exploring the Design Space of Self-Regulating Power-Aware On/Off Interconnection Networks. IEEE Transactions on Parallel and Distributed Systems **18**(3), 393–408 (2007)
23. Stine, J.M., Carter, N.P.: Comparing Adaptive Routing and Dynamic Voltage Scaling for Link Power Reduction. IEEE Computer Architecture Letters **3**(1), 14–17 (2004)
24. Usami, K., Ohkubo, N.: A Design Approach for Fine-grained Run-Time Power Gating using Locally Extracted Sleep Signals. In: Proceedings of the International Conference on Computer Design (ICCD'06) (2006)
25. Vangal, S.R., Howard, J., Ruhl, G., Dighe, S., Wilson, H., Tschanz, J., Finan, D., Singh, A., Jacob, T., Jain, S., Erraguntla, V., Roberts, C., Hoskote, Y., Borkar, N., Borkar, S.: An 80-Tile Sub-100-W TeraFLOPS Processor in 65-nm CMOS. IEEE Journal of Solid-State Circuits **43**(1), 29–41 (2008)
26. Woo, S.C., Ohara, M., Torrie, E., Singh, J.P., Gupta, A.: SPLASH-2 Programs: Characterization and Methodological Considerations. In: Proceedings of the International Symposium on Computer Architecture (ISCA'95), pp. 24–36 (1995)

第3章　高能效片上网络链路的自适应电压控制

3.1　引言（概述）

虽然全局互连的规模远小于晶体管的规模，但是由于运行速度的提高，大量与互连相关的问题也随着工艺缩小而增加。能量密度的增加导致片上热梯度变大，电源电压的降低提高了噪声源的影响[1]。数据线之间的耦合导致大量的数据对速度、功耗和能耗的依赖[2]。长链路增加了芯片内部变化的影响，这种变化通常对局部的影响很小，但对于整个芯片可能会导致大延迟和功耗性能的变化。在高频纳米级系统中，互连性能可以成为功能电感、功能电容和功能电阻，增加了建模和验证的复杂性[3]。此外，随着工艺的缩小，互连功耗占芯片总功耗比例越来越大，使得功耗和能效成为纳米级互连设计最重要的设计指标之一[4]。

大量的研究主要集中在寻找提高互连能效性能的方法。网络基础架构占功耗很大的一部分——每个网络片中占比高达 36%。最常见的技术是通过静态优化或自适应电压的方案来控制链路摆幅电压，其他技术包括数据模式优化、嵌入中继器和新兴的传输方法，如电流模式信号或脉冲传播方法。本章将一一说明这些技术，特别强调了最近提出的自适应电压方案，该方案利用数据模式的先进知识来减少片上互连链路的功耗。

3.2　提高片上链路能效的方法

用于提高片上链路能效的技术跨越了 NoC 设计的多个层。本节叙述数据链路层和物理层常用技术的背景，并在 3.2.1 节描述了一组贯穿本章的评价指标。

3.2.1　能效指标

在讨论提高片上互连能效的具体技术之前，简单介绍一下本章所涉及的指标。通常来说，功耗和能耗是常用的指标[5-7]，其中，能耗 E 是功耗 P 和时间 t 的乘积。导线的能耗 E_{wire} 是活性因子 α、有效导线电容 C_{eff}、电源电压 V_{DD} 和链路摆幅电压 V_{swing} 的乘积[8]。（$E_{wire}=\alpha \cdot C_{eff} \cdot V_{DD} \cdot V_{swing}$）。为了比较不同方法的能耗，通过向链路施加最坏情况交换模式得到峰值能量[9]，或者可通过向链路施加每种输入模式并对消耗的能量进行平均，得到平均能量[10]（假设输入模式是正态分布）。

当涉及功率和能耗时，必须指定包括哪些系统组件。例如，Zhang 等[11]指出整个发送器和接收器的总功耗，而 Benini 等[12]仅提出低功耗编码器和解码器每条总线转换的最小功耗。如果片上噪声源使得发送的消息出现错误，错误信息可以丢弃、纠正或者请求重发。在这些情况下，每次传输的能耗可能是一个误导性的指标，一个更好的指标是每个有用微片的能耗，包括总的传输能耗与成功发送微片数的比值[13]。Worm 等[14]使用每次传输的字的能耗来提供一个系统能耗的总览，包括编码器/解码器的能耗、信息传输能耗、通过应用代码创建传输冗余位的能耗、编码器/解码器控制逻辑、系统同步开销、链路上的电压转换器和任何重新传输的能耗。

同时必须注意所描述的链路中的导线数量，以及在链路中流水线级的数量，文献[15]描述了 n 周期总线即 i 位线宽总能耗。在一些应用中，能耗不是一个合适的度量指标，因为改善能耗是以延迟为代价实现的。为了比较系统的能耗，必须满足更严格的延迟要求，选择的指标是能耗与延迟的乘积[11,16]。

3.2.2 数据链路层技术

数据链路层技术描述 NoC 交换开关的改进，该交换机使用某种形式的编码来修改传输的数据。使用的编码导致面积开销增加，并加大发送端和接收端流水线延迟，编码也造成功耗和能耗开销。而本节阐述的能效编码通过在链路上节省更多的能量，而不是在编解码器中消耗的能量，来提供净能效益。

1. 总线翻转和扩展总线翻转编码

一个减小链路能耗的更直接的方法是总线翻转编码[17]。在总线翻转编码中，编码器确定必须翻转以发送下一微片的总线导线的百分比。如果百分比大于 50%，则输入数据被翻转，且需要增加导线用于传输已经翻转的数据，如图 3.1 所示。这种技术减少了将近 50%峰值功耗（取决于链路的宽度）和将近 25%平均功耗。数据翻转技术也已经扩展应用到局部总线翻转编码，这种面向应用的技术，将导线与相关交换模式高度以及高转换概率结合进一步提高总线翻转编码的效率[18]。这种技术比通过施加总线翻转编码到整个总线的效率提高了 72%。

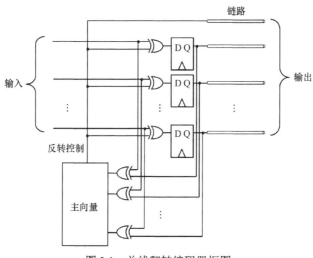

图 3.1 总线翻转编码器框图

2. 频繁值编码

取代使用控制信号来决定数据是否应该翻转（如总线翻转编码），频繁值（FV）编码创建一个小的确定共用比特位模式的静态或动态表，并且为这些高转换模式使用一个小查找表来创建独热编码（设置一根线为"1"，其余的为"0"）方案[19]。通过将独热选择方案和以前的数据传输异或，FV 编码能够减小 2~4 次交换，和总线翻转编码一样有效。

3. 避免串扰编码

由于耦合电容随着工艺缩小而增加，使得由耦合引起的功耗占总功耗的很大部分。提出用避免串扰编码来减少耦合电容所消耗的功率，代替通过最小化转换数目减小功耗。在避免串扰编码（CAC）[2,20]中，输入数据被映射到一个 CAC 编码字。设计 CAC 编码字避免切换模式带来的大耦合电容，降低的总功耗高达 40%[20]。串扰模式检测也可用于设置在平均情况下串扰延迟的周期，提高性能高达 31%[21]；当检测到最坏情况的串扰模式时，传输就被分为多个周期。

4. 渐近零转换编码

格雷码中，在连续二进制数中只有一位不同。基于地址总线上输入模式的连续性，Benini 等[12]对连续地址使用格雷码，并添加一个附加冗余线以表示非连续的地址。除了这个低转换编码方案，在大多数情况下，接收端设计成为不用交换地址总线便可自动计算下一个地址，大大减少了交换能耗（在最好的情况下，交换能耗能够减小到小于每个微片一次传输的平均值）。

3.2.3 物理层技术

物理层技术描述电路和导线性能的改进，包括对导线大小和间距的改变，链路驱动器和中继器上施加电压的改变，以及驱动器、中继器和接收器设计的调整。

1. 低摆幅信号

如 3.2.1 节所述，能耗直接与链路摆动电压 V_{swing} 和电源电压 V_{DD} 两者成正比。减小链路上的电源电压同样也减少了 V_{swing}，从而降低动态能耗 E_{dyn}，即

$$E_{dyn} = \int_0^\infty i(t)V_{DD}dt = V_{DD}\int_0^\infty C_L \frac{dv_{out}}{dt}dt = C_L V_{DD}\int_0^{V_{swing}} dv_{out} = C_L V_{DD} V_{swing} \quad (3.1)$$

式中：E_{dyn} 为动态能耗；$i(t)$ 为电源电流；C_L 为负载电容；v_{out} 为驱动器输出电压。这些低电压系统的主要缺点是增加了转换延迟（延迟大约接近于 $C_{eff}V_{swing}/2I_{on}$，其中，I_{on} 是器件工作电流）。

低摆幅驱动器和接收器已广泛应用到互连链路中[11,16,22]，它对一个给定频率的目标实现了超过 5 倍的能效[11]。这种技术不是将电源电压降低至 0 V 和 V_{swing} 之间摆动，取而代之的是一种低摆幅技术，它使链路电压聚集于交换阈值 $V_{DD}/2$，并使用能检测电压摆幅微小变化的专用接收器[16]。如图 3.2 所示，低摆幅驱动器可以跟一个具有简化 PMOSFET 源电压的反相器一样简单，低摆幅接收器稍微有些

复杂,需要电平转换器恢复链路电压到接收器的触发器电压。若没有这样的电平转换器,触发器输入级将关闭部分功能,会引起大的短路电流[11,22]。这种低阻抗终端相比于常规嵌入中继器的互连线能效会提高56%,同时延迟改善高达21%[16]。

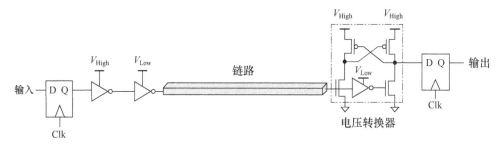

图3.2 低摆幅链路发射器和接收器

2. 差分信号

在差分信号中,两根线被用来发送一个数据位。接收器通过感应两线之间的电压或电流差恢复输入数据[23]。双线法的一个主要优点是减少共模噪声。在噪声源中的这种减小允许使用更低的电压摆,尽管链路线的数量增加1倍,但可以节约超过83%的能效和81%的功率延迟。另外,差分驱动器往往比标准驱动小得多,这导致功耗的减小(文献[24]中指出发送功率改进了66%)。进一步改进差分信号包括使用容性预加重电路[24]来驱动链路,而不是传统的反相器。相比于现有差分信号的方法,这种方法使得数据率提高达66%,而链路功耗降低至1/4。

3. 嵌入中继器

嵌入中继器通常通过还原衰减信号使得互连延迟最小化。在一般情况下,用于延迟优化的中继器可能会相当大并且消耗大量的功率。为了减少中继器的功耗,可以在非关键互连线中使用更小和更少的中继器,这样增加了少许延迟却节省了很大功耗[25]。或者,专门设计中继器满足目标功耗预算[26]。偏斜中继器也可以被用来减少串扰耦合功率,相较于传统嵌入中继器链路能耗改进达18%[15]。Weeasekera等提出一种动态中继器嵌入技术,其中中继器强度调节通过计算每个转换的交叉电容得到,使得与传统嵌入中继器方法相比平均节省20%~25%的功耗[10]。由于泄漏功耗占总功耗的很大一部分,在非关键互连中减小中继器的大小和数目也可以减小泄漏功耗。

4. 双电压缓冲器

双电压缓冲器有一些种类,但多数可分为双阈值电压(dual-V_T)设计[5,27]或双电源电压(dual-V_{DD})设计[28-30]。从两个阈值里选择最佳的器件相比于单阈值能节省高达40%的功耗。设定相邻导线具有不同的阈值电压也可减小在最坏情况下的耦合电容的延迟,可以允许更小的器件尺寸并使能效提高到31%[27]。

双电源电压设计已经用于FPGA,可以在低电压模式下通过识别整条路径避免对电平转换器的需要,相比单电源电压手段能节省互连功耗53%[28]。更多细粒度的双电源电压的实现方法是应用两个电源电压到每根线驱动器,当检测到转换时,切换到高电压运行很短一段时间,在整个链路能够被充电前切换回低电压。这种技术改进能效达 17%[29]。细粒度双电压技术已经与脉冲技术相结合,与非脉冲、单电源电压方法相比减少链路功耗达 50%[30]。

5. 脉冲传输

电压控制的长距离全局互连线施加给驱动器非常重的负载,需要中继器减小传输的延迟,但以增加面积和功耗为代价。通过详细考虑链路阻抗,可以使用脉冲传输技术,该技术取代片上链路、低延迟的中继器和低能耗互连,使用短电流脉冲的调制链路传输可能比完全充放电的链路实现更高的频率[31-33]。脉冲传输系统如图 3.3 所示,给出了链路上传输的数字输入是如何转换为脉冲的。

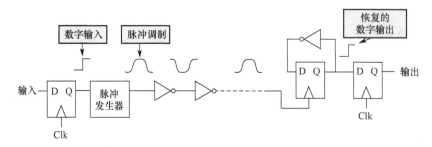

图 3.3　脉冲传输系统图示

在接收端的脉冲触发双稳态触发器,随后输出相应的数字值。这种脉冲波互连仅对部分链路充电,相比于嵌入中继器方法,该方法节约能耗高达 50%。

6. 电流模式信号

电流模式信号包括使用不同的电流电平传输信息,而不是使用不同电压电平。这些技术相比电压模式在功耗不变情况下使延迟改进 50%[34]。在高数据速率下,电流模式信号也能使功耗显著的减小[35](在 0.13 μm 工艺、700 Mb/s 条件下节省约 50% 的功率)。在低数据速率下,这些功耗的节省被电流传感接收器的静态功耗降低[35]。

7. 全局异步局部同步(GALS)信号

随着核规模的增加,大规模片上多处理器的时钟分配和同步变得越来越具有挑战性,这导致了大量的能量开销和芯片内时钟偏斜的出现,限制了芯片性能。解决这些问题的一种技术是允许每个核在自己的时钟下工作,同时使用异步握手协议连接这些核。这种技术被称为全局异步局部同步(GALS)通信,该技术对于管理众多处理器核和有单独性能需求的存储器单元越来越重要[36]。GALS 方法的优点包括模块化增加和可扩展性、每个核的性能优化(而不是使用一个全局最坏情况的时钟频率)、减少时钟的功耗以及减少时钟的偏斜[37]。 GALS 系统已经使用多种拓扑结构进行设计,如一个网格结构的片上网络[38]或 16 端口中心交叉开关[39]。

8. 准谐振互连

加入的片上螺旋电感对长距离互连线能改善平均链路功耗达 91.1%,延迟达

37%[40]。这是通过在固定谐振频率下操作链路实现的,谐振频率依赖于链路阻抗。在电磁场之间通过谐振能量实现显著的功率节省,这减少了作为热量耗散的部分能量。这种方法的主要缺点是对于电感面积的需求,在 50 nm 工艺下,螺旋电感的功率和延迟的优点是以 1 mm 链路嵌入中继器的 10 倍面积为代价的。

9. 自适应链路电压调节

自适应链路电压调节方案用于实现平均情况下性能,而非最坏情况下的性能,通过调整电压和时钟频率来满足广泛的性能指标[22]。例如,链路电压可能会基于应用而被调整,相比基于历史的电压调节方法平均节省 4.6 倍能耗[41]。此外,调节电源电压的能力能被用于提供变化容限:在文献[7]中,电源电压是根据检测到的工艺变化被调整的,以确保每一个链路能够以所需的频率进行操作。在文献[6]中,变化容限和低摆幅方法结合,计算电压步骤的最佳数目,对于 64 位链路,与固定电压方法相比提高了 43%的净功耗。

3.2.4 其他方法

在 3.2.2 节和 3.2.3 节中,讨论了各种数据链路层和物理层的方法。在本小节中,结合数据链路层和物理层方法提供另外的解决方案。

1. 具有自适应电压调节的集成双采样

互连参数和操作环境的变化需要大量的安全边际以确保设计目标能在最坏的情况下完成,这些附加的安全边际减少自适应电压调节的功耗。文献[42]提出一个更有优势的电压调节技术,可在平均情况下工作。在该方法中,双采样锁存器被用来检测和更正链路中的时序错误,并且通过锁存器提供的错误恢复率控制电压调节。即使考虑最坏情况下的变化,通过消除最坏情况下设计的附加安全边际,该方法也比传统的自适应电压调节进一步降低了 17%的功耗。研究表明,在平均情况下的变化,该方法能节省 45%的能耗。

2. 差错控制编码与自适应电压调节相结合

虽然减少链路的电压摆使链路能耗减小,但也降低了链路的可靠性。解决这个问题的一种方法是在低链路电压摆系统[13,14,43]中结合误差控制法,如图 3.4 所示。在这些方法中,能够选择链路电压摆来满足系统目标可靠性的需求。更强大的误差控制编码方案能够实现更低的链路电压摆,增加了潜在的功耗和能耗的节省[43]。

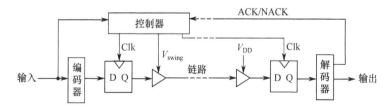

图 3.4 集成误差控制编码和自适应电压调节系统框图

3.3 超前——基于过渡转换感知链路的电压控制

文献[44]提出使用先进的数据模式知识,以减少在芯片上互连链路所产生的自适应电压的功率消耗的方案。在大多数 NoC 链路中,要发送的数据都是事先已知的,甚至在某些情况下提前了数个周期预知。这种先进的知识输入数据模式提供了一个展望未来的数据模式和预处理链接机会,以改善互连延迟,功率或能量的性能。

本节将介绍使用超前信息来检测每根导线的转换和两驱动器电源电压 V_{Low} 和 V_{High} 之间的选择。一个简单的转换检测电路采用输入数据模式调整驱动电压。在超前实现中,一般情况下是降低链路上的电压,以及在检测到转换电压上升时,升高时钟周期的一小部分驱动器电源电压。这种高电压脉冲改善了电路因上升转变而产生的延迟,但是高电压仅适用于一部分时钟周期,而并不适合于整个链路的电容充电到 V_{High},电源电压升压允许使用这种方法来改善低摆幅互连系统的延迟性能,同时保持了低摆幅电压的节能优点。虽然以前许多双电压方案调整了整个总线上的电压(有明显的例外[29]),在链路的每根导线上,这种方法都提供了一个细粒度控制。超前转换感知系统的方框图如图 3.5 所示。当前导线状态(周期 t)和下一周期(周期 $t+1$)中的数据的状态是输入转换检测单元,这用于自适应地调整发射驱动器上的电源电压。转换信息检测在上升沿时被用于调整电压。

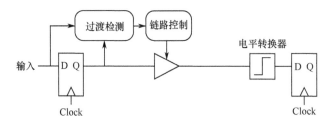

图 3.5 超前的自适应系统转换框图

3.3.1 超前变送器设计

转换检测和电压控制电路如图 3.6 所示。转换检测电路用于检测上升沿转变(一个"0"在节点 Q 时,寄存器输出;一个"1"在节点 In 时,输入到寄存器)。在转换检测电路中,PMOS 器件在 $Q=0$ 时,使能信号传入到传送门,在其他情况下,NMOS 器件被启用并将转换检测输出下拉至地;因此,只有在 $Q=0$ 和 In=1 时,检测输出为"1"。

V_{High} 的持续时间可以根据性能要求进行调整。在此实现中,一半的时钟周期用于 V_{High}。当 Clk=0 时,转换检测器进行输出,传输门处于锁存状态。这是为了防止输入信号值的变化影响在上升沿的电压升压。转换检测电路的锁存器输出传输到带时钟 NMOS 器件的低倾斜反相器,防止反相器触发直到时钟周期开始(在上一个周期的下降沿,过渡检测电路的输出达到倾斜反向器的输入)。反向器发生倾斜,以改善该节点 X 被拉下的速度。

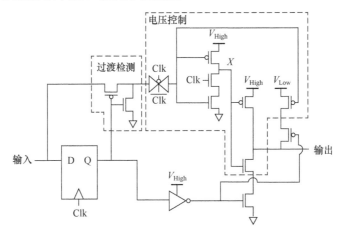

图 3.6　超前变送器原理

图 3.7 时序图给出了超前变送器的更多特性细节。在 $t=0.9$ ns 时,所述输入开关从低到高,能激活转换检测电路。在时钟下一个上升沿($t=1$ ns),转换状态通过传输门进行锁存。节点 X 被驱动为低电平,并且 V_{High} 被施加到最终缓冲器级,直至时钟($t=3$ ns)的下降沿。在这段时间内,一旦预充电节点 X 返回逻辑高电平,则缓冲器 Out 被充电到 V_{High},链路输出衰减到 V_{Low}。

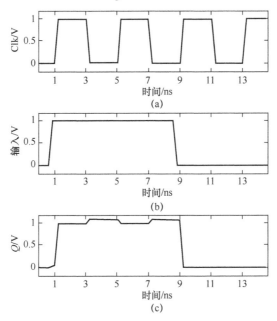

43

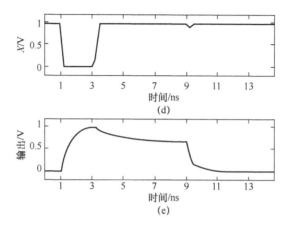

图 3.7　超前变送器时序波形

(a) 时钟波形；(b) 输入波形；(c) Q 波形；(d) X 波形；(e) 输出波形。

V_{High} 和 V_{Low} 之间的模式转换结果如图 3.7 所示的输出波形。V_{High} 用于改进输出的上升延迟，然而，链路的电容没必要完全充电到 V_{High}。应用部分周期的高电压减小连杆摆动电压，与传统方法（具有两个逆变器/缓冲器的标称电压）相比有显著的节能效果。在先行方案中，下降沿约束 $T_{1\to 0}$ 可表示为

$$T_{1\to 0} = T_{Clk\to Q} + T_{int\_inv,0\to 1} + T_{driver,1\to 0} + T_{trans,1\to 0} + T_{lvlshft,1\to 0} + T_{D\to Clk} \quad (3.2)$$

式中：$T_{Clk\to Q}$ 为发射触发器的时钟到输出的延迟；$T_{int\_inv,0\to 1}$ 为通过变送器内部的反向器的上升延迟；$T_{driver,1\to 0}$ 为链路驱动器的下降延迟；$T_{trans,1\to 0}$ 为导线上信号的传播延迟；$T_{lvlshft,1\to 0}$ 为电平移位器的下降延迟；$T_{D\to Clk}$ 为接收触发器要求的保留时间。

对于超前方案上升转换约束 $T_{0\to 1}$，触发器被绕过，并且这部分所述的约束被时钟反向器控制的节点 X 所取代，如图 3.6 所示。因此，上升转换延迟是节点 X 的稳定时间，加上通过驱动上拉的反向器延迟 $T_{driver,0\to 1}$，超前方案的上升沿约束 $T_{0\to 1}$ 可表示为

$$T_{0\to 1} = T_{Clk\to X} + T_{driver,0\to 1} + T_{trans,1\to 0} + T_{lvlshft,1\to 0} + T_{D\to Clk} \quad (3.3)$$

图 3.8 的波形突出了上升转换延迟的改善。超前系统的链压达到 0.5 V 比使用 V_{High}=1 V（图 3.8 所示传统方法）的单电压方案早了 70 ps 以上，改善 44%。图 3.8 是在 Cadence Spectre 采用 45 nm 的预测工艺模型（PTM）生成的[45]。

超前方法的建立时间约束可表示为

$$T_{D\to Clk} \geqslant \max(T_{D\to Clk} + T_{tran\_det} + T_{TG} + T_{clk\_inv}) \quad (3.4)$$

式中：T_{tran_det} 为通过转换检测电路的延迟；T_{TG} 为传输任务门延迟；T_{clk_inv} 为时钟反向器控制节点 X 的建立时间。此外，T_{tran_det} 和 T_{TG} 相比标准触发器建立时间增加了 30 ps 的时间约束。

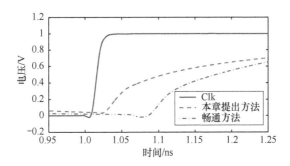

图 3.8　超前方法和采用 V_{High}= 1 V 的单电压方法之间的上升过渡的波形对比

3.3.2　HI/LO 电压选择

在一个多电压系统中最重要的设计决策是工作电压的选择。电压选择几乎影响了每一个重要的设计指标,包括速度、功率、能量、面积区(例如:尺寸要求符合给定频率目标)和可靠性。

超前方法旨在提高一个 NoC 链路的功率和能量性能,图 3.9 给出了该方法用于各种工作电压的能量耗散。所有提到的电路仿真都是在 Cadence Spectre 环境下使用 45 nm PTM[45]进行的。在图 3.9 中,X 轴表示 V_{High} 的不同的值,而 Y 轴表示 V_{Low} 的值,它的值在 $0.6\times V_{High}$ 和 $0.9\times V_{High}$ 之间。例如,坐标为 x= 0.9、y= 0.8 的点表示该点 V_{High}= 0.9 V, V_{Low}=0.8×0.9 V =720 mV。而当 $V_{Low} < 0.6\times V_{High}$ 时则不显示,因为该接收触发器假定在 V_{High} 才进行工作,并且输入电压低于 $0.6\times V_{High}$ 可能不足以切换触发器的状态。

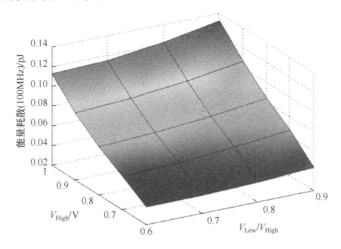

图 3.9　电压的选择对 100 MHz 超前方法在能量耗散方面的影响

从图 3.9 可以得出一个明显的结论,即较低电压具有较低的能量耗散,但从数据图表中又能得出另外一条重要的信息,那就是对于给定的 V_{High},V_{Low} 的值从 $0.9\times V_{High}$

减少到 $0.6×V_{High}$ 相比 V_{High} 减少 100 mV 有更好的节能效果。例如，V_{High}=1 V 和 V_{Low}=0.6 V 系统的能量消耗比 V_{High}=0.9 V 和 V_{Low}=0.9×V_{High}= 810 mV 系统的能量消耗要大。在那种情况下，V_{Low} 减少超过 200 mV 比 V_{High} 减少 100 mV 在能耗方面影响更小。

减小 V_{Low} 对延迟上升沿的影响非常小，因为 V_{High} 用于提升链路电压。减小 V_{Low} 也可以改善下降沿延迟，因为所存储较低量的电荷具有耗散的效果。该信息结合图 3.9 的数据，给超前系统提供了一个简单的准则优化电压。当使用这种方法优化能耗时，应先找到满足给定频率要求的最小 V_{High}，然后降低 V_{Low} 到接收触发器可被控制（与适当的设计余量）的最低点。

为了说明该方法，表 3.1 提供了一系列的目标频率和在 4 个不同 V_{High} 值的能耗。在这项研究中，V_{Low} 固定为 0.6 V，它是 $\frac{1}{2}$ 的额定电压外加 10%的噪声预防电压。对于目标频率为 1.5 GHz 的信号来讲，0.8 V 的 V_{High} 是最高效的选择，比采用标准的 V_{High} 超前系统节约 40%的能量。当频率目标被减少到 0.75 GHz 时，V_{High}=0.7 V 是最有效的选择，节省了超过 53%的能量。

表 3.1 超前方法在一定范围内的工作电压和频率目标的功耗

V_{High}/V	V_{Low}/V	目标频率 GHz						
		2.0	1.75	1.5	1.25	1.0	0.75	0.5
1.0	0.6	—	1.78mW	1.65mW	1.52mW	1.34mW	1.12mW	0.79mW
0.9	0.6	—	1.41mW	1.32mW	1.22mW	1.09mW	0.92mW	0.66mW
0.8	0.6	—	—	0.97mW	0.91mW	0.83mW	0.72mW	0.54mW
0.7	0.6	—	—	—	—	—	0.51mW	0.41mW

3.3.3 性能评估

在所有提出的仿真链路模型中，都是将一个全局导线变成 RC 片段，每个片段代表 1 mm 的链路。全局导线参数和寄生电容值如表 3.2 所列，横截面如图 3.10 所示。电阻和寄生电容值（R、C_g 和 C_C）采用 45 nm 的全局链路互联模型[46]进行了计算[45]。因为大信号转换的时间 t_r（有问题的线路长度比 $t_r/2\sqrt{LC}$ 短得多[3]），没有电感包括在寄生模型中。

表 3.2 全局导线参数

参数	值	参数	值
宽度 W_L/μm	0.31	介电常数	2.1
最小间距 S/μm	0.31	R/mm	85.5
厚度 t/μm	0.83	衬底电容 C_g/fF/mm	77.4
高度 h/μm	0.14	耦合电容 C_C/fF/mm	70.3

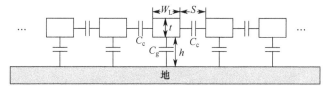

图 3.10　导线参数标注横截面

1. 与传统双反向器驱动的比较

图 3.11 给出了超前系统与传统的双反向器链接的驱动程序比较,传统双反向器缓冲分为驱动器功耗和链接瞬态功耗,超前法与之相比具有节能效果。在峰值形成时有一个 1.2 ns 的上升转换时间和与其对应的 1.8 ns 的下降转换时间。从图 3.11 的电源结果可以看出,两个系统必须满足目标频率在 1.5 GHz 时两个电压摆幅约束——每个系统能拉高 90%的链路摆动电压(传统系统限制在 0.9 V,超前系统限制在 0.54 V),并拉低到 10%链路摆动电压(传统系统限制在 0.1 V,超前系统限制在 60 mV)。显示的驱动器功率是在最坏情况耦合输入下,4 个驱动器驱动一个 5 mm、4 位总线分段的功率耗散量(周期 t 为"1010"模式,紧接着在周期 $t+1$ 为"0101"模式)。链路功率示值是采用表 3.2 参数的 4 位总线分段功耗。与传统系统相比,超前法峰值功率减小 62.7%,平均功率节省 48.6%。上述功率分析包括动态和泄漏功率,图 3.11(b)给出了泄漏功率的进一步比较。超前方案使用的 V_{Low} 降低了输出高电平(V_{OH})近 80%的泄漏功率,减少输出低电平(V_{OL})泄漏(减小上拉网络尺寸的结果)约 30%,从而导致平均泄漏电流降低刚好超过 49%。

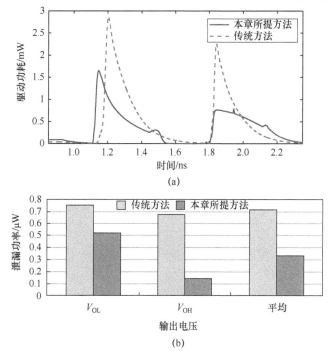

图 3.11　(a)瞬态功率;(b)超前方法与传统方法之间的泄漏功率比较。

如图 3.12 所示，与传统的方法相比，超前方法的节能依赖于时钟频率和激励因子。在超前方法中，时钟频率控制 V_{High} 施加到链路的时间，因此，随着时钟频率的增加，总的链路摆动减小，如图中 3.13（a）所示。当激励因子 $\alpha=1$ 时，节省高达 37% 的功率。图 3.13（b）给出了在第一个半时钟周期内每个频率的功耗，表明了改变 V_{OH} 的值对总能耗的影响；随着频率的增加，能耗量在第一个半时钟周期减少了 80%～90%。

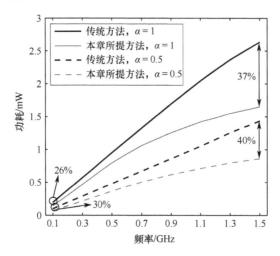

图 3.12　在 3mm 链路下，有不同的激励因子的超前方法和传统方法随频率变化的功耗比较

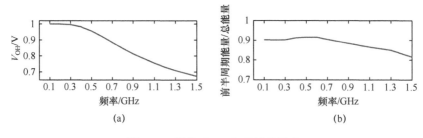

图 3.13　频率对 V_{OH} 和能耗的影响

时钟频率和活性因子这两个参数影响着链路保持在逻辑 "1" 的时间。因此，当 $\alpha=1$ 和时钟频率设置为 1.5 GHz 时，超前方法总功率节省 37%。如果 α 降低到 0.5，而时钟频率相同，则上述功率节省提高到 40%——V_{High} 仅适用于很短的时间内，但链路具有额外的完整时钟周期减少整个链路上的 V_{Low}。在非常低的时钟频率下，链路上拉整个路径至 V_{High} 和下拉至 V_{Low}，在 $\alpha=1$ 和 $\alpha=0.5$ 时分别降低 26% 和 30% 的功耗。

所有前面提到的模拟都使用的是长度为 3 mm 链路。上述的方法所省下来的大部分能量是在短时间内对链路施加 V_{High} 得到的，因此，系统的性能改进也和链路长度紧密相关。图 3.14 中给出了链路长度分别为 1 mm、2 mm、3 mm 时所描述的系统和传统的双逆变器缓冲系统的功耗,该系统尺寸设为满足前述 1.5 GHz、3 mm 链路的设计约束情况。在图 3.14(a)中,功率是在 1.5 GHz 的频率条件下测量的,而在图 3.14(b)中频率被降低到 500 MHz。

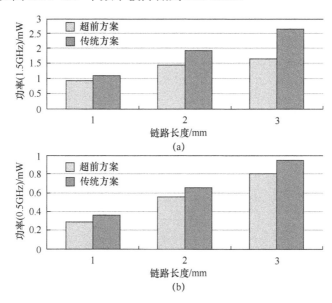

图 3.14　超前方法和传统单电压方法中链路长度对功耗的影响对比

在每个频率中,相比单电压设计,超前法的节能随着链路长度的减小而减小,从 3 mm 的 37%改进为 1 mm 的 14%。由于时钟的周期为固定的,所以效益的减少是减小的负载电容在第一个半时钟周期被充电到高电压的结果。图 3.14(b)表明,在 0.5 GHz 频率下,因为链路摆动受负载电容变化的影响较小,超前法的功耗优势对链路长度的依赖更小。在 0.5 GHz 频率下,链路长度为 3 mm 和 1 mm 的功耗收益分别为 16%和 20%。

2. 与自适应电压驱动相比较

自适应电压系统在逻辑电路上使用了一段时间,因其在提高能源效率方面有着很好的表现,所以在片上互连方面也正日益流行[14,22]。为了研究超前方法的优势是如何受自适应系统的影响,在一系列工作电压和频率上将其与一种传统双反向系统(图 3.2)进行对比。表 3.3 中的两种设计在接收器链路端利用了电平移位器,使接收机触发器减少由降低的信号摆幅引起的短路电流。在传统的双反向器系统中,第一反向器固定在 $V_{DD}=1$ V,第二反向器在 0.7~1V 之间变化,表 3.3 中用 V_{swing} 表示。在超前方法中,只有 V_{High} 被调整,内部反向器和时钟反向器设置为 V_{DD},V_{Low} 固定为 0.6 V。两个系统的规模都为在 $V_{High}=V_{swing}=1$ V 和 1.5 GHz 下,以 90%的预期链路摆幅运行,然后使用这些尺寸改变电压和频率,就像自适应电压系统中的情况一样。

表 3.3　在一系列工作电压和频率上超前方法和传统方法在功率节省的对比

V_{swing}/V_{High}	系统	目标频率/GHz				
		1.5	1.25	1.0	0.75	0.5
1.0V	传统方法/mW	2.578	2.243	1.872	1.421	0.956
	超前方法/mW	1.691	1.534	1.364	1.126	0.801
	节省功耗/%	34.4	31.6	27.1	20.8	16.2
0.9V	传统方法/mW	2.070	1.815	1.525	1.164	0.784
	超前方法/mW	1.353	1.239	1.112	0.930	0.672
	节省功耗/%	34.6	31.7	27.1	20.1	14.3
0.8V	传统方法/mW	1.599	1.423	1.211	0.934	0.631
	超前方法/mW	1.017	0.937	0.855	0.734	0.550
	节省功耗/%	36.4	34.2	29.4	21.4	12.8
0.7V	传统方法/mW	—	1.051	0.919	0.728	0.498
	超前方法/mW	—	—	—	0.526	0.423
	节省功耗/%	—	—	—	27.7	15.1

如表 3.3 所列，在 1.5 GHz 频率下，超前方法一直保持功率节省超过 34%，直到电压降低到两个系统都不能满足时序要求。当频率降低时，超前系统的功率效益也被降低，因为增加的时钟周期将导致摆动电压接近 V_{High}。在 0.7 V 电压下，传统的系统相比超前系统能在更高的频率下工作，这是因为超前输出驱动器满足 90%摆动约束需要更小尺寸的结果（在超前方法下 90%的摆动仅需要 540 mV 电压，而在传统的方法需要 900 mV 电压）。在此比较中，超前方法仅比传统方法多占用 1%的面积。此外，由于电压降低，平均泄漏电流进一步减少，泄漏电流从 $V_{High}= V_{swing}= 1$ V 时降低了 49%，到 $V_{High}= V_{swing}= 0.8$ V 时降低了 65%。

3. 与前面提到的双电压切换方法的比较

文献[29]描述了一种采用双电压辅助链路转换性能提升的替代方法，如图 3.15 所示。不同于提出方案的预测信息，图 3.15 所示的方法是使用节点 Q 的值将 V_{High} 应用到输出。该系统的工作情况如下。假设 Q 和输出都被设置为低电平，并且输入被设置为高电平。在反馈路径中小反向器使用电源电压 V_{Low}，并且无法完全关闭 PMOS 器件 P_1（P_1 的栅-源电压是 V_{Low}-V_{High}）。因此，节点 Z 充电至 V_{High}，完全关闭 PMOS 设备 P_2。当时钟被触发和 Q 被设置为高电平时，NMOS 设备 N_1 导通，节点 Z 被拉低，P_2 被导通。输出节点将通过 P_2 和 P_3 被拉高，当输出足够大，触发反馈反向器时，P_2 会关闭。

超前方法的上升延迟比双电压切换方法的上升延迟小，因为超前方法设计绕过了触发器的 Clk→Q 延迟，从而导致图 3.16 中的内部信号下降得更快。在超前方法中，V_{High} 也被施加了更长的时间周期，能够将 V_{High} 降低至恰好 770 mV，相比前面 V_{High} 设置为 1 V 的系统，仍然具有更优的延迟性能。

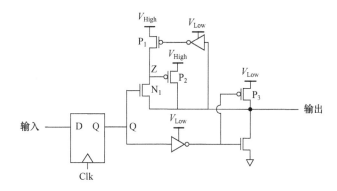

图 3.15 优先双电压切换方法原理图

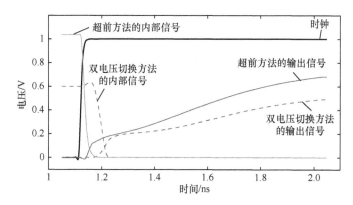

图 3.16 超前方法和优先双电压切换方法之间的瞬态波形比较

即使 V_{High} 减小到 770 mV，双电压切换方法的延迟仍比前面的方法减少 66%。图 3.17 给出了这两个系统的关于功率-时延积（PDP）性能。超前方法在很宽的频率范围内都表现了卓越的 PDP 性能，1.25 GHz 情况下改进大约 42.5%，在 0.5 GHz 下这个改进下降到了 14.5%，当时钟周期减小时，超前方法使链路充电接近至 V_{High}，减小了能量效益。

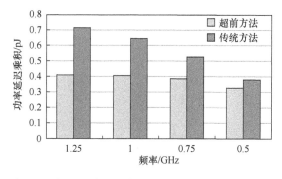

图 3.17 超前方法和优先双电压切换方法的功率比较

3.3.4 局限性

超前方法的缺点包括面积的增大和复杂性的增加。此外，V_{Low} 的使用使得链接更易受到外部噪声的干扰，降低了链路的可靠性。虽然已经提出了许多强有力的技术以提高纳米级互连链路噪声容限[7,13,43,47]，但常见不同来源的噪声容限包括工艺、电压和温度仍然会对链路性能产生重大影响。

降低链路摆动电压的另一个缺陷是，使用中继器缓冲器相比普通电压系统显著地增加了延迟。中继器插入技术的排斥是超前方法的局限性。然而，如图 3.18 所示，超前方法是能够驱动在高频率而不过度扩大最终驱动缓冲器的大小的多毫米长度链路。图 3.18 给出了 X 的倍数（20～100X）为 2.5∶1 反向器，用 1 相当于 45 nm 的最小宽度。如图所示，45 nm 长度的链路（典型的 NoC 链路长度≤4 mm[7]）可在 1.5 GHz 频率下被 11.25 μm 大小的驱动器驱动。

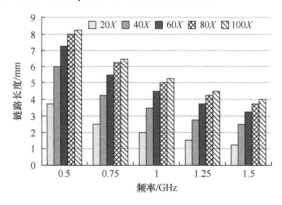

图 3.18 在不同尺寸约束下满足 90% 摆动约束最大链路长度

超前系统达到固定 V_{High} 时，不牺牲延迟就能实现能源节省；此外，超前方法只需要一个小得多的驱动缓冲器就能满足上述约束条件。当尺寸能够满足在 1.5 GHz 频率下 10%～90% 的约束时，超前方法仅比传统法的面积大 1%；然而，相比于现有的双电压方案[29]，超前方法有 33% 链路面积开销。

参 考 文 献

1. David, J. A., et al.: Interconnect limits on gigascale integration (GSI) in the 21st century. Proc. IEEE **89**, 305–324 (2001)
2. Sridhara, S. R., Ahmed, A., Shanbhag, N. R.: Area and energy-efficient crosstalk avoidance codes for on-chip buses. Proc. IEEE Conf. on Comp. Design (ICCD'04) 12–17 (2004)
3. Ismail, Y. I., Friedman, E. G., Neves, J. L.: Figures of merit to characterize the importance of on-chip inductance. IEEE Trans. Very Large Scale Integration (VLSI) Syst. **7**, 442–449 (1999)
4. Wang, H., Peh, L.-S., Malik, S.: Power-driven design of router microarchitectures in on-chip networks. Proc. 36th IEEE/ACM Int. Symp. on Microarchitecture (MICRO-36), 105–116 (2003)
5. Larsson-Edefors, P., Eckerbert, D., Eriksson, H., Svensson, K. J.: Dual threshold voltage cir-

cuits in the presence of resistive interconnects. Proc. IEEE Comp. Soc. Ann. Symp. on VLSI (ISVLSI'03), 225–230 (2003)
6. Jeong, W., Paul, B. C., Roy, K.: Adaptive supply voltage technique for low swing interconnects. Proc. 2004 Asia and South Pacific Design Automation Conf. (ASP-DAC'04), 284–287 (2004)
7. Simone, M., Lajolo, M., Bertozzi, D.: Variation tolerant NoC design by means of self-calibrating links. Proc. Design, Automation and Test in Europe (DATE'08), 1402–1407 (2008)
8. Wei, G. Y., Horowitz, M., Kim, J.: Energy-efficient design of high-speed links. In: Pedram, M., Rabaey, J. (eds.) Power Aware Design Methodologies, Kluwer, Norwell, MA (2002)
9. Akl, C. J., Bayoumi, M. A.: Transition skew coding for global on-chip interconnects. IEEE Trans. Very Large Scale Integration (VLSI) Syst. **16**, 1091–1096 (2008)
10. Weeasekera, R., Pamunuwa, D., Zheng, L.-R., Tenhunen, H.: Minimal-power, delay-balanced SMART repeaters for global interconnects in the nanometer regime. IEEE Trans. Very Large Scale Integration (VLSI) Syst. **16**, 589–593 (2008)
11. Zhang, H., George, V., Rabaey, J. M.: Low-swing on-chip signaling techniques: effectiveness and robustness. IEEE Trans. Very Large Scale Integration (VLSI) Syst. **8**, 264–272 (2000)
12. Benini, L., De Micheli, G., Macii, E., Sciuto, D., Silvano, C.: Asymptotic zero-transition activity encoding for address busses in low-power microprocessor-based systems. Proc. 7th Great Lakes Symp. on VLSI (GLSVLSI'97), 77–82 (1997)
13. Bertozzi, D., Benini, L., De Micheli, G.: Error control schemes for on-chip communication links: the energy-reliability tradeoff. IEEE Trans. Computer-Aided Design of Integrated Circuits and Syst. **24**, 818–831 (2005)
14. Worm, F., Ienne, P., Thiran, P., De Micheli, G.: A robust self-calibrating transmission scheme for on-chip networks. IEEE Trans. Very Large Scale Integration (VLSI) Syst. **13**, 126–139 (2005)
15. Ghoneima, M., et al.: Skewed repeater bus: a low power scheme for on-chip buses. IEEE Trans. Circuits and Syst.-I: Fundamental Theory and App. **55**, 1904–1910 (2006)
16. Venkatraman, V., Anders, M., Kaul, H., Burleson, W., Krishnamurthy, R.: A low-swing signaling circuit technique for 65nm on-chip interconnects. Proc. IEEE Int. Soc Conf. (SoCC'06) 289–292 (2006)
17. Stan, M. R., Burleson, W. P.: Bus-invert coding for low-power I/O. IEEE Trans. Very Large Scale Integration (VLSI) Syst. **3**, 49–58 (1995)
18. Shin, Y., Chae, S.-I., Choi, K.: Partial bus-invert coding for power optimization of application-specific systems. IEEE Trans. Very Large Scale Integration (VLSI) Syst. **9**, 377–383 (2001)
19. Yang, J., Gupta, R., Zhang, C.: Frequent value encoding for low power data buses. ACM Trans. Design Automation of Electronic Syst. (TODAES) **9**, 354–384 (2004)
20. Sotiriadis, P., Chandrakasan, A.: Low power bus coding techniques considering inter-wire capacitances. Proc. IEEE Custom Integrated Circuits Conf. (CICC'00) 507–510 (2000)
21. Li, L., Vijaykrishnan, N., Kandemir, M., Irwin, M. J.: A crosstalk aware interconnect with variable cycle transmission. Proc. Design, Automation and Test in Europe (DATE'04) 102–107 (2004)
22. Raghunathan, V., Srivastava, M. B., Gupta, R. K.: A survey of techniques for energy efficient on-chip communication. Proc. Design Automation Conf. (DAC'03) 900–905 (2003)
23. IEEE Standard for Low-Voltage Differential Signals (LVDS) for Scalable Coherent Interface (SCI), 1596.3 SCI-LVDS Standard, IEEE Std 1596.3-1996 (1996)
24. Schinkel, D., Mensink, E., Klumperink, E., Tuijl, E. V., Nauta, B.: Low-power, high-speed transceivers for network-on-chip communication. IEEE Trans. Very Large Scale Integration (VLSI) Syst. **17**, 12–21 (2009)
25. Banerjee, K., Mehrotra, A.: A power-optimal repeater insertion methodology for global interconnects in nanometer designs. IEEE Trans. Very Large Scale Integration (VLSI) Syst. **49**, 2001–2007 (2002)
26. Chen, G., Friedman, E. G.: Low-power repeaters driving RC and RLC interconnects with delay and bandwidth constraints. IEEE Trans. Very Large Scale Integration (VLSI) Syst. **14**, 161–172 (2006)
27. Ghoneima, M., Ismail, Y. I., Khellah, M. M., Tschanz, J. W., De, V.: Reducing the effective coupling capacitance in buses using threshold voltage adjustment techniques. IEEE Trans. Circuits and Syst.-I: Regular Papers **53**, 1928–1933 (2006)

28. Lin, Y., He, L.: Dual-Vdd interconnect with chip-level time slack allocation for FPGA power reduction. IEEE Trans. Computer-Aided Design of Integrated Circuits and Syst. **25**, 2023–2034 (2006)
29. Kaul, H., Sylvester, D.: A novel buffer circuit for energy efficient signaling in dual-VDD systems. Proc. 15th ACM Great Lakes Symp. on VLSI (GLSVLSI'05) 462–467 (2005)
30. Deogun, H. S., Senger, R., Sylvester, D., Brown, R., Nowka, K.: A dual-VDD boosted pulsed bus technique for low power and low leakage operation. Proc. IEEE Symp. Low Power Electronics and Design (ISLPED'06) 73–78 (2006)
31. Wang, P., Pei, G., Kan, E. C.-C.: Pulsed wave interconnect. IEEE Trans. Very Large Scale Integration (VLSI) Syst. **21**, 453–463 (2004)
32. Jose, A. P., Patounakis, G., Shepard, K. L.: Near speed-of-light on-chip interconnects using pulsed current-mode signalling. Proc. Symp. VLSI Circuits 108–111 (2005)
33. Khellah, M., Tschanz, J., Ye, Y., Narendra, S., De, V.: Static pulsed bus for on-chip interconnects. Proc. Symp. VLSI Circuits 78–79 (2002)
34. Katoch, A., Veendrick, H., Seevinck, E.: High speed current-mode signaling circuits for on-chip interconnects. Proc. IEEE Int. Symp. Circuits and Syst. (ISCAS'05) 4138–4141 (2005)
35. Bashirullah, R., Wentai, L., Cavin, R., III: Current-mode signaling in deep submicrometer global interconnects. IEEE Trans. Very Large Scale Integration (VLSI) Syst. **11**, 406–417 (2003)
36. Kumar, S., et al.: A network on chip architecture and design methodology. Proc. IEEE Comp. Society Ann. Symp. on VLSI (ISVLSI'02) 105–112 (2002)
37. Amde, M., Felicijan, T., Efthymiou, A., Edwards, D., Lavagno, L.: Asynchronous on-chip networks. IEE Proc. Comput. Digit. Tech. **152**, 273–283 (2005)
38. Bjerregaard, T., Sparso, J.: A router architecture for connection-oriented service guarantees in the MANGO clockless network-on-chip. Proc. Conf. Design, Automation and Test in Europe (DATE'05) 1226–1231 (2005)
39. Lines, A.: Asynchronous interconnect for synchronous SoC design. IEEE Micro **24**, 32–41 (2004)
40. Rosenfeld, J., Friedman, E. G.: Quasi-resonant interconnects: a low power, low latency design methodology. IEEE Trans. Very Large Scale Integration (VLSI) Syst. **17**, 181–193 (2009)
41. Shang, L., Peh, L.-S., Jha, N. K.: Dynamic voltage scaling with links for power optimization of interconnection networks. Proc. Int. Symp. High Perf. comp. Arch. (HPCA'03) 91–102 (2003)
42. Kaul, H., Sylvester, D., Blaauw, D., Mudge, T., Austin, T.: DVS for on-chip bus designs based on timing error correction. Proc. Design, Automation and Test in Europe (DATE'05) 80–85 (2005)
43. Fu, B., Ampadu, P.: On Hamming product codes with type-II hybrid ARQ for on-chip interconnects. IEEE Trans. Circuits and Syst.-I: Regular Papers **56**, 2042–2054 (2009)
44. Fu, B., Wolpert, D., Ampadu, P.: Lookahead-based adaptive voltage scheme for energy-efficient on-chip interconnect links. Proc. 3rd ACM/IEEE Int. Symp. on Networks-on-Chip (NoCS'09) 54–64 (2009)
45. Arizona State University, Predictive Technology Model [Online]. Available: http://www.eas.asu.edu/~ptm/
46. Wong, S., Lee, G., Ma, D.: Modeling of interconnect capacitance, delay, and crosstalk in VLSI. IEEE Trans. Semiconductor Manufacturing **13**, 108–111 (2000)
47. Xu, S., Benito, I., Burleson, W.: Thermal impacts on NoC interconnects. Proc. IEEE Int. Symp. on Networks-on-Chip (NoCS'07) 220–220 (2007) Full version Available: http://python.ecs.umass.edu/icdg/publications/pdffiles/xu_noc07.pdf

第4章 片上网络异步通信

4.1 引言

宏观上讲，各种设备之间的通信可以分为两个对立的方法（图4.1），一种是在每对元件中建立一个专用点对点的连接，另一种则是提供某种公用通信媒介，如总线。这两种方法都会随着互连设备的增加产生限制因素，在第一种情况下，链路数量以平方增加，设计者很快就会面临创建大量链路开销的问题。在第二种情况下，随着越来越多的设备需要传输数据，通信介质的可用性就会收缩，这就限制了潜在的吞吐量。片上网络体系结构是对这些概念的一种混合，它组织了大量的点对点链路以增加通信的并行性，并重用不同内核间的相同链路进行通信。

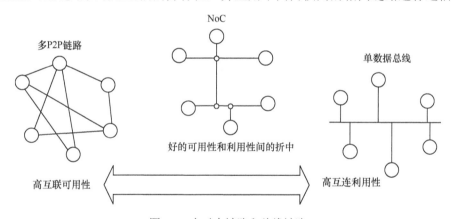

图4.1 点对点链路和总线链路

片上网络的设计是非常复杂的，因为有大量设计观点以及质量相关的很多方面和标准。当全局时钟被移除时，这种复杂性变得更大。在网络元件的其余部分中（图4.2），通信链路形成各种可能的通信方案，同时提供了大量的编码方法，即依次乘以可能实现的数量。因此，需要一个好的分类方案处理数据传输时可能的信号形式。

基于令牌的方法允许能够统一一些通信机制的类别。首先，它可以帮助制定一个可靠的通信机制，还能按照性能（吞吐量）、功耗以及面积的标准比较不同的解决方案。

同步和异步设计之间的基本差异在于更新系统状态时全局时钟信号的使用。异步设计中没有全局时钟，因此有时也被称为无时钟或自定时。相反地，它是通过许多相互并行的控制信号实现更新部分系统状态的功能。异步电路一般可以分为以下几类：

（1）延迟不敏感电路，在这种电路中，无论线路和门延迟如何，电路都能正常工作。

（2）速度无关电路，该电路被期望不受门延迟的影响而正确工作。

（3）时序假设电路，该电路被期望在某些条件得到满足时能够正常工作。

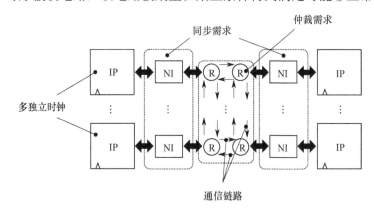

IP—IP模块；NI—网络接口；R—路由节点。

图 4.2 通用片上网络结构

从技术上来说，同步逻辑可以看作只有唯一时钟控制信号的异步逻辑，时序假设表明在两个状态寄存器间每个可能的信号传输路径都不超过预定义时间。最长的传输时间是通过找出寄存器存储系统的状态之间的最长路径来确定的，这条路径被称为关键路径，基本上由门或单元以及沿此路径和互连这些门的导线的延迟形成的。

4.1.1 可变性

由于逻辑门越来越小，其相关的延迟和局部互连也变得越来越小。与此相反，长(通常指系统级)导线的延迟呈指数增加，并且对关键路径和系统整体性能有更大的影响（图4.3）。这就要求设计者引入额外的中继器来减少这种链路的全局延迟。不仅如此，布局特征尺寸的缩小还会增大互连延迟的可变性，不管是对以前的晶粒间的还是新兴的晶粒内部的变化[66]，延迟的变化也导致时钟偏移的变化。对于 0.25 μm 的工艺，已报道的可变性已经达到 25%[27]。最后，串扰电容可能导致高达 7 倍延迟变化[17]。所有这些因素都需要更多复杂的时序分析。与可变性相关的安全边际必须以系统性能为代价而增加。

从无时钟设计的角度看，类似的问题也会发生。然而，该电路一般不受门延迟和线延迟变化的影响。在通常情况下，最长路径的允许延迟没有时序限制。不同的是，请求和应答的握手接口连接分立的、或多或少独立的电路元件，这会产生独立的通信任务。一般地，每个任务包括 3 个连续阶段：

（1）请求阶段：发起新的任务。

（2）应答阶段：接收请求信号并完成相关操作。

（3）复位阶段：一些协议（如 4 相或回零）。复位阶段对启动信号和下次转换准备来说是必要的。

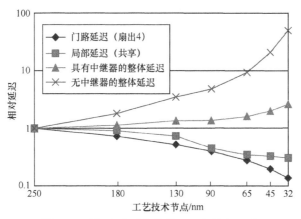

图 4.3　局部和全局布线的延迟与特征尺寸

对于这种电路性能的评估是基于如何频繁地将新任务（新的请求）从发送方发送到接收方。很明显，应答和复位阶段也应被包括在评估中。循环形成请求可以被视为握手链，该链的整体性能由系统里统计最慢循环的平均延时决定。

4.1.2　功耗

异步设计的另一个重要方面是对电路功耗的考虑。在同步系统中，时钟信号需要在整个芯片中传输，在可容忍偏差内驱动这些线路所做的相关操作明显需要大量的功率。异步设计或多或少基于局部的握手互连，而它通常需要较小的功率就能工作。

异步设计的另一个优势是基于事件的功耗。在一个同步系统中，时钟信号驱动电路的每个双稳态元件与真实数据的变化无关。与此相反，异步设计的理念是"随需应变"，只有当它被传入的请求信号激活时才消耗功率。为不活跃的电路区域门控时钟有效节省功耗，需要在时钟设计时增加额外的面积和设计工作。

静态功耗与所使用的工艺和电路面积相关。对于 130 nm 及以上的 CMOS 技术，静态功耗影响不大。随着它缩小到 90 nm 甚至更小，静态（泄漏）功耗才会产生更大的影响。再者，异步技术与时钟电路相比，允许以更灵活的基于事件的方式应用电源门控[26]。

4.1.3　本章结构

本章主要提供与片上网络设计链路相关的各种问题的概述（图 4.4），以解释异步通信机制开始，然后是主链路级协议的问题，如数据流控方案、数据编码技术和错误恢复能力。之后，讲述各种实现时的问题，即在网络中形成多个链路时的问题，考虑到通过管道、序列化和应答隐藏的方式来改善吞吐量、功耗和面积的方法。最后，介绍一些设计方法可以在创建异步链路使用，并给出设计单链路控制器的一个简单例子。对于更注重实践的读者，本章也可以作为片上异步通信链路设计的向导，帮助设计者选择合适的协议、实现方式和电路设计方法。

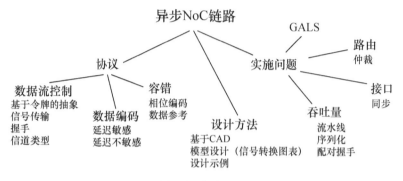

图 4.4　本章概述

4.2　在片上网络时代之前的异步通信发展史

异步接口的需求一直是自定时系统研究和发展的强有力激励因素。简单系统设计最初需要一个单独的控制设备跟可拆卸的测试装置通信，或一个处理器跟外围设备（如显示器和打印机）进行通信。后来人们意识到统一设备相互连接的必要性。因此，出现了许多链路级标准（如共享总线）并不断提高随时间变化的各种链路的特性，如速度、功耗和面积。由于模块尺寸变大和响应时间不同是非常自然的，让它们用单个时钟信号不是不可能，但十分困难，所以在大多数情况下很自然地使用异步通信技术。它们也使用异步仲裁，以便允许不同主机使用同一总线访问从机。在 20 世纪 60—80 年代，这些总线在业界的应用是 IEEE-488 / HP-IB/ GPIB、UNIBUS（来自 DEC）、LSI-11/Q 总线、VME 总线（来自摩托罗拉）、Futurebus/IEEE-896，这些总线都有异步握手协议，且部分产品有用于实现适配器的异步逻辑。在超大规模集成电路技术发展前期（1979 年），引进一个自定时接口 TRIMOSBUS[57]，它为实现一对多（广播）握手通信，采用三线（每个数据传输后转换请求和应答角色，并在线上使用 Wire-OR 逻辑）这样一种特别的方式。一系列有意思的握手协议，包括允许共享导线发送请求和应答，以及在文献[63]中给出的单独位线上的应答数据。

在某一时期，人们认识到总线并没有得到很好地扩展，而且在安全第一的应用中可能会是一个薄弱点，如机载多计算机系统。为了解决这个问题，带有环形架构的自定时的通信信道于 1986 年由 V.Varshavsky 研究组开发，发表于文献 [64,68]。这可能是第一种全局异步局部同步系统，其中同步处理器用于设计重用与代码遗留，可以通过基于环的容错通信网络进行通信。该处理器通过特殊的同步-异步接口，自定时 FIFO 和自定时的路由器与环形通道进行连接。环形通道使用具有动态优先仲裁的基于令牌的协议，多播寻址和链接即通过 6 个 Sperner 编码的回零握手。通道适配器，内置了速度完全独立方式和链路中的线冗余，在连接线路和路由逻辑的门电路里，允许自动检测、定位和恢复（通过重新配置）多达两个呆滞型故障。

在许多方面，片上异步通信领域目前的发展是按照以前的发展增加新编码、线路变化、设计标准改变，最重要的是，目前都用 CAD 工具。

4.3 基于令牌观的通信

在一个较高的层次，2 个或更多元件的数据通信可以建模为一个基于令牌的结构。考虑到链路在发送端和接收端之间传输数据（图 4.5（a）），以下 2 个基本问题必须得到解决。

问题 1：接收端何时可看到数据？

问题 2：发送端何时可发送新数据？

第 1 个问题和数据有效性问题相关，当数据可用时形成一个明确定义的令牌（图 4.5（b））。第 2 个问题和应答问题有关，本质上来说，它是来自接收器的一个反馈，有助于分离不同的令牌和创建数据传输的动态。

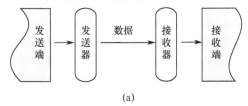

(a)

图 4.5 基于令牌观的通信

(a) 数据链路；(b) 有效数据的令牌标记；(c) 下一个令牌分离。

这些是物理和链路层流量控制的基本问题。这些问题的答案取决于很多设计方面：工艺、系统架构（应用、管道）、延迟、吞吐量、功耗、设计过程等。

使用 Petri 网模型[35]，可以用一个足够抽象和正式的方式描述数据通信过程

（图 4.6）。用"数据有效"和"应答"来解释互斥的状态。首先，当新的数据可用时，它将告诉接收端，然后通知发送端数据已经被接收了，新的数据可在任何时候被传输。

这样的抽象可以提供离散过程的一个简单的数据流视图。没有太多的细节，这些模型可以描述任意的网络结构和动态可视化的计算或通过令牌游戏模拟通信过程。至于令牌游戏模型，使用现有的可视化工具便能将其构造并模拟出来[44]，但其实际实现呢？在通信的环境下"生产"和"消费"一个令牌意味着什么？

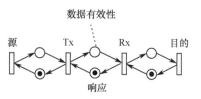

图 4.6 使用 Petri 网络的链路模型

当讨论在一个硅片上实现这样的模型时，可以设想被用于传输数据的链路不得不基于金属线连接模块，令牌是通过这些线的实时流量或者本身的电压级的方式赋予某种编码的。

这种设计在物理界中有很多限制。第一个问题就是检测什么时候实际数据有效，这与完备检测问题相关。

导线本身并不是可以一次存储多个令牌的媒介。在数字化设计时，它还受限于只能传输二进制值。这需要使用一组线来表示相同链路，并对不同功能特征的各种实现进行基本扩展。

对于技术原因，在发送端发送信息的下一个部分前，接收端可能需要一些时间。因为无论是接收端被占用处理先前的令牌，还是存在拥塞的模块暂时无法接受来自接收端的新令牌。因此，发送令牌之前，发送端需要知道接收端将能够处理该令牌。因此，必须完成某些事以表示接收端的可用性。在同步和异步设计时，任何通信链路的实际应用将包含这些问题的每个答案。

通常情况下，接收端准备好接收下一数据是基于时序假设的。举个例子，互联网路由器是在单线上传输数据的。然后，特殊的传输序列被用于对令牌时序及其值进行编码。最终的假设是，令牌被发送的速率足够慢使得接收端足以接收它们。

在传统的全局时钟系统中，令牌到达时间由公共时钟信号定义[21]。实际的数值是在若干导线的二进制编码。最后，通过假设信号有足够时间传输并在接收端被处理隐含应答信号。注意，在电路中公共时钟为每个接收端制造公共令牌，这意味着每个链路在每个周期将恰好传输一个令牌。在大多数情况下，这取决于额外有效位信号位是否小于令牌可以使用的值。

最后，对部分时钟或纯异步系统，数据通信依靠局部握手的概念。它们中的一些基于时序假设（如捆绑数据），而其他的是基于延迟不敏感（双导轨，1/4）。这些方法假定双路通信，一方的应答紧跟另一方的传输请求信号。在接下来的小节中，将讨论令牌的形成和分离的基本概念及相关技术，包括信令协议以及传输数据和有效信号的特殊编码技术。

4.4 异步信令传输基础

4.4.1 信令技术

一些信令技术可用于实现基于令牌模型的异步通信（图 4.7）。最常见的信令技术是电平信令和转换信令。

电平信令给导线分配一个特别的信号电压，对一个事件进行编码。这个概念与逻辑电路线上所表示的信号密切相关，实际中使用逻辑门实现很简单。其缺点是某些情况下需要将信号复位到它的初始状

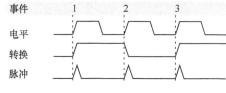

图 4.7 信令技术

态。换言之，模型行为中的一个事件将导致实际实现中的两个信号转移事件。因此，当处理长链路通信时这种方法没有多大的吸引力，并且每个信号转换的代价很高。

转换信号是基于当事件发生时，反置线上电压实现的，这样的对应关系从建立模型的视角看更具有吸引力。然而，这样转换是不同的（无论是上升还是下降沿），除非使用附加逻辑门，否则线上的当前值不能用来检测事件。检测到的信号发生转换时，接收端需要将信号值和一些参考值进行比较，这些参考值一直保持不变，或将以前的值存储起来。

基于信号脉冲是不太常见的技术。它的优点是结合了基于电平信号的简单性、模型事件跟连线上的事件之间的紧密对应关系。然而，这种方法需要小心维持脉冲宽度，该脉冲宽度在很大程度上取决于相关电路的物理参数。

4.4.2 握手协议

握手协议是异步通信的基础，它们为通信系统中提供了灵活组成的独立模块。握手由两个基本事件组成：请求事件开始事务，应答事件结束事务。

取决于所使用信令方案，握手可以是 4 阶段（图 4.8（a））也可以是 2 阶段（图 4.8（b））的。

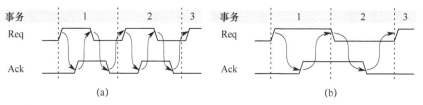

图 4.8 基本握手协议
（a）4 阶段握手；（b）2 阶段握手。

4 阶段握手和基于电平信令相关，它也被俗称为回零（RTZ）方法，形成下面事件序列：

第 1 阶段 Req↑——发出请求，新的通信周期开始。

第 2 阶段 Ack↑——应答请求，请求程序可以继续进行该事务。

第 3 阶段 Req↓——请求程序复位到初始状态，同时等待响应复位。

第 4 阶段 Ack↓——恢复握手的初始状态，同时进入第 1 阶段。

2 阶段握手和转换或者基于脉冲的信令相关。每个握手过程只有 2 个阶段：

第 1 阶段 Req↑或 Req↓——发出请求，新的通信周期开始。

第 2 阶段 Ack↑或 Ack↓——应答请求，同时进入第 1 阶段。

请注意，当 Req 和 Ack 信号同时使用时，通信双方的事件检测可以使用这些信号作为参考。如果 Req ≠ Ack，则响应程序知道在请求线路有事件。如果 Req = Ack，那么请求程序知道信息已经发送。

4.4.3 信道类型

信道的类型不同取决于谁是传输的发起者。当发送端正在准备初始请求时，由于被发送的数据与请求事件有关，因而形成推送信道（图 4.9（a））。

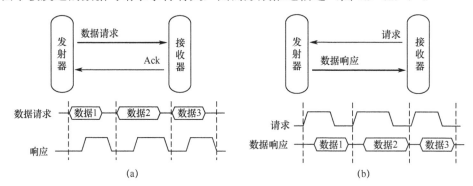

图 4.9 信道类型
（a）推送信道握手；（b）拉回信道握手。

在相反的情况下，接收端也可以激活传输。由于接收端是作为数据传输的一个请求方，这样的通信被称为拉回信道（图 4.9（b））。发送方作为一个响应方，能应答数据传送。

为了解全貌，可以设想在信道里没有数据传输，只有握手通信控制信息，即无输入信道。它不传输数据，但仍可用来同步模块。

最后，发送端和接收端都附加某些信息到事件的通信链路，被称为双输入信道[53]。

因为有各种数据传输的方向，所以有时也简单地将其描述为：参与主动方（主机）初始化请求信号，被动方（从机）应答响应初始请求。

4.5 延迟不敏感数据传输

延迟不敏感的编码[65]允许每根独立的线和独立通信中的信号传输时间不同，它仅仅要求信号在一个限定的时间内到达目的地。

描述这些代码的分类因素为：

（1）效率——速率为 A 的不同的代码字可以被编码在 N 条线上，即

$$R = \frac{\lfloor \log_2 A \rfloor}{N}$$

（2）完备检测——数据复杂性的有效性检测。

（3）编码/解码——在通道和模块内部使用的代码之间转换的复杂性。

延迟不敏感技术把事件（某些指示代表新的和有效数据输入）和相关数据编码进同样的线。特别地，完备检测电路用在接收端，以确定数据是否可用。当选择通信方法时，这样电路的复杂性可能是要考虑的一个重要因素。

4.5.1 双轨

双轨逻辑使用 2 条单独的线（x.false 和 x.true 或 x.0 和 x.1）传输 0 和 1。在传统 4 阶段握手里，每次只能激活一根线。因此，有 3 种组合（表 4.1）。

表 4.1 双轨 4 阶段编码

x.0	x.1	意义
0	0	传送间隔
1	0	发送 0
0	1	发送 1
1	1	不允许

激活信号中的一个，将有效发送 0 或 1。激活 2 个信号是不允许的，而当使用 4 阶段协议传输数据符号序列时，它们必须由间隔器隔开。

可将几个双轨对组合形成多位信道，n 位值需要用 $N=2n$ 根线，并能容纳 2^n 种不同代码字。

图 4.10（a）演示了使用双轨代码的 2 位推送信道通信的例子。在完备检测的电路中使用了 n 个 2 输入或门。它们在每个比特信道上检测有效的数据。然后，所有的有效性信号使用 C-element 组合成一个完整的信号[48]（图 4.10（b））。这个器件是一个锁存器，当输入匹配时，输出输入值，否则保留其值。在一般情况下，对于 n 位信道，可使用一个 2 输入 C-elements 的树。

需要注意的是，在双轨信道线上，间隔的概念不总是使用 0 表示。负逻辑的优化通过转化 1 个或者 2 个（x.0 和 x.1）轨，也许能提供更好的电路。同样，双轨通道可能有交替间隔值，从而在安全应用程序下提供更平衡的功耗。

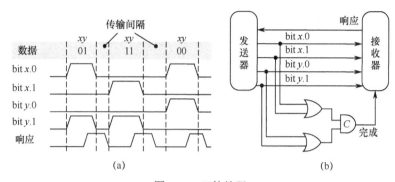

图 4.10 双轨编码
（a）2 位传送的通信波形；（b）完成检测。

4.5.2 1/N 和 M/N 编码

1/N（独热码）编码用于在 N 条线上编码 N 个不同的状态，其中每个状态都专用一条线。完备检测电路对这样编码是不重要的，它是所有信号的或功能。因为传输任何代码字仅需单转换，并且间隔器由同一条线上转换的编码形成，所以这种编码是非常高效的。

在一般情况下，1/N 比双轨更不实用，因为随着 N 的增大，实现的信道会迅速变得不可行。然而，1/4 数据编码是一个例外，因为它同样使用 4 根线编码 2 位，但它需要较少的转换。结果是 N 位数据通道可由 N/2 的 4 引脚链路构造，这样的引脚链路比相应的 N 位双轨链路更好。

所考虑的 1/N 编码是 M/N 编码的一种特例。逻辑概述为使用一些固定数目的有源线对数据进行编码。激活 N 根线中的 M 根能编码 $\binom{N}{M} = \frac{N!}{M!(N-M)!}$ 种不同的值。例如，2/4 编码能够在 4 根线上提供 6 种不同的代码字。对于 N 根导线，当 N=2M 时，可以得到最大组合数（这些就是 Sperner 编码[62,65]）。

使用 Stirling 逼近，即

$$\lim_{n \to \infty} \frac{n!}{\sqrt{2n\pi}n^n e^{-n}} \qquad (4.1)$$

在最好的情况下总的代码字的可能数可表示为

$$\binom{N}{M} = \binom{2M}{M} = \frac{(2M)!}{(M!)^2} \approx \frac{\sqrt{4M\pi}(2M)^{2M} e^{-2M}}{2M\pi M^{2M} e^{-2M}} = \frac{2^{2M}}{\sqrt{\pi M}} \qquad (4.2)$$

完备检测电路可由不同的 C-elements 和或门电路组合构成。图 4.11（a）给出了一个这样的完备检测器用于 2/4 的代码。但随着 M 和 N 的增加，支持电路的复杂性呈指数增长。使用不完备 N/M 编码电路能得到 N/M 编码的好处，同时避免完备检测电路过度复杂[4]。例如，2/7 的编码提供了在 7 根线上的 21 种代码字，它可以编码多达 4 位的信息，同时留下 5 个代码字未使用。相反，2/7 可组成 1/3 和

1/4 编码。这些编码的组合，提供了 12 种不同的代码字。此外，当前 3 位是 0 时，2/4 编码能被加入，这增加了 6 个有用的组合（图 4.12（a））。前 3 位中有 2 位被激活的组合没有被包括。只留下 18 个有用的代码字，仍可存储 4 位信息加上 2 个控制符号。实现的结果表明完整的 2/7 代码性能提高了 25%[4]。

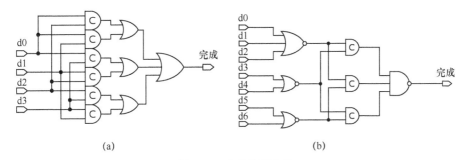

(a)　　　　　　　　　　　　(b)

图 4.11　完备检测电路

（a）2/4 完备检测电路；（b）不完备的 2/7 完备检测电路。

我们还能够呈现 3/6 代码的一个变体[62]和相对简单的解码二进制逻辑（图 4.12（b））。实现很简单，使用多数逻辑门，即

1/3	1/4	二进制
1 0 0	0 0 0 1	1 1 0 0
1 0 0	0 0 1 0	1 1 0 1
1 0 0	0 1 0 0	1 1 1 0
1 0 0	1 0 0 0	1 1 1 1
0 1 0	0 0 0 1	1 0 0 0
0 1 0	0 0 1 0	1 0 0 1
0 1 0	0 1 0 0	1 0 1 0
0 1 0	1 0 0 0	1 0 1 1
0 0 1	0 0 0 1	0 1 0 0
0 0 1	0 0 1 0	0 1 0 1
0 0 1	0 1 0 0	0 1 1 0
0 0 1	1 0 0 0	0 1 1 1
0 0 0	1 0 0 1	0 0 1 0
0 0 0	1 0 1 0	0 0 1 1
0 0 0	1 1 0 0	
0 0 0	0 1 0 1	0 0 0 0
0 0 0	0 1 1 0	0 0 0 1
0 0 0	0 0 1 1	
	2/4	

n	p_1 p_2 p_3 p_4 p_5 p_6	y_1 y_2 y_3 $\hat{y}_3$ y_4
s	0 0 0 0 0 0	0 0 0 0 0
00	0 0 0 1 1 1	0 0 0 1 0 1
01	0 0 1 1 1 0	0 0 0 1 1 0
02	0 0 1 0 1 0	0 0 1 0 0 1
03	0 0 1 1 1 0	0 0 1 1 1 0
04	0 1 0 0 1 1	0 1 0 1 0 1
05	0 1 1 1 0 0	0 1 0 1 1 0
06	0 1 1 0 1 0	0 1 1 0 0 1
07	0 1 1 0 0 1	0 1 1 0 1 0
08	1 0 0 0 1 1	1 0 0 1 0 1
09	1 0 0 1 0 1	1 0 0 1 1 0
10	1 0 1 0 1 0	1 0 1 0 0 1
11	1 0 1 1 0 0	1 0 1 0 1 0
12	1 1 0 0 0 1	1 1 0 1 0 1
13	1 1 0 1 0 0	1 1 0 1 1 0
14	1 1 1 0 0 0	1 1 1 0 0 1
15	1 1 1 0 0 0	1 1 1 0 1 0
16	1 0 1 0 0 1	1 0 1 1 0 0
17	1 0 0 1 1 0	1 0 0 0 1 1
18	0 1 1 0 0 1	0 1 0 0 1 1
19	0 1 0 1 1 0	0 1 1 1 0 0

(a)　　　　　　　　　　　　(b)

图 4.12　N/M 编码

（a）2/7 残缺编码；（b）3/6 编码[62]。

$$y_1 = p_2$$
$$y_2 = p_2$$
$$y_3 = p_1 p_3 + p_2 p_5 + p_3 p_5$$
$$\hat{y}_3 = p_1 p_6 + p_2 p_4 + p_4 p_6$$
$$y_4 = p_1 p_4 + p_2 p_4 + p_3 p_4$$

$$\hat{y}_4 = p_1 p_5 + p_2 p_6 + p_5 p_6$$

这里的前 2 位是单缓冲器，其他 2 位表示在双轨。文献[64,68]中描述了该代码和上述逻辑，它们用来设计一个自定时容错环信道。

4.5.3 单转换编码

在某种程度上，上文讨论的 1/4 信号编码能被看作一般化的单轨和双轨 4 阶段协议。类似地，可以用更通用的形式来构造 2 阶段协议。定义这样的协议为：每次传输时通过单信号转换，$N=2^n$ 根线可以传送 n 位信息。

当 n 为 0 时，它是 1 条单线独自发送请求信号，即传统的 2 阶段请求信号。

当 n 为 1 时，2 条数据线发送 1 位数据。当被发送的数据位转换到相反值时，第 1 根线的信号被改变。在下一个传输过程中，当相同位被传输时，第 2 根线被改变。这就是双轨电平编码（LEDR）协议，每次传输时发送 1 位信息。

当 n 为 2 时，每次传输时有 4 根数据线传输 2 位信息。也就是 1/4 电平编码传输信号（LETS），在文献[30]中有更详细的描述。每 4 个代码字（S1…S4）可以放置在一个 4 维超立方体的节点上。这样的 4 维超立方体的每个边代表一条连接线上的单转换。每 2 位代码字与 4 个相邻节点相关联，由此代码字通过边缘便可以到达。这样的设计如图 4.13 所示。当下一个代码字和最后发送的不一样时，数据线 a、b 或 c 被转换。一根专用的校验线 d 表示同样代码字被重复传输。

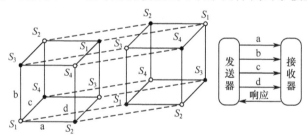

图 4.13　2 位数据转换的超立方体编码

所有信号转换码的共同属性是，对于每次转换被激活线的校验线数总是变化的。在图 4.13 中通过黑白节点描述出来。这一事实将允许完备检测电路能通过所有数据线的异或实现。

该协议的缺点是连接线的数目将以指数形式增加。因此，在 $N>4$ 的情况下可能是不符合实际的。

4.6　延迟敏感通信

假设在延迟敏感通信中某些并发事件总是按一定的顺序发生，通过这样的假设，通常可以使电路更为简单并潜在地提高其性能。然而，特别要注意的是，必须确保这样的假设是正确的。由于需要额外的时序分析和晶体管级或模拟的实现，因此该设计不得不停留在一个较低的水平。

4.6.1 捆绑式数据编码

捆绑式数据（信号）编码是最流行的数据传输技术之一，它快速、简单、实用。捆绑式数据，即数据符号使用常规二进制数字符号编码，且用一个附加的事件信号表示数据有效性。这意味着 n 位的编码仅需要 $N=n+1$ 根线。这里采用时序假设，即等到请求信号接近接收端，所有数据信号将是稳定的和可用的。最终完备检测电路也变得微不足道，只需要检查请求信号的值即可。

图 4.14 所示数据线被请求捆绑并形成 4 阶段推送信道。请求事件到达接收端时确定数据线，有可能形成不同的握手和信道类型。如文献[54]所述，捆绑式数据也可以是 2 阶段的（如为了减少信道的时间开销）。

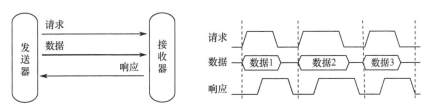

图 4.14 绑定式数据传输

捆绑式数据编码也可能有缺陷，虽然它可以粗略地估计给定链路的延时，并可以通过改变驱动晶体管的大小来控制该延时[56]，但是随着更小技术的可变性的增加，将需要引进更大的安全边际并因此会导致性能下降。

4.6.2 单轨信令

单轨握手协议使用同一根传输线发送请求和应答信号[61]，就像其他的协议，它可以工作在推拉信道。从本质上讲，通信的启动程序通过提高线信号电平发出请求。经过一段时间，第二方移除（或"消耗"）信号并返回到初始状态。由于两边都能感应到传输线上的电流，所以在两个方向都建立了通信。这种方式的协议结合了 2 阶段和 4 阶段协议的优点。就像在 2 阶段协议中，每次事务中只有 2 次转换。同时，每次事务都是从预定义状态开始到一个更简单的完备检测。

单线捆绑式数据也支持这种通信，但缺点是必须使用非标准单元，否则可能导致通信信道中鲁棒性的缺失。

4.6.3 基于脉冲的信令

线上编码事件的另一种方式是基于电压脉冲的编码（图 4.15（b））。类似于 2 阶段编码，每次握手只要 2 个脉冲。因此，这样的事件易于与相应的 Petri 网模型的事件相关联。与 2 阶段信令相反，它不需要 2 个不同信号电平来表示同一事件。因此，该系统不需要处理尽可能多的状态，可用一个更简单的电路来实现它。

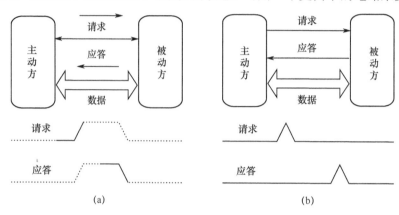

图 4.15　更多信令方案

(a) 单轨信令；(b) 脉冲信令。

脉冲的遍历是延迟不敏感的，允许任意线延迟，不足之处是有这样的时序假设，即在接收方脉冲应该足够长以激活相应的转换。此外，需要脉冲之间的空间足够长能够区分连续的脉冲。这些假设使更长的链路的实现变得困难，所以不得不用其他编码技术进行取代。

脉冲模式技术的出现已经有一段时间了[22]。最初，它仅考虑到非冲突事件的到达和用独立模块进行处理[41]。随后，提出使用更常见的基于 CMOS 的仲裁机制实现[55]。其他设计的技术如 RSFQ，为了确保更好的性能本身就支持基于脉冲的通信和异步设计[20]。

由于脉冲逻辑仅在很短的非重叠时间间隔内使用传输线，因此它也有可能通过单线实现这样的通信。这样的技术已在 GasP 通信协议里使用[55]。虽然能够实现良好的效果，但对晶体管级设计工作仍需小心。

4.7　SEU 弹性编码

4.7.1　相位编码

问题的另外一个原因在于线的互连：可能发生的瞬态是由持续噪声如串扰、交叉耦合或者环境干扰引起的。据预测，这些单粒子翻转（SEU）在未来深亚微米和纳米技术里将有更大的比率，因此，基于这样原因的技术弹性将在未来设计里变得至关重要。

在文献[11]中提出一种在一定程度上抗 SEU 的解决方法。根本原则是在时间和空间（线之间）里分散传输事件。数据通过被激活的线以一个特别的顺序进行传输。每次任务都需要传输线进行转换。由于信道在不好的环境下依然能够工作，可能会在单根线上产生故障。当一个数据符号被发送时，该系统仅在短时间内对故障敏感。

相位编码是一种自同步协议，其中数据的有效性与数据一起发送。它需要传输线维持在发送端和接收端之间的发送顺序，从这一方面来说它和速度是无关的。图 4.16 所示为两个代码字在两根线 t.0 和 t.1 上传输的例子。在一般情况下，N 条线能够编码 N!种不同代码字，比双轨或 M/N 更多。

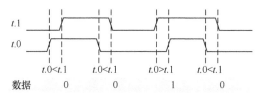

图 4.16 双轨编码

对于 N 位有线链路特定转换序列的接收使用一个互斥列（互斥或 ME）元素完成。在转换之间的 ME 元素仲裁，在成对线上出现并输出作为二进制输入请求的顺序比较标识的序列。在所有线上通过一个 C 元件功能完成完备检测。图 4.17 表示一个中继器的实现。在左侧检测到一个特定事件的序列，而在右侧只要完备检测信号被激活就会重复产生同样的序列。

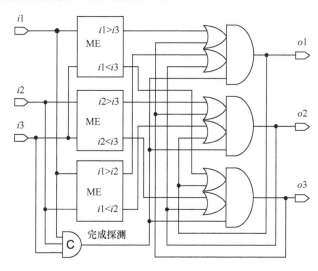

图 4.17 相位编码中继器

4.7.2 数据参考码

在文献[38]中的另一种技术主要是为了增加单粒子信号翻转（SEU）的链路弹力。它基于冗余和特定的编码，每位是由一对线来表示的。附加一对编码相位基线,该相位基线被当作所有信号共同的标准。因此,对于 n 位链路线的总数是 $2n+2$。图 4.18 描述了该种通道的功能。参考符号总是根据 Johnson 代码进行移位,数据线基于参考符号当前的值传输数据。发送 0 时,它发送参考符号的副本(同相传输)或为 1 的变送取反基线值。

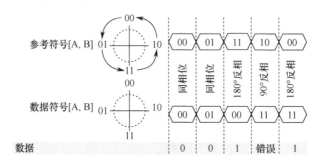

图 4.18　符号和参考相位关系[38]

这种编码的特性有：首先,它可以检测到一个单粒子翻转的发生(图 4.18),在所有正常的转换中,数据符号和参考符号必须始终是同相或是 180°反相,在一个 SEU 中的情况下,信号之间的汉明距离为 1(即 90°反相);其次,发送数据的一位仅需数据线上的一个转换和参考符号上的一个转换,因此,功率消耗大约接近 NRZ 双轨。

4.7.3　编码小结

综上所述,没有满足所有需求的通用编码。有一部分是在性能和可靠性方面更出色,而另一些则是在功耗、面积或简单性更有优势。找到合适的解决方案意味着找到正确的平衡,并有可能在这些性能间进行权衡。表 4.2 列出不同编码特性的简短总结。N 值对应于在链路中使用的线的总数,其中,k 是大于 0 的自然数。

表 4.2　不同编码的比较

链路	线数	编码位数	传输	代码字数目	是 SI?	SEU
双轨	2	1	2	2	是	否
1/4	4	2	1	4	是	否
1/4 LETS	4	2	0.5	4	是	否
LEDR	2	1	1	2	是	否
2/7	7	4	1	21	是	否
1/N	N	$\lfloor \log_2 N \rfloor$	$\dfrac{2}{\lfloor \log_2 N \rfloor}$	N	是	否
M/2M	$N=2M$	$\left\lfloor \log_2 \binom{2M}{M} \right\rfloor$	$\dfrac{2M}{\left\lfloor \log_2 \binom{2M}{M} \right\rfloor}$	$\binom{2M}{M}$	是	否

(续)

链路	线数	编码位数	传输	代码字数目	是 SI?	SEU
捆绑式数据	$N=k+1$	$N-1$	$[2, \cdots, 2N]/(N-1)$	2^{N-1}	否	否
相位编码	N	$\lfloor \log_2 N! \rfloor$	$\dfrac{2N}{\lfloor \log_2 N! \rfloor}$	$N!$	否	是
数据参考码	$N=2k+2$	$N/2-1$	N	$2^{N/2-1}$	是	是

捆绑式数据在简单性和可扩展性上有优势。它类似于在同步设计中使用的代码，很容易在计算指令中使用。每位转换数可能会从 $2/(N-1)$（只有可用数据位被改变）至 $2N/(N-1)$（所有电线改变了信号）变化。每根附加线有效地使一次任务中传输的代码字的数目加倍。其完备检测是基于降低设计流灵活性的匹配延迟线。

双轨编码有时会得到设计者的青睐，是捆绑式数据编码的主要竞争者。双轨为每个代码字位使用两根线，同时有附加电路用来检测信号的完成；但是，它不依赖于线延迟（见"是 SI?"列），这有助于减小技术规模。完备检测电路的传输速度不一定比捆绑数据慢，因为前者的代码必须处理可变性并为每个延时线引入时序余量。此外，独立双轨线是自给自足的。部分信号到达可在预期评估[60]技术中使用来提高整体系统性能。例如，当第一位是 0 时，布尔函数功能不用等到第二位参数便可传送结果。

1/4（以及相似的 1/N）编码也提供了独立的速度并减小影响功耗的每位转换的数量。对于线数量的增加，1/N 链路变得难以实现；然而，多个 1/4 编码可以被组合成大规模带宽，同时提供比双轨代码更有效的能量利用率。因为有间隔器，所有的 4 阶段协议影响了功耗和吞吐量从而使得传输数量加倍。1/4 LETS 和 LEDR 的代码使用 2 阶段握手解决了一些问题，却以增加附加电路的复杂性为代价。

为每个设计选择合适协议的问题都是不一样的。通常情况下，面积和延迟开销的简单代码被优先用于短而多的链路，而使用减小线转换数的更复杂代码被用于长线上的通信。例如，在文献[42]中描述的 Spinnaker 系统为片上通信使用 4 阶段 1/5（链）的链路，而片内数据微片则是 2 阶段 2/7 链路。

然而，与链路设计相关的另一个问题是对于信号失真的恢复力（见"SEU resilience"列）。随着信号损坏的危险性增大，能在数据中检测并更正错误的协议，在未来片上互连中作用将更大。

4.8 流水线技术

随着特征尺寸的减小，RC 延迟呈指数[18]增长。其后果是，长线上的通信必然变得更慢。为了解决这样的问题，通过中继器使线延迟从指数增长降为线性增长。然而，对于长链路，这仍意味着会显著降低链路性能。这将要求沿线使用附加存储单元以形成数据遍历的流水线，这样的流水线将划分关键路径并增加电路的吞吐量（图 4.19）。传统同步流水线需要一个时钟周期，随着路由时钟的复杂性的增加会引起功率的额外消耗，异步流水线在这方面能提供一种合适的代替[3]。基于之前叙述的一种握手技术，它们将能实现基于握手的通信，且在性能、面积和功耗方面没有很大的损失。

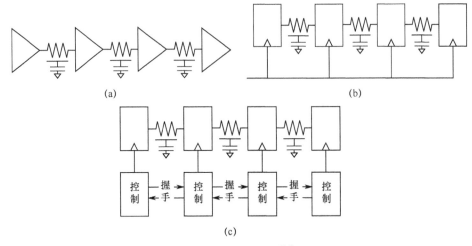

图 4.19　长线通信[16]

(a) 提高中继器的延迟，但不利于吞吐量；(b) 同步锁存管线改善延迟和吞吐量，但需要一个快速时钟；(c) 低开销的异步锁存管道改善延迟和吞吐量。

在本节，将考虑各种方法来减轻与沿握手线传输信号相关的性能损失。例如，为了分开数据令牌，使用明确应答明显地增加了通信的延迟量。有人可能会想办法通过并发消除这样的代价，例如，和前一个请求的应答一起感知下一个请求。其他方法，例如，应答一组符号而不是应答每一个符号，或是序列化以避免不得不用于串行互连补偿的严重时钟偏斜。

4.8.1　配对握手

如文献[16]所述，处理长导线通信的一个方法是使成对控制信号共享同一数据线，这有助于隐藏跟应答传输相关联的延迟。使用基于脉冲的 GasP 通信，顶部和底部的控制信号轮流在共享信道上发送数据（图 4.20（a））。一旦顶部请求信号到达接收端，并更新相应的存储锁存器，底部的控制对可以不用等顶部的应答就能初始化其请求，用 Petri 网描述这样的方式，如图 4.20（b）所示。一旦来自第一个请求数据被锁存，数据信道就可以被底部握手对重用。因此，顶部和底部段控制逻辑配有 en_top 和 en_bot 使能信号，在合适的时间能互相使能。

这样的设计已经在 180nm 工艺上进行了测试，对于短链路（少于 1.6mm）工作较慢。然而，对于较长的链路（1.6～5mm），性能优势正逐渐接近原来单对控制传输的 2 倍。

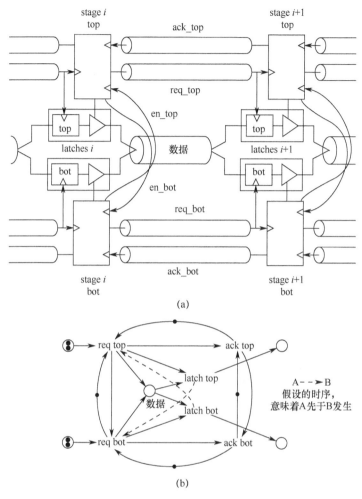

图 4.20 配对握手增加传输量

(a) 实现[16];(b) Petri 网握手描述。

4.8.2 串行与并行链路

相对于并行链路,串行链路提供了另一种方式来增加长距离传输中的吞吐量。这样做是为了在同样的任务中重用相同的线顺序发送若干位,当然,完成这样的传输至少比相应的 N 位通道的传输快 N 倍。这样做对于每个独立的位会跳过应答阶段并且只有在一组位被传输后才等待一个应答,这样的一组位被称为字。通过串行信道上发送字,使用更少的线有助于减小互连面积、总线驱动器的数目以及所需中继器的数目,但是该电路需要附加逻辑来序列化和反序列化这些字(图 4.21)。此外,需要采取特殊的处理以减少串扰。在互连的某一确定长度间采用这样的技术使占用面积和功耗有了明显的改善。长度取决于所使用的技术,从图 4.22 可以看出，随着工艺的发展，串行链路互连性能比短链路更好。未来长链路和高吞吐量互连线会使得这种技术更有吸引力。

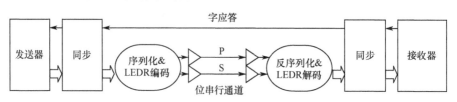

图 4.21　串行连接结构[14]

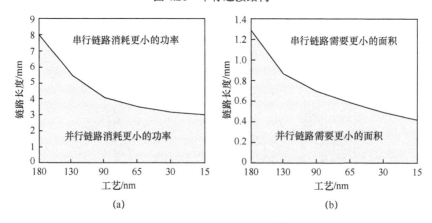

图 4.22　串行与并行链路[17]

（a）功耗；（b）面积。

4.9　片上网络

由于分配有最小偏斜公共时钟的问题变得更加困难，设计范例也朝片上多处理器架构发展，因此规划多个不相关时钟信号成为必要。一种用来确保扩展的简单方法是为每个 IP 核提供独立的时钟域。

建立多个时钟概念的系统称为全局异步局部同步（Globally Asynchronous, Locally Synchronous，GALS）系统，最初是在文献[8]中被提出。它允许设计分为有独立时钟频率和电源供应的单独模块。划分全局时钟路由为更小的子任务能减少消耗功率并简化系统的设计。许多较小的时钟树可能会运行得更快，并提高系统性能，然而通过通信引入的延迟可能对整体系统性能产生一个严重的负面影响[19]。

大量研究已经展现了 GALS 的不同级异构（图 4.23）。对于数量少的时钟域，通信是通过特殊的同步-同步接口与这些域直接相连建立的。由于时钟域数量的增加，形成了一个专用通信媒介——片上网络[1,6,37,40,46]。

在顶层，该片上网络继续作为通信链路连接多个 IP 核和时钟域。然而，它引入了许多新的网络原理以及相关的概念，将这样的 NoC 与 OSI 模型相联系，信息由源发送到达目的地之前经过若干个抽象层（图 4.24）。网络接口把信息转换为数据包（在分组交换网络）并在电路交换网络中负责创建和破坏链路，同时，它也提供了在相关时钟域和网络环境间的同步。用于连接 IP 核到网络间的常见标准有开放式内核协议（Open Core Protocol，OCP）[39]和高级可扩展接口（Advanced eXtensible Interface，AXI）[2]。

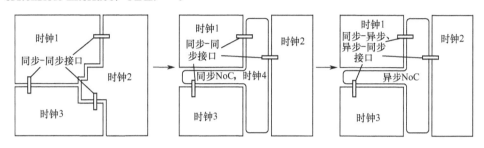

图 4.23　GALS 发展

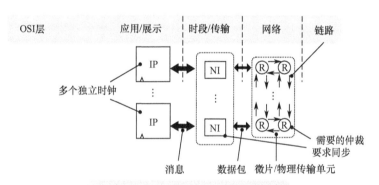

图 4.24　通用的 NoC 构建模块

在网络层，系统必须提供一个数据传输源。通过选择合适的拓扑和路由算法减少相关联的竞争。当构建 NoC 时要确保服务质量是主要的挑战之一。例如，某些实时应用可能需要网络确保最大传输延迟、最小吞吐量或最大功率消耗。简单的"尽力而为"的网络不能提供任何保证，一般用来提供平均连接的最好质量。"保证服务"的网络使用额外连接资源确保所需的参数。例如，为了确保所需的延迟，这样的网络也许会使用附加的通信链路，使用电路交换路由或引入优先化的通信信道。另外，人工吞吐量瓶颈能有效抑制功耗[40]。

在片上网络的环境里能使用自己的时钟驱动通信组件。因为这个时钟需要覆盖整片片上网络区域，该设计有类似的复杂性，就如单全局时钟系统里的那样。幸运的是，有明显的大时钟相移的链路数目不是难以解决的，可以在这样的链路上建立平均同步的同步器解决这样的问题[28]。

从片上网络环境中完全除去全局时钟将是未来的发展方向。全局片内通信完全异步的环境消除了全局时钟分布问题,异步路由器和异步链路的创建将是新的挑战。

4.10 同步器

一旦使用多个独立的时钟,在不同时钟域的通信就成为一个问题。当正写入数据时,锁存器从不同时钟域接收数据时也许会触发读取操作。这种情况也许导致锁存器的非数字化行为,这将使其成为亚稳态(图4.25(a))。亚稳态锁存器输出一个在逻辑 0 和 1 阈值间的值,它最终稳定在 0 或 1。然而,亚稳态时期对于后续元件读取相反值也许是足够长的,会导致意想不到的电路行为。

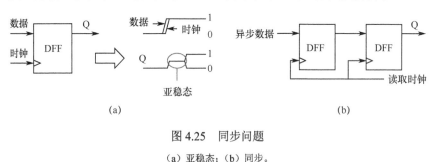

图 4.25 同步问题

(a)亚稳态;(b)同步。

在同步岛之间可靠和高效的接口是设计一个 GALS 系统的关键[15]。如果无法预测时钟间的相对时序,则可通过连接两个或多个数据触发器构建简单的同步装置(图4.25(b))。如果时钟和数据的变化率都是已知的,则电路故障的概率就可以计算出来。

使用简单的双触发器同步器是以额外的同步延迟和吞吐量的降低为代价(图4.26(a))。注意,在时钟域间的同步器需要同步数据请求和应答[24]。当使用时钟网络环境时,这个同步器的面积会加倍。

上述开销的组合使这个电路主要具有理论意义。实际中,对于小面积和功耗开销低的系统设计使用可暂停时钟[34]。而面向高性能的方案使用 FIFO,通过写和读握手耦合增加通信的灵活性(图4.26b)[9,32,59]。

一个简单的同步器设计如下。

现在考虑简单同步器的设计,该同步器从环境中接收一个异步数据信号。当两个时钟域的时钟独立时,这种方法也可用于同步这两个时钟域(在这种情况下,传入数据的频率将与第二个时钟相关联)。

无论时钟状态是怎么样的,网络中的异步信号都可以在任何时刻到达(图4.25(a))。当 DFF 的两个输入端同时改变时,时钟锁存器的输出元件可能变为亚稳态并暂时保持逻辑 0 和 1 之间的值。这里假设 D 触发器由主从锁存器建立,所以主锁存器会进入亚稳态。亚稳态可能会进一步传输到时钟信号下降沿的从锁存器,并在 DFF 外面显示。这样的输出可由后续元件随机地执行,并可能引起电路故障。

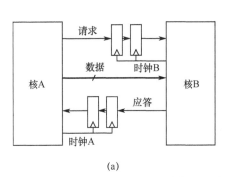 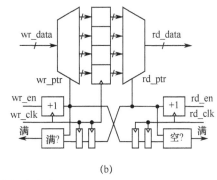

图 4.26　同步解决方案

(a) 连接同步时钟域；(b) 双向 syn 异步 FIFO[60]。

众所周知，亚稳态的时间是不受控制的[24,53]。然而，D 触发器形成的亚稳态的概率 P_{met} 和时间 t 的关系可表示为

$$P_{met} = e^{-t/\tau} \tag{4.3}$$

式中：τ 为构建 DFF 技术相关的常量。因此，这个概率随着时间的大小呈指数下降。当两个触发器依次变化时，如图 4.25（b）所示，第一个触发器进入了亚稳态，需要一个额外的时钟周期来解决。当亚稳态持续时间超过一个时钟周期时，电路将不能工作，且不稳定值会被传到第二个触发器。这种影响是否可以被忽略取决于技术的发展。如果触发器形成亚稳态的可能性仍然很大，则需要增加更多的 DFF 元件。通过放入 n 个 DFF 元件，电路故障的可能性能被控制，即

$$P_{metn} = e^{-n \cdot t/\tau} \tag{4.4}$$

在电路的不同部分可能需要不同的 n 值，因为第一个 DFF 元件变为亚稳态的可能取决于数据到达的频率 f_{data} 和时钟频率 f_{clock}。因此，当两个信号在 Δ 时间间隔内到达时，触发器变为亚稳态（1s 的观察间隔）的概率为

$$P_{go\,met} = \Delta \cdot f_{data} \cdot f_{clock} \tag{4.5}$$

结合式（4.4）和式（4.5），可以得到一个故障的平均时间（MTBF）为

$$\text{MTBF} = \frac{1}{P_{go\,met} \cdot P_{metn}} = \frac{e^{n \cdot t/\tau}}{\Delta \cdot f_{data} \cdot f_{clock}} \tag{4.6}$$

通常情况下，对于大多实际情况的系统设计取 $n=2$ 就足够了[24]。

接下来，讨论对于 Jamb 锁存同步器的 MTBF 计算的一个例子。其采用 0.18 μm 工艺技术，Vdd=1.5V，具有更深的亚稳态性 $\tau=50$ps。设 $\Delta=10$ps，$f_{data}=f_{clock}=10^6=1$ GHz。假设需要 $t=10\tau=0.5$ ns，则

$$\text{MTBF} = \frac{e^{10}}{10^{-11} \cdot 10^{12}} = \frac{e^{10}}{10} \approx 2202.6 \approx 2 \times 10^3 \text{s}$$

结果小于 1 h。

因此，对于 MTBF=$10^7 \sim 10^8$，需要 $t=20\tau=1$ ns，这是在 $f_{clock}=1$ GHz 的边界上。因此，采用两个 DFF 正好是合适的。

4.11 路由器

路由器（交换开关）是连接网络链路的节点，它们的基本功能是支持不同的连接配置，以及根据使用的路由算法找到最佳的传输路径（用于分组交换网络）。

根据网络的拓扑结构，路由器将有确定的输入和输出数据通道，每个都和一个输入或输出端口处理器相连（图 4.27）。这些处理器用于缓冲输入的数据，并将链路编码转换为路由器能够使用的合适的信号。

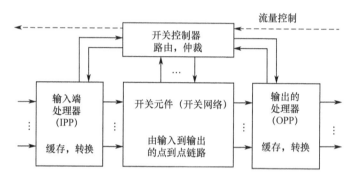

图 4.27 通用路由器结构[31]

开关控制器接收来自输入端口的处理器的请求，并相应地配置交换结构模块，主要由决定传输方向的路由逻辑和仲裁单元构成。由于不同的传输路由重用相同的链路，可能会发生几个输入端口需要将数据发送到相同输出端口的情况。换句话说，输出端口（以及与之相关联的链路）成为需要仲裁的特别的资源。电路在同步和异步设计里解决这样的冲突就称为仲裁。

路由逻辑的选择基于网络拓扑结构和网络流量模式。除了找到抵达目的核的路径，它的主要作用是：避免死锁[12]，即使系统停止工作；以及避免活锁，即数据包无限传输却没有传送信息。路由算法可以被划分为确定性路由算法（由源和目的坐标确定唯一路由）或更复杂的自适应路由算法（依据网络链路拥塞状态采用不同的路由）。

交换架构（交叉开关）用一个点对点链路方式连接其输入和输出。依据开关控制器的结构，决定它从输入到输出以及非冲突端口是否并发连接。除了端口缓冲器，交叉开关元件是相当大的，并有复杂的布线，它的复杂性随着输入和输出的数量呈平方增长。因此，有些路由器使用虚通道、早期注入和预测路由以减少其大小，即允许将大的交叉开关分成两个较小的交叉开关[23]。

依据网络的不同，路由器可以建立为同步或是异步结构，由此可以继承每个设计方法的优势。

下面介绍仲裁器。

同步仲裁器仅仅是组合功能，而在异步环境中，这样的设备需要能够处理在任何时间到达的请求以及它们到达时相应的响应。

当时间间隔小于响应请求的门延迟时，基于相对时间响应请求的决定是困难的。当电路不能决定哪个请求第一个通过时，可能会出现亚稳态。仲裁器中亚稳态的问题在很久以前就被关注[25]。很明显，依据信号到达的时间间隔，亚稳态持续的时间是任意的。曾经尝试过采用基于标准门来寻找解决方案[43]，然而，后来才发现通过模拟电路才能解决亚稳态。文献[47]第一个提出通过模拟 NMOS 实现，文献[29]提出 CMOS 工艺（图 4.28（a））原理，就是现在所知道的 MUTEX（互斥）原理。它同样能够接收 r1 和 r2 的主动请求，且如果它变为亚稳态了，两个输出将保持低电平直到亚稳态被解决。一旦设计者采用这样的原理，就可能构造出更为复杂的仲裁单元[24]。一些相互排斥的元素可以以树形、环形或网状组合来处理同一时间到达的多请求（图 4.28（b））。

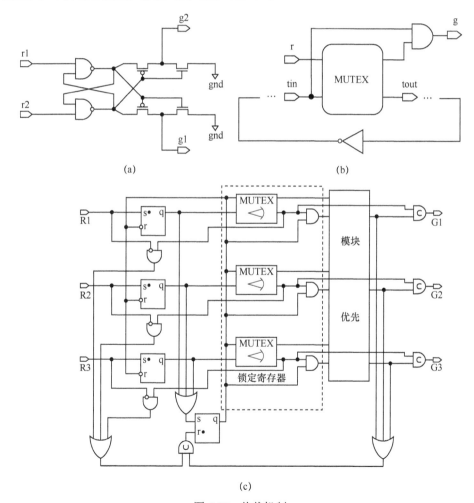

图 4.28　仲裁机制
（a）互斥元件；（b）环形仲裁机制；（c）优先仲裁机制。

配备了仲裁器的异步路由器能够控制仲裁冲突并处理与之相关的亚稳态。根据应用,确保在已知的时间间隔内使数据从发送方传输到接收方有时是很重要的。在异步路由器中,它可以通过使用基于优先仲裁的方法来实现(图 4.28(c))[7]。每当仲裁器在几个有源请求中选择时,它首先会倾向于有优先需求的。这样,在网络高度拥塞时,高优先级信道里的数据包能在有限的延迟内传输。

4.12 CAD 问题

时钟表示系统里每个双稳态元件的更新值,与时钟设计相反,无时钟设计允许部分系统状态更新。要考虑所有这样的状态可能的组合,使过程更加复杂。即使是由十几个门电路组成的小型设计,对于人工设计来说也可能会太复杂,需要一些自动化工具的支持。

在工业中广泛使用的是非标准化的异步设计流[58]。但是,一些异步工具能在不同的抽象层为设计电路提供一个合理的帮助,这样的工具可以大致分为逻辑综合工具和语法驱动设计工具[51]。

4.12.1 逻辑综合

逻辑综合能在相对较低的抽象层考虑一个使用像 Petri 网的形式体系,更具体地说就是使用信号转换图表(STG)[10,45]。STG 通过列举转换事件的可能序列模拟一个电路的行为,与在同步设计中的有限状态机模拟系统状态可能序列的方式类似。然而,对于大型设计,这些模型很容易就变得太复杂,并且,在实际中这样的方法仅对小规模设计有用。

一旦定义了信号转换模式,它就可以被综合工具如 Petrify 处理。Petrify 遍历了所有可到达的状态,对于 STG 的实现通过一个逻辑电路执行必要的检查(如果需要的话,通过嵌入内部信号解决完备状态分配问题),每个电路的输出和内部信号得到其门级实现。

考虑到完整性,此处也提及了使用 Petri 网和 STG 模型的异步控制器的逻辑综合的另一种技术。这种技术没有被多种规范所约束,因为它基于 Petri 网规范直接映射到控制逻辑,在文献[62]中提出并且在文献[52]中自动操作。这种方法应用于一个双工自定时通信通道的设计中[67],这个通道的握手协议允许主从双方通过两对线上一个特殊协议的方式独立地从任一方启动数据的传输以发送请求、应答和双轨数据,这可以在协议的不同阶段使用。感兴趣的读者建议参考文献[67]进一步了解完整设计过程的细节,包括从协议的形式规范到整个链路的电路实现。

4.12.2 语法驱动设计

异步设计也可基于将一些 HDL 程序代码转化成电路网表的方法实现,这些技术的实例是 TiDE（Haste）[58]和 Balsa[5,53]。类似于 VHDL 或 Verilog, Haste 和 Balsa 指定了系统的行为。这样的程序将直接转换成一组基本的组件，之后便转换成适合于基于传统设计流程的 Verilog 网表。该方法为构建大型系统提供了更好的选择。然而由于基本组件的限制集合，在设计最优的系统与基于 STG 的方法相比时，它的潜力较低。

4.12.3 采用 Petrify 综合的举例

考虑这样一个例子，设计一个简单的四相控制器，用于基于逻辑合成技术的异步链路接口。在文献[50]中提出，这是一个从片上到片外链路的收发消息（数据包）的转换器结构（图 4.29）。数据包是通过内部数据通道进入发送逻辑（SL）单元的数据 FLITS 形成的。为了区分不同的数据包，内部控制信道提供了有关数据流控单元类型的附加信息。当正常的流控单元被发送后，nml 由控制信道激活（nml+）。或者，当数据包的最后一个流控单元被发送后，eop 被激活（eop+）。

SL 单元响应传入请求 nml_ctl+ 或 eop_ctl+。对于 nml_ctl+，它传送从内部数据信道达到外部信道链路的流控单元。对于 eop_ctl+，它的任务是生成特殊的"终点"流控单元并通过芯片外链路将其发送出去。

控制逻辑单元通过激活 nml_ctl+ 或 eo_ctl+控制发送到外部信道的数据。于是，继四阶段协议，它重置请求并通过 en+应答控制信道。对于正常的流控单元，在 nml+ 之后它只传播握手信息：nml+→ack_in+→en+和重置 nml-→ack_in-→en-。

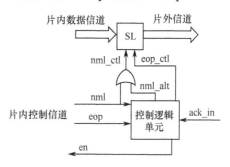

图 4.29　信道转换器结构

当最后的流控单元激活 eop+时，逻辑控制器应首先通过 nml_alt+→nml_ctl+→ack_in+激活发送流控单元。然后，在复位阶段 nml_alt-→nml_ctl-→ack_in-之后，它需要发送"终点"流控单元并应答该情况：eop_ctl+→ack_in+→eop_CTL-→ack_in-。整个逻辑采用 STG 模拟，如图 4.30（a）所示。使一个单令牌处于初始状态 M0 以使 eop+与 nml+的传输相互排斥，然后就可以跟踪事件了。例如，当触发 eop+时，令牌将会由 eop+→nml_alt+传播，其被标志为 M1。在图表中有些并发链路，在弧 eop_ctl+→ack_in+之后，这两个并发令牌出现在了弧 ack_in+→en+和 ack_in+→eon_ctl-中。

运用这样的一个 STG 意味着找到了每个给定电路控制信号的逻辑方程。当控制信号由唯一的状态码进行管理时，就可以完成它。但这样的性质在初始的图 4.30（a）中却没有得到保留。例如，标记 M1 的状态码是 010000，它和 M3 的状态码相同。换句话说，它意味着当处于这样的状态时，电路逻辑不能决定接下来哪个事件应该发生：nml_alt+或 eop_ctl+。模型中存在着更多这样的冲突，M2 和 M4

或 M1 和 M5。为了处理这个问题且实现完整的状态编码,可以通过增加新的弧(为一些事件的触发增加更多的条件)来约束模型。为了不改变环境行为的模型,只能把这些约束增加到内部或输出的事件上。例如,如果创建了一个弧 eop-→eop_ctl-(图 4.30(a)),事件 eop_ctl- 将永远不会在 eop- 之前发生。它将会降低并发的可能性,并且用 M5 标志 M4 将会变得不可及。可以选出 M2 的状态编码,M5 也被消除了;然而,M1 仍然与 M3 相冲突。为了解决这个冲突,可以增加用于编码状态的信号的数量。例如,如果添加一个新顺序的信号 csc,如图 4.30(b)所示,它将把图分成两个区域,一个区域的 csc = 0,另一个区域 csc = 1。这样,只需要做到有冲突的标志出现在不同的区域即可。在这种情况中,M1 和 M3 的新的唯一编码是:M1 = 0100000 和 M3 = 0100001。

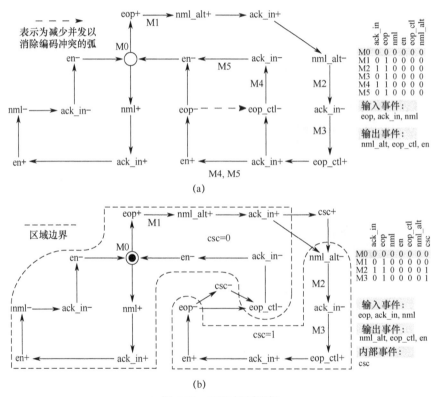

图 4.30 STC 控制逻辑
(a)有冲突状态的初始模型;(b)CSC 信号解决冲突。

通过把这个模型赋给 Petrify 可能找到每个信号的实现,即

$$en = ack\_in \cdot \overline{(eop + eop\_ctl)}$$

$$eop\_ctl = csc \cdot (eop\_ctl + ack\_in)$$

$$nml\_alt = \overline{csc} \cdot eop$$

$$csc = eop \cdot (csc + ack\_in)$$

添加新的信号和减少并发的过程可用 Petrify 自动进行。有人可能会认为存在可以解决冲突且不需要牺牲并发性的其他办法；但在这种情况中，可以通过增加两个而不是一个额外的信号来完成。每当可以选择用哪个方法的时候，都会存在某些相关的权衡，例如，整体系统的性能包括控制器和控制逻辑。并发的减少使得控制器的实现变得较为简单，这是由于在电路状态空间中有了更多无关的东西，因此可能某些时候会降低系统的性能，这取决于均值和与初始并发分支相关联的延迟的分布。此外，额外信号的插入意味着使用一个更复杂的控制器，如果从被控制的电路的并发分支中得到的增益相对较低，那它的性能可能被降低。在后一种情况中，基本上，增益会被由实现 csc 信号的单元引起的延迟所完全吸收。

然而另一个解决状态编码冲突的有力技术是基于运用定时假设，它可以极大地简化运行且没有额外的性能损失。它与降低并发性相类似；然而，这些事件并不会因为添加新的弧线而受到特别的限制。我们只是说特定事件以一个事先确定的顺序发生。例如，外部的链接信道是缓慢的，比控制逻辑的任何门都更缓慢。这使得可以把一些事件模拟成顺序的，即 nml+→ack_in+ 和 nml-→ack_in-。反过来，这简化了对信号 en 的运用，因为它完全不需要感应 nml 信号。

4.13 小结

本章介绍了目前已知的链路级技术，同时解决了现代片上通信存在的挑战。通过与基于令牌观点的通信链路联系在一起，介绍了通信的关键概念。从异步通信的基础知识开始，如信令技术、握手阶段和信道类型，本章对不同的编码样式作了相应的概述，并提到各种相关的优势，如简单性、性能、功耗或对单一事件瞬变现象的应变能力。在通信的更高层，提及了片上网络的基本结构。特别地，提到了基本的片上网络组件。它识别和解释了亚稳态的问题，在异步结构（仲裁器）中和时钟域边缘（仲裁器）中展现了自己。最后，提供了一些关于现有的异步设计工具，为有兴趣的读者提供了更多的资源参考，以一个基于给定的 STG 模型下设计一个简单的电路控制器的更具体例子结束了本章内容。

把异步通信的所有方面都包括在一个单一的评论中是不可能的；然而，其结果表明，异步设计为研究者们提供了多种多样未探索的方向，并且它为进一步的研究提供了可能。

致谢　这项工作部分由 EPSRC EP/ E044662/1 支持。感谢 Robin Emery 对本章提供了宝贵的意见。

参 考 文 献

1. Agarwal, A., Iskander, C., Shankar, R.: Survey of network on chip (NoC) Architectures & Contributions. J. Eng. Comput. Archit. **3**(1) (2009)
2. AMBA Advanced eXtensible Interface (AXI) protocol specification, version 2.0 www.arm.com

3. Bainbridge, J., Furber, S.: CHAIN: A delay-insensitive chip area interconnect. IEEE Micro **22**, 16–23 (2002)
4. Bainbridge, W.J., Toms, W.B., Edwards, D.A., Furber, S.B.: Delay-insensitive, point-to-point interconnect using m-of-n codes. In: Proc. Ninth International Symposium on Asynchronous Circuits and Systems, pp. 132–140 (2003)
5. Bardsley, A.: Implementing Balsa handshake circuits. Ph.D. thesis, Department of Computer Science, University of Manchester (2000)
6. Bjerregaard, T., Mahadevan, S.: A survey of research and practices of Network-on-Chip. ACM Comput. Surv. **38**(1), 1 (2006)
7. Bystrov, A., Kinniment, D.J., Yakovlev, A.: Priority arbiters. In: ASYNC '00: Proceedings of the 6th International Symposium on Advanced Research in Asynchronous Circuits and Systems, pp. 128–137. IEEE Computer Society, Washington, DC, USA (2000)
8. Chapiro, D.: Globally asynchronous locally synchronous systems. Ph.D. thesis, Stanford University (1984)
9. Chelcea, T., Nowick, S.M.: Robust interfaces for mixed-timing systems. IEEE Trans. VLSI Syst. **12**(8), 857–873 (2004)
10. Cortadella, J., Kishinevsky, M., Kondratyev, A., Lavagno, L., Yakovlev, A.: Logic synthesis of asynchronous controllers and interfaces. Springer, Berlin, ISBN: 3-540-43152-7 (2002)
11. D'Alessandro, C., Shang, D., Bystrov, A.V., Yakovlev, A., Maevsky, O.V.: Multiple-rail phase-encoding for NoC. In: Proc. International Symposium on Advanced Research in Asynchronous Circuits and Systems, pp. 107–116 (2006)
12. Dally, W.J., Seitz, C.L.: Deadlock free message routing in multiprocessor interconnection networks. IEEE Trans Comput **C-36**(5), 547–553 (1987)
13. Dean, M., Williams, T., Dill, D.: Efficient self-timing with level-encoded 2-phase dual-rail (LEDR). In: C.H. Séquin (ed.) Advanced Research in VLSI, pp. 55–70. MIT Press, Cambridge (1991)
14. Dobkin, R., Perelman, Y., Liran, T., Ginosar, R., Kolodny, A.: High rate wave-pipelined asynchronous on-chip bit-serial data link. In: Asynchronous Circuits and Systems, 2007. ASYNC 2007. 13th IEEE International Symposium on, pp. 3–14 (2007)
15. Ginosar, R.: Fourteen ways to fool your synchronizer. In: Proc. International Symposium on Advanced Research in Asynchronous Circuits and Systems, pp. 89–96. IEEE Computer Society Press, Washington, DC (2003)
16. Ho, R., Gainsley, J., Drost, R.: Long wires and asynchronous control. In: Proc. International Symposium on Advanced Research in Asynchronous Circuits and Systems, pp. 240–249. IEEE Computer Society Press, Washington, DC (2004)
17. Ho, R., Horowitz, M.: Lecture 9: More about wires and wire models. Computer Systems Laboratory (2007)
18. International technology roadmap for semiconductors: 2005 edition www.itrs.net/Links/2005ITRS/Home2005.htm. Cited 10 Nov 2009
19. Iyer, A., Marculescu, D.: Power and performance evaluation of globally asynchronous locally synchronous processors. In: ISCA '02: Proceedings of the 29th annual international symposium on Computer architecture, pp. 158–168. IEEE Computer Society, Washington, DC, USA (2002)
20. Kameda, Y., Polonsky, S., Maezawa, M., Nanya, T.: Primitive-level pipelining method on delay-insensitive model for RSFQ pulse-driven logic. In: Proceedings of the Fourth International Symposium on Advanced Research in Asynchronous Circuits and Systems, pp. 262–273 (1998)
21. Käslin, H.: Digital Integrated Circuit Design: From VLSI Architectures to CMOS Fabrication. Cambridge University Press, Cambridge, ISBN: 978-0-521-88267-5 (2008)
22. Keller, R.: Towards a theory of universal speed-independent modules. IEEE Trans Comput **C-23**(1), 21–33 (1974)
23. Kim, J., Nicopoulos, C., Park, D.: A gracefully degrading and energy-efficient modular router architecture for on-chip networks. SIGARCH Comput. Archit. News **34**(2), 4–15 (2006)
24. Kinniment, D.J.: Synchronization and Arbitration in Digital Systems. John Wiley & Sons, Ltd (2007)
25. Kinniment, D.J., Edwards, D.: Circuit technology in a large computer system. In: Proceedings

of the Conference on Computers–Systems and Technology, pp. 441–450 (1972)
26. Lin, T., Chong, K.S., Gwee, B.H., Chang, J.S.: Fine-grained power gating for leakage and short-circuit power reduction by using asynchronous-logic. In: IEEE International Symposium on Circuits and Systems, 2009 (ISCAS 2009), pp. 3162–3165 (2009)
27. Liu, Y., Nassif, S., Pileggi, L., Strojwas, A.: Impact of interconnect variations on the clock skew of a gigahertz microprocessor. In: Proceedings of the 37th Conference on Design Automation, 2000. Los Angeles, CA, pp. 168–171 (2000)
28. Ludovici, D., Strano, A., Bertozzi, D., Benini, L., Gaydadjiev, G.N.: Comparing tightly and loosely coupled mesochronous synchronizers in a NoC switch architecture. In: 3rd ACM/IEEE International Symposium on Networks on Chip, pp. 244 – 249 (2009)
29. Martin, A.J.: Programming in VLSI: From communicating processes to delay-insensitive circuits. In: C.A.R. Hoare (ed.) Developments in Concurrency and Communication, UT Year of Programming Series, pp. 1–64. Addison-Wesley (1990)
30. McGee, P., Agyekum, M., Mohamed, M., Nowick, S.: A level-encoded transition signaling protocol for high-throughput asynchronous global communication. In: 14th IEEE International Symposium on Asynchronous Circuits and Systems, 2008 (ASYNC '08), pp. 116–127 (2008)
31. Mir, N.F.: Computer and Communication Networks. Prentice Hall, Englewood Cliffs, NJ (2006)
32. Miro Panades, I., Greiner, A.: Bi-synchronous fifo for synchronous circuit communication well suited for network-on-chip in gals architectures. In: NOCS '07: Proceedings of the First International Symposium on Networks-on-Chip, pp. 83–94. IEEE Computer Society, Washington, DC, USA (2007)
33. Mokhov, A., D'Alessandro, C., Yakovlev, A.: Synthesis of multiple rail phase encoding circuits. In: 15th IEEE Symposium on Asynchronous Circuits and Systems, 2009 (ASYNC '09), pp. 95–104 (2009)
34. Mullins, R., Moore, S.: Demystifying data-driven and pausible clocking schemes. In: ASYNC '07: Proceedings of the 13th IEEE International Symposium on Asynchronous Circuits and Systems, pp. 175–185. IEEE Computer Society, Washington, DC, USA (2007)
35. Murata, T.: Petri nets: Properties, analysis and applications. In: Proceedings of the IEEE, vol. 77, pp. 541–580 (1989)
36. Nicolaidis, M.: Time redundancy based soft-error tolerance to rescue nanometer technologies. In: Proceedings of the 17th IEEE VLSI Test Symposium, 1999, pp. 86–94 (1999)
37. Nicopoulos, C., Narayanan, V., Das, C.R.: Network-on-Chip Architectures. Springer, Berlin (2009)
38. Ogg, S., Al-Hashimi, B., Yakovlev, A.: Asynchronous transient resilient links for NoC. In: CODES/ISSS '08: Proceedings of the 6th IEEE/ACM/IFIP international conference on Hardware/Software codesign and system synthesis, pp. 209–214. ACM, New York, NY, USA (2008)
39. Open Core Protocol www.ocpip.org.
40. Pande, P.P., Grecu, C., Jones, M., Ivanov, A., Saleh, R.: Performance evaluation and design trade-offs for network-on-chip interconnect architectures. IEEE Trans Comput **54**(8), 1025–1040 (2005)
41. Plana, L., Unger, S.: Pulse-mode macromodular systems. In: Proceedings of the International Conference on Computer Design: VLSI in Computers and Processors, 1998 (ICCD '98), pp. 348–353 (1998)
42. Plana, L.A., Furber, S.B., Temple, S., Khan, M., Shi, Y., Wu, J., Yang, S.: A gals infrastructure for a massively parallel multiprocessor. IEEE Des. Test **24**(5), 454–463 (2007)
43. Plummer, W.: Asynchronous arbiters. IEEE Trans Comput **C-21**(1), 37–42 (1972)
44. Poliakov, I., Khomenko, V., Yakovlev, A.: Workcraft — a framework for interpreted graph models. In: PETRI NETS'09: Proceedings of the 30th International Conference on Applications and Theory of Petri Nets, pp. 333–342. Springer-Verlag, Berlin, Heidelberg (2009)
45. Rosenblum, L., Yakovlev, A.: Signal graphs: from self-timed to timed ones. Int. Workshop on Timed Petri Nets, pp. 199–206 (1985)
46. Salminen, E., Kulmala, A., Hamalainen, T.D.: Survey of network-on-chip proposals. www.ocpip.org/white_papers.php. (2008)
47. Seitz, C.L.: Ideas about arbiters. Lambda **1**, 10–14 (1980)

48. Shams, M., Ebergen, J.C., Elmasry, M.I.: Modeling and comparing CMOS implementations of the C-element. IEEE Trans. VLSI Syst. **6**(4), 563–567 (1998)
49. Shang, D., Yakovlev, A., Koelmans, A., Sokolov, D., Bystrov, A.: Dual-rail with alternating-spacer security latch design. Tech. Rep. NCL-EECE-MSD-TR-2005-107, Newcastle University (2005)
50. Shi, Y., Furber, S., Garside, J., Plana, L.: Fault tolerant delay-insensitive inter-chip communication. In: 15th IEEE Symposium on Asynchronous Circuits and Systems, 2009 (ASYNC '09), pp. 77–84 (2009)
51. Sokolov, D., Yakovlev, A.: Clockless circuits and system synthesis. IEE Proc. Digit. Tech. **152**(3), 298–316 (2005)
52. Sokolov, D., Bystrov, A., Yakovlev, A.: Direct mapping of low-latency asynchronous controllers from stgs. IEEE Transactions on Computer-Aided Design of Integrated Circuits and Systems **26**(6), 993–1009 (2007)
53. Sparsø, J., Furber, S.: Principles of Asynchronous Circuit Design. Kluwer Academic Publishers, ISBN: 978-0-7923-7613-2, Boston/Dordrecht/London (2002)
54. Sutherland, I.E.: Micropipelines. Commun ACM **32**(6), 720–738 (1989)
55. Sutherland, I.E., Fairbanks, S.: GasP: A minimal FIFO control. In: Proc. International Symposium on Advanced Research in Asynchronous Circuits and Systems, pp. 46–53. IEEE Computer Society Press (2001)
56. Sutherland, I.E., Sproull, R.: The theory of logical effort: Designing for speed on the back of an envelope. In: Proc. IEEE Advanced Research in VLSI, pp. 3–16. UC Santa Cruz (1991)
57. Sutherland, I.E., Molnar, C.E., Sproull, R.F., Mudge, J.C.: The Trimosbus. In: C.L. Seitz (ed.) Proceedings of the First Caltech Conference on Very Large Scale Integration, pp. 395–427 (1979)
58. Taubin, A., Cortadella, J., Lavagno, L., Kondratyev, A., Peeters, A.M.G.: Design automation of real-life asynchronous devices and systems. Foundations and Trends in Electronic Design Automation **2**(1), 1–133 (2007)
59. Thonnart, Y., Beigne, E., Vivet, P.: Design and implementation of a gals adapter for anoc based architectures. In: 15th IEEE Symposium on Asynchronous Circuits and Systems, 2009 (ASYNC '09), pp. 13–22 (2009)
60. Thornton, M.A., Fazel, K., Reese, R.B., Traver, C.: Generalized early evaluation in self-timed circuits. In: Proc. Design, Automation and Test in Europe (DATE), pp. 255–259 (2002)
61. van Berkel, K., Bink, A.: Single-track handshake signaling with application to micropipelines and handshake circuits. In: Advanced Research in Asynchronous Circuits and Systems, 1996. Proceedings., Second International Symposium on, pp. 122–133 (1996)
62. Varshavsky, V.I., Kishinevsky, M.A., Marakhovsky, V., Yakovlev, A.: Self-Timed Control of Concurrent Processes: The Design of Aperiodic Logical Circuits in Computers and Discrete Systems. Kluwer Academic Publishers, Dordrecht, The Netherlands (1990)
63. Varshavsky, V., Marakhovsky, V., Rosenblum, L., Tatarinov, Y.S., Yakovlev, A.: Towards fault tolerant hardware implementation of physical layer network protocols. In: Automatic Control and Computer Science (translated from Russian), vol. 20, pp. 71–76. Allerton Press (1986)
64. Varshavsky, V.I., Volodarsky, V.Y., Marakhovsky, V.B., Rozenblyum, L.Y., Tatarinov, Y.S., Yakovlev, A.: Structural organization and information interchange protocols for a fault-tolerant self-synchronous ring baseband channel (pt.1). Hardware implementation of protocols for a fault-tolerant self-synchronous ring channel (pt.2). Algorithmic and structural organization of test and recovery facilities in a self-synchronous ring (pt.3), vol. 22, no 4, pp. 44 – 51 (pt.1), no 5, pp. 59 – 67 (pt.2), vol. 23, no 1, pp. 53 – 58 (pt.3). In: Automatic Control and Computer Science. Allerton Press, Inc. (1988, 1989)
65. Verhoeff, T.: Delay-insensitive codes—an overview. Distr Comput **3**(1), 1–8 (1988)
66. Visweswariah, C.: Death, taxes and failing chips. In: DAC '03: Proceedings of the 40th annual Design Automation Conference, pp. 343–347. ACM, New York, NY, USA (2003)
67. Yakovlev, A., Furber, S., Krenz, R., Bystrov, A.: Design and analysis os a self-timed duplex communication system. IEEE Trans Comput **53**(7), 798–814 (2004)
68. Yakovlev, A., Varshavsky, V., Marakhovsky, V., Semenov, A.: Designing an asynchronous pipeline token ring interface. In: Asynchronous Design Methodologies, pp. 32–41. IEEE Computer Society Press (1995)

第二部分　系统级设计技术

第5章 低功耗片上网络设计中面向应用的路由算法

5.1 引言

近年来，片上网络（NoC）已成为多核片上系统（SoC）综合的主流模式，现在的主要问题是从"是否使用或者不使用 NoC"转移到"如何在实际中高效地使用 NoC 模式"。未来的 NoC 架构必须足够通用才能实现批量生产，而且必须具有定制化和配置的功能，以匹配和满足应用程序性能要求。可以把基于 NoC 模式的芯片想象成是未来的 FPGA。这种现场可编程资源阵（FPRA）用于片上系统组件中包交换（packet-switched）通信，将使用可配置计算资源级和可配置通信资源级。在设计可编程 NoC 平台的方向上已经有了一些建议[17,19,45]。可以想象如下场景：一个网状结构的 NoC 芯片由一组应用特定领域内核集填充，可以作为现成的标准产品提供。也可以想到：对于创建多媒体小工具而言，这样的一个多核芯片将会和当前超大规模 DSP 芯片一样有相同的功能和作用。由于使用这些芯片创建的大多数小工具是使用电池供电的，从而降低这些芯片的功耗是非常重要的。

本章讲述了上述可编程 NoC 平台的一种专用方法。路由算法对 NoC 的性能（数据包延时和吞吐量）及功耗和能耗有重要影响，具有低平均延迟和高平均吞吐量的自适应路由算法也有可能有效地降低功耗和能耗。本章讲述了开发路由算法的方法，这些算法具有高性能、高功效和无死锁的特点，这些路由算法面向一个应用或者并发应用集。上述方法称为面向应用的路由算法（APSRA）。APSRA 方法基于以下实现：和通用网络不同，在嵌入式系统中，应用中的计算要求和通信要求可以被很好地表征。特别地，本章知道在 NoC 系统哪些内核对可以通信以及哪些内核对不可以通信。通过离线分析和验证，还可以估计在通信对中对通信带宽要求的一些定量信息。在 NoC 平台上映射和调度应用程序后，还可以获得有关从不并发通信的信息。这些通信特性和应用要求可以用来优化网络设计成本及其运行性能。有研究团体已经使用应用信息设计面向特定应用的 NoC 拓扑结构，这种拓扑结构很大程度上适用于应用并能够达到最佳性能。Guz 等[20]已经提出了网格 NoC 专用链路带宽的方法，其目的是将链路与已映射应用的通信要求相匹配。他们证明了这种专用方法能够显著地减少功耗。很明显，使用有关应用程序的信息有效地设计和使用 NoC 平台有很大的空间。本章利用这些应用程序特定信息对

NoC 路由算法进行了优化。

本章的目的是论述如何利用应用通信特征改善网络路由性能（即间接的能耗）。本章同时也给出了有关 NoC 平台路由算法的综合性概括，此 NoC 平台突出强调了路由器成本、功耗和时序的影响。面向应用的路由算法可直观地认为用于改善通信性能和能耗。本章还将对使用 APSRA 方法生成的路由算法与通用无死锁路由算法进行广泛的比较。评估分析路由算法提供的自适应性，而网络仿真将使用合成真实流量场景评估动态路由性能。上述比较内容包含了一些性能指标，如自适应度、平均延时、吞吐量、功耗和能耗。本章也讨论了 APSRA 在路由器结构、面积和功耗方面的影响，将会给出路由器中性能的提高是以面积和功耗为代价的。因此，本章提出了一种压缩路由表的方法降低 APSRA 的开销和缺点。最后，总结了 APSRA 方法在专用化通用 NoC 平台中对优化应用通信性能和能耗的重要性。

本章的组织结构如下。5.2 节介绍了 NoC 路由算法，5.3 节介绍了相关术语和定义，5.4 节介绍了 APSRA 设计方法，5.5 节和 5.6 节分别介绍了 APSRA 的性能评估和功率分析。

5.2 路由算法和功耗的背景

网络的总体性能依赖于网络属性，如拓扑、路由算法、流量控制和交换技术。本章将主要集中于路由算法，路由算法决定了包到达目的地址的被选通道。本节给出了一个关于路由算法的简要综述，这些路由算法集中于虫洞交换技术和死锁问题。然后，讨论了路由算法两个主要组成部分：路由功能和选择功能。接着，讨论路由算法的硬件含义，并定性分析其对功率度量的影响。最后，将会介绍用于评估路由算法的通用性能度量。

5.2.1 路由算法的分类

文献中对路由方案进行了多种分类。有一种方案称为源路由（source routing）——源节点在发送包以前选择了整个通道，此方法的主要缺点是每个包必须携带这条通道的信息，这样做会增加包的大小，另外，在包离开源节点后通道不能改变。一个更为通用的方案是使用分布式路由。这里，路由器在接收到分组时决定是将其传送到本地源节点还是转发到相邻的路由器，调用路由算法（或是访问路由表），以确定包发送到哪一个邻近路由器。

路由算法可以分成 3 类：确定型、无关型和自适应型。对于确定型路由算法，源到目的的通道由源和目的地址完全决定。对于无关型和自适应型路由算法，从源到目的的有多条通道可选，它们之间的差别在于选择给定通道的方法。对于随机型路由算法，选择路由通路不依赖于网络的当前状态，然而对于自适应路由算法，选择路由通路取决于网络的当前状态（如堵塞通道和热点区域）。

5.2.2 虫洞交换和死锁

与数据网络中常用的虚拟直通和电路交换不同，虫洞交换[11]在每一个中间节点中不需要大的包缓冲器，仅需要一个很小的 FIFO 微片缓冲器。由于缓冲器在路由器成本（硅面积）和功耗方面占主要部分，所以这是 NoC 系统中使用虫洞交换最重要的因素之一（见 5.6 节）。此外，虫洞的流水线特性使得网络延迟对路径长度相对不敏感。

然而，虫洞路由算法特别容易受到死锁的影响。死锁是一组包在网络中循环等待而造成永久堵塞的一种情形，这样的情形发生是因为包会占用一些资源，同时包也会向其他资源请求。至于虫洞交换的情形，资源就是通道（和它们相一致的微片缓冲器）。

图 5.1 展示了一个关于死锁情形发生的例子[35]。这个例子在相同的时间 t 上，4 个包——包 1、包 2、包 3、包 4 分别表示了路由器 3 的西端口、路由器 4 的南端口、路由器 2 的东端口和路由器 1 的北端口。这些包的目的是向逆时针方向两跳：包 1 去往节点 2，包 2 去往节点 1，包 3 去往节点 3，包 4 去往节点 4。假定返回输出端的路由功能在经逆时针方向以最小跳数到达目的，在 $t+1$ 时刻，路由器 3 的输入逻辑选用西端输入，在西输入端和东输出端创建一条最短路径。基于虫洞规则，这条最短路径一直保持到包 1 所有的微片通过路由器 3。与此同时，也创建了由路由器 4 的南输入端到它的北输出端的最短路径。类似的，在 $t+1$ 时刻，在路由器 2 和路由器 1 分别创建了东输入端与西输出端之间和从北输入端到南输出端的最短路径。在 $t+2$ 时刻，包 1 的第一个微片存储到路由器 4 的西端输入缓冲器中。

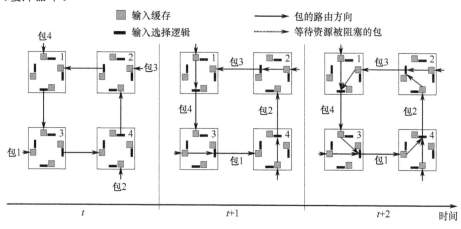

图 5.1 死锁实例

路由功能决定了微片必须传输到北输出端，但是这个输出端已经分配给传输包 2 的微片。因此包 1 的第一个微片在路由器 4 的西输入缓冲器中堵塞。类似的，包 2 的第一个微片会在路由器 2 的南输入端堵塞，包 3 的第一个微片会在路由器 1 的东输入端堵塞，包 4 的第一个微片会在路由器 3 的北输入端堵塞。假定一个微片输入了缓冲器的大小，4 个包的微片不会向前传输，从而形成了死锁。

5.2.3　路由算法的基本要素

一般而言，路由算法可以看成是实现路由功能和选择功能的两个主模块的级联（亦称选择规则或者选择策略），如图 5.2 所示。首先，路由函数计算允许输出通道集，包可以发送到这些通道从而到达目的地。然后，使用选择函数从路由函数返回的允许输出信道集中选择一个输出信道。当然，在实现确定型路由算法路由器中，由于路由功能只是返回一个单输出端（图 5.2（a）），因此并没有给出选择块。在实现无关型路由算法的路由器中，选择块的决定仅仅依赖于头微片提供的信息（图 5.2（b））。最后，网络状态信息（如链路使用和缓冲器占用）是由实现自适应路由算法的路由器的选择功能使用的。

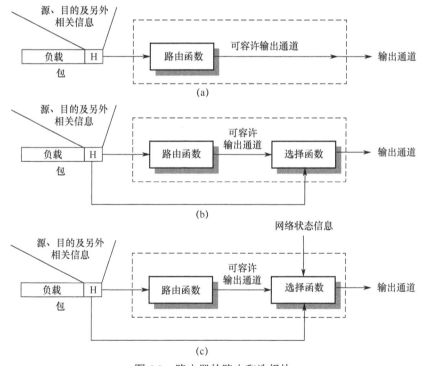

图 5.2　路由器的路由和选择块
（a）确定型路由；（b）无关型路由；（c）自适应型路由。

1. 路由功能

文献[9,10,18,46]提出了很多有关虫洞交换网络的路由功能。Glass 和 Ni 在文献[18]中提出了一个转弯模型,用于设计网格和超立方体拓扑网络的虫洞无死锁路由算法。禁止过多的转弯以避免形成任何循环产生无死锁、无活锁和高度自适应的路由算法。该模型后来被 Chiu 在文献[10]中用于开发无虚拟通道网格的奇偶自适应路由算法。模型对一些转弯的位置进行了约束,从而可以避免死锁。与转弯模型相比,该模型对不同的源到目的地对提供的路由自适应程度更为均匀。文献[22]描述了一种非最小无死锁路由算法。与其他区域相比,该算法偏向于网络的某些区域。

其他的一些路由算法也已在相关文献中提及,尤其是在基于 PC 群的高性能计算域中。其中一些通过使用与拓扑无关的路由提供容错,可能与重配置过程相结合。不需要虚拟信道且可在 NoC 域中使用的算法的几个示例是 L-turn[26]、智能路由[8]、FX[42]和基于段的路由[32]。

2. 选择功能

如果路由功能与有效的选择功能结合,则可以利用其潜力。事实上,若路由功能不与一个恰当的选择功能结合,那么即使是最灵活的路由功能并且能够提供很多到达目的的路由途径,也可能表现不佳。文献中已经提出了几种旨在挖掘高度自适应路由算法潜力的选择策略。Hu 和 Marculescn[24]提出一个被称作 DyAD 的路由方案,此方案包括了确定性路由方案和自适应路由方案的优点。当网络不拥塞时,路由器工作在确定性模式,当网络拥塞时,路由器切换到自适应模式。Ye[50]等提出一个与文献[36]中相似的争用先行的片上路由方案,它是一种非最小路由方案,即路由器根据两个时延惩罚指标的值选择是将数据包发送到有利路由(最小路由)还是错误路由(非最小路由)。在文献[2]中,Ascia 等提出了一种新的选择策略,名为"临近通道",其目的是选择输出通道,使数据包可以沿着一条尽可能不受拥塞节点影响的路径路由到目的地。

5.2.4　路由逻辑和硬件影响

决定路由算法是如何实现的,与总功耗相关。就路由功能而言,它主要有两种实现方式,即基于算法的和基于表的。在算法实现中,路由函数通过 if-then-else 语句描述,此语句被综合成一个组合逻辑电路。基于表的实现方法是使用一个路由表,此路由表以入口集(一个目的一个入口)的形式存储路由信息,每一表包含了输出端(或是输出端口集)的信息,包必须通过这些输出端口到达其目的地。

两种实现方法都有其优点和缺点。路由功能的算法实现通常能够节省硅面积和功耗。但是,对于定制一个特定网络拓扑,算法实现不是很灵活。另外,设计一个用于不同类拓扑路由功能的算法实现一般会很难,有时甚至是不可能的。而对于基于表的路由功能实现是最灵活的解决方案,因为它可以在运行(重配置)时进行更新,从而可以适应特定场合[15,31],例如通信条件的变化(如多用实例应用)和网络拓扑的变化(源于暂态的或永久的错误)等。但是,正如 5.6 节即将讲述的那样,路由表对硅面积的占用和功耗不容忽视。另外,与构成路由器的其他元素不同，随着网络大小的增加，基于表的路由功能的作用越来越重要。然而，必须指出只有在头微片被处理后，路由表才被存储，从而消耗功率。

如果使用了源路由，路由计算在网络接口处仅处理一次，这使得路由器内部的路由逻辑非常简单。虽然路由器中路由逻辑的功耗被最小化，但是包大小的增加（因为路由路径信息必须存储到包中）可能对性能产生负面影响，导致能量消耗的增加。

5.2.5 NoC 中区域的概念

由于二维网状拓扑结构良好的 NoC 设计属性，因此二维网状拓扑结构受到很多研究者的青睐。它与 2D 芯片层的自然匹配使其不仅具有低成本而且具有高性能，主要的缺点是处理不同大小的内核时效率很低。由于 2D 网状 NoC 隐含了相等长度的连线和相等大小的内核槽，因此最大的内核决定了槽的大小。如果内核大小的差别很大，那么将会浪费很多面积。区域的概念是为了解决这个问题而提出的[28]。

图 5.3 给出了一个具有标准尺寸方格和一个较大区域方格的异构 2D 网状 NoC。由于区域覆盖了几个标准资源槽，因此假设路由器不能放置在区域边界内。封装壳在区域核通信协议和网络间提供接口，接入点是通过封装壳直接连接区域的网络路由器。在文献[21]中讨论了很多关于区域概念的应用。例如，一个区域不能单单考虑物理上不同的结构。在这种情况下，可配置的路由器会根据应用需求动态地创建和维持 NoC 的区域。

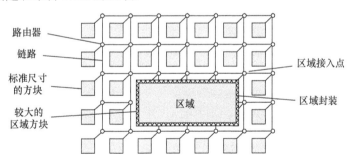

图 5.3 带有区域的 NoC

区域概念的另一个应用是在 NoC 中封装具有特定通信需求的区域，如功耗或 QoS。文献[21]指出，尽管区域有很多优点，但是它也存在一些缺点，其中一个缺点是增加了设计高效无死锁路由算法的难度。

算法对类似上*/下*[43]这样不规则的网络也是适用的，但是它们的通用属性经常导致规则拓扑结构低效。一些用于 2D 网状网络的容错路由算法使用了类似于区域的故障模型（故障块）[23,49]。通常，这些算法基于一些简单的正则算法，该算法增强了无死锁的缺陷块规避。虚通道经常使用在这方面，但代价大[5]。此外，在文献[7,23]中，也提出了一些不使用虚通道的建议。

5.2.6 网络能量和路由算法

路由算法以多种方式影响网络的能量需求。一个非常重要的能量方面是有关芯片资源的需求，这些需求通常会随着路由算法的复杂度或随着其他硬件特征的使用而增加，如虚通道和路由表。

资源需求会影响平均功耗，因此复杂路由算法会对路由器能耗产生不利的影响。另一方面，如果包被更加高效地路由，那么这个缺点可能会被弥补。因此，如果算法实现了较低平均信息延迟的话，那么高成本路由算法可能比低成本路由算法更加高效。注意，如文献[44]所述，在较低的路由器活动中，电压降尺度导致的延迟增加可能不会超过这些技术的功率优势。

不同类型的能量模型已经用于计算路由算法能量需求。这些模型通常是基于网络组件的综合门级模型中静态和动态的功率估计。静态功率估计主要依赖于需求的芯片资源，而动态功率估计是由交换行为确定的。

如 Wolkotte 等[48]指出的，路由器的动态功耗依赖于平均负载、并发流、控制开销和数据流中的位触发器。这些参数用于定义路由器行为的 10 个不同的情况：从路由器不被使用的空闲情形到路由器完全被占用的情形。Lee 和 Bagherzadeh[29]提出另一种基于回归分析法的高等级能量模型路由器功率估计方法。

对于包括通信量在内的总体网络能量消耗的估计，Ye 等[50]使用了一个有关位能量的等式 $E_{bit}=E_{Wbit}+E_{Sbit}$。位能量 E_{bit} 是由内部连接线的能量 E_{Wbit} 和交换逻辑内部的能量 E_{Sbit} 构成的。其中，假定 E_{Sbit} 与连线长度（负载电容）成正比。交换能量 E_{Sbit} 由随机数据流应用来估计。位能量用于确定每次单跳中的微片能量，这反过来被用于估计网络能量。

Kim 等[27]使用了一个更加巧妙的模型，证明了包在网络中的持续时间对能量估计的重要性。这个模型用于比较自适应路由算法和多维有序路由算法。尽管自适应路由算法需要更多的资源，但是它却提供了更低延迟，进而达到更低能量需求。在文献[30]中也有相似的结论，自适应路由器的功耗要比确定型路由器的功耗高 24%。

自适应路由算法路由的多样性同时也允许链路负载的高可控性。在这个方面，Hu 和 Marculescu[25]表明，与使用确定性 XY 路由算法相比，使用自适应路由算法（奇偶和西优先）的映射能够降低功耗。

5.2.7 常见性能指标

一些指标已经用于估计、评估和比较不同路由算法的性能[41]。这些指标包括不同种类的延时（扩展、最小值、最大值、均值和期望）、不同版本的吞吐量、延迟抖动等。从这方面来说自适应性是另一种测度方法，它涉及算法为包提供可选通路的能力。高性能的自适应路由算法具有高性能（低延时、低掉包率和高吞吐量）、高容错率和网络资源统一利用等优点。高自适应性增加了数据包避开热点和故障组件的概率，并降低数据包连续堵塞的概率。更高的自适应性有助于网络管理而且允许更加均衡地分配网络流量，这样通常会使应用达到更高的性能[39]。

5.3 术语和定义

在嵌入式系统场景中，片上系统不同内核之间的通信流量通常具有良好的特征。特别地，在完成 NoC 设计流程的任务映射阶段之后，完整了解了通信的内核对和不通信的内核对。可以利用这些附加信息设计一种面向特定应用的路由算法，该算法具有高度适应性，并且也是无死锁的。该信息可以纳入 Duato 关于通信网络无死锁路由算法系统设计的理论[13]。下面介绍面向应用路由的概念。

5.3.1 基本定义

给定一个有向图 $G(V,E)$。这里 V 是顶点集，E 是边集。用 $e_{ij} = (v_i, v_j)$ 来表示从顶点 v_i 到顶点 v_j 的有向弧。给定一条边 $e \in E$，用 $\mathrm{src}(e)$ 和 $\mathrm{dst}(e)$ 分别表示边的源顶点和目的顶点 [例如，$\mathrm{src}(e_{ij}) = v_i$ 和 $\mathrm{dst}(e_{ij}) = v_j$]。

定义 5.1 一个通信图 $CG = G(T,C)$ 是一个有向图，其中每一个顶点 t_i 表示一个任务，每一个有向弧 $c_{ij} = (t_i, t_j)$ 表示从 t_i 到 t_j 的通信。

定义 5.2 一个拓扑图 $TG = G(P,L)$ 是一个有向图，其中每一个顶点 p_i 表示网络的一个节点，每一个有向弧 $l_{ij} = (p_i, p_j)$ 表示连接节点 p_i 到节点 p_j 的物理单向通路（链路）。

定义 5.3 映射函数 $M:T \to P$ 将任务 $t \in T$ 映射到节点 $p \in P$。

令 $L_{\mathrm{in}}(p)$ 和 $L_{\mathrm{out}}(p)$ 分别为节点 p 的输入通道集和输出通道集。在数学上有
$$L_{\mathrm{in}}(p) = \{l \mid l \in L \wedge \mathrm{dst}(l) = p\},$$
$$L_{\mathrm{out}}(p) = \{l \mid l \in L \wedge \mathrm{src}(l) = p\}$$

定义 5.4 函数 $R(p)$ 称为节点 $p \in P$ 的路由函数，$R(p): L_{\mathrm{in}}(p) \times P \to \wp(L_{\mathrm{out}}(p))$。$R(p)(l,q)$ 给出了节点 p 的输出通道集，用于发送从输入通路 l 上接收到的信息，其目的节点是节点 $q \in P$。如果节点 p 不能到达 q，那么 $R(p)(l,q) = \emptyset$。

符号 $\wp$ 表示功率集。用 R 表示所有路由函数的集合：$R = \{R(p) : p \in P\}$。

5.3.2 通道依赖图和无死锁

首先简要地叙述了由 Duato 给出的两个基本定义和一个定理[13,14]，将它们用于本章接下来的内容，同时扩展到面向应用的内容。

定义 5.5 给定一个拓扑图 $TG(P,L)$ 和一个路由函数 R，如果 l_j 能够在 l_i 之后被去往某个节点 $p \in P$ 的信息直接使用，则从 $l_i \in L$ 到 $l_j \in L$ 存在一个直接依赖。

定义 5.6 一个通道依赖图（CDG）(L, D)，用于拓扑图 TG 和路由函数 R，是一个有向图。CDG 的顶点是 TG 的通道。CDG 的弧是一对通道 (l_i, l_j)，这样从 l_i 到 l_j 存在一个直接依赖。

接下来提出的定理是由 Duato 对 Dally 和 Seitz 提出的自适应路由功能定理[12]的直接扩展。

定理 5.1（Duato 定理[13]） 如果在其通道依赖图 CDG 中没有循环，则用于拓扑图 TG 的路由函数 R 称为无死锁路由。

5.3.3 面向应用的通道依赖图

上述定义和定理未涉及到通信流量，这是因为假定网络的所有节点均能相互通信。正如在本节开始时讲述的那样，在一个嵌入式系统场景中，设计者通常都知道哪些网络节点能够通信，哪些网络节点不能够通信。可以通过一个通信图 CG 来获取上述信息。在本节中，通过包含通信拓扑信息扩展 Duato 定理。

定义 5.7 给定一个通信图 CG(T, C)，一个拓扑图 TG(P, L)，一个映射函数 M 和一个路由函数 R，从 $l_i \in L$ 到 $l_j \in L$ 存在一个面向应用的直接依赖，如果满足

$$\text{dst}(l_i) = \text{src}(l_j) \tag{5.1}$$

$$\exists c \in C : l_j \in R(\text{dst}(l_i))(l_i, M(\text{dst}(c))) \tag{5.2}$$

条件（5.1）说明对一条消息在 l_i 之后直接使用 l_j 具有可能性。条件（5.2）说明存在一个可以在 l_i 之后立即直接使用 l_j 的通信。

定义 5.8 对于给定的通信图 CG、拓扑图 TG 和路由函数 R，一个面向应用的通道依赖图（ASCDG）(L, D) 是一个有向图。ASCDG 的顶点是 TG 的通道。ASCDG 的弧是通道 (l_i, l_j) 对，从而从 l_i 到 l_j 存在一个面向应用的直接依赖。

本章中，假定在构建 ASCDG 时，使用最小值路由。

定理 5.2 如果在其面向应用的通道依赖图（ASCDG）中没有循环，则用于拓扑图 TG 和通信图 CG 的路由函数 R 称为无死锁的。

证明：由于 ASCDG 是非循环的，在 L 的通道之间创建一个顺序是可能的。假定 R 中有一个死锁配置。令 l_i 是具有非空队列 L 的一个通道，这样在低于 l_i 的情形下没有通道。下面的两个情况是可行的：

情况 1：l_i 是最小值。在此情况下，如文献[13]中证明的那样，l_i 是一个汇点（如一个通道），这样所有进入通道的微片都能在一个跳数内到达目的地。那么，队列头中的微片便能在一个跳数内到达其目的地，于是便不存在死锁。

情况 2：l_i 是非最小值。对于每一个 $l_j \in L$ 有 $l_i > l_j$，在通道 l_j 的队列中没有微片。因此，在不考虑其是头微片还是数据微片时，l_i 队列头中的微片不会被堵塞，而且也不存在死锁。

5.3.4 自适应路由

使用了 Glass 和 Ni 在文献[18]中给出的适应性定义，Chiu[10]和许多其他研究人员也使用了这个定义。将通信 c 的自适应性 $\alpha(c)$（有时也称作自适应度）定义为源节点与目的节点之间可用最小路径的数量与最小路径的总体数量的比值，即

$$\alpha(c) = \frac{|\phi(c)|}{\text{TMP}(c)}$$

式中：TMP(c)为从节点 M (src(c))到节点 M (dst(c))的最小路径的总体数量。平均自适应度 α，是所有通信自适应度的平均值，可表示为

$$\alpha = \frac{1}{|C|} \sum_{c \in C} \alpha(c)$$

5.4 APSRA 设计方法

图 5.4 描述了 APSRA 设计方法。它将应用程序建模为任务图（或一组并发任务图），并将网络拓扑建模为拓扑图作为输入。假定应用中的任务已被映射调度到可用 NoC 资源上。使用这个信息，APSRA 生成了路由表集（NoC 的每一个路由器有一个路由表），这些路由表不仅保证了任务通信的可达性和无死锁，而且尽可能最大化路由自适应度。压缩技术可以用于压缩生成的路由表，最后，已压缩路由表被上传到物理芯片（NoC 配置）。当然，上述所有的步骤都是在离线状态下进行的。

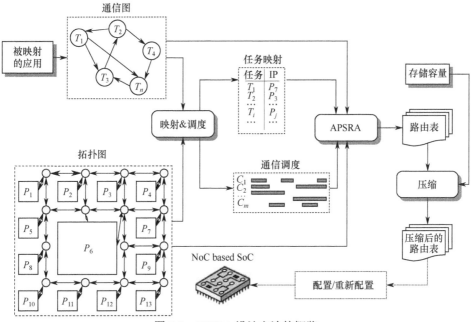

图 5.4 APSRA 设计方法的概览

通过一个例子来开始简要概述 APSRA 方法。

5.4.1 APSRA 举例

为了示例,考虑图 5.5 描述的通信图和拓扑图。尽管在这个例子中拓扑结构是网状的,但是此方法很通用,不用做任何修改就可应用于任何网络拓扑。为了简单性,考虑映射函数 $M(T_i)=P_i$, $i=1,2,\cdots,6$。

完全自适应路由算法的 CDG[14] 如图 5.6 所示。由于它包含了几个环,所以 Duato 定理不能保证这个拓扑结构的最小完全自适应路由算法无死锁。为了使路由达到无死锁,必须跳出 CDG 的所有环。通过消除依赖跳出环导致限制了路由功能,因此也损失了自适应性。由于要消除的环数较多,因此产生的无死锁路由算法的自适应会大大降低。

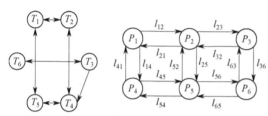
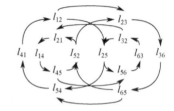

图 5.5　通信图和拓扑图　　　　图 5.6　图 5.5 中网络拓扑的通道依赖图,给定一个最小完全自适应路由算法

然而,如果考虑到通信信息,那么 CDG 的几个环可以被安全地消除,而且不会对路由算法的自适应性造成任何影响。例如,研究依赖 $l_{12} \to l_{23}$。此依赖在 CDG 中出现,而不是在 ASCDG 中出现。事实上,通道 l_{12} 和 l_{23} 可以仅用于通信 $T_1 \to T_3$、$T_1 \to T_6$ 和 $T_4 \to T_3$ 的序列,这些通信不会在 CG 中出现。如果分析涉及 CG 依赖中剩下的部分,那么会发现即使不需要约束路由功能,也可以安全地消除一些依赖。图 5.7 展示了 ASCDG 的结果,该结果通过消除 CDG 中所有不能被通信图激活的依赖中获得。

尽管 ASCDG 中的环数量可以减少到两个,但仍有可能形成死锁。为了处理这样的问题,按照如下步骤简单地跳出循环。面向应用的通道依赖 $l_{41} \to l_{12}$ 是源于 $T_4 \to T_2$ 的通信 M。这样的通信可以通过通路 $P_4 \to P_5 \to P_2$ 和 $P_4 \to P_1 \to P_2$ 来实现。如果用这种方法约束路由功能,则后一条通路会被禁止,那么面向应用的通道依赖 $l_{41} \to l_{12}$ 便绝不会存在。类似的,通过消除通信 $T_1 \to T_5$ 依赖 $l_{14} \to l_{45}$,跳出第二个循环也是可能的。

然而,这种约束会减少路由算法的自适应度。假定读者具有一些关于并发通信的知识,并假定通信 $T_1 \to T_5$ 和通信 $T_2 \to T_4$ 在时间上没有重叠。图 5.8 强调了此种通信的依赖性。由于这些通信不是并发的,所以相应关联的依赖性也不会同时有效，其结果是两个循环实质上是错误循环。总之，对于后一个情形，最小完全自适应路由算法是无死锁的。

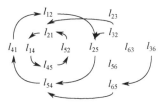
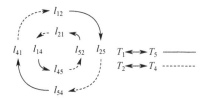

图 5.7　图 5.5 中网络拓扑的面向应用的通道依赖图和通信图，给定一个最小完全自适应路由算法

图 5.8　如果通信 $T_1 \to T_5$ 和 $T_2 \to T_4$ 不是并发有效的，那么图 5.7 面向应用的通道依赖图中的循环可能会被删除

5.4.2 主要算法

图 5.9 给出了实现 APSRA 方法的主要算法。它获取通信图 CG、拓扑图 TG 和映射函数 M 作为输入，并返回路由表集。该算法首先用最小的完全自适应路由功能初始化 R，然后调用函数 BuildASCDG 创建 ASCDG。函数 GetCycles 返回 ASCDG 中的循环集 C。RemoveCycles 用来尝试消除 ASCDG 中集 C 的所有循环，其目的是使自适应的损失减到最小，同时保证所有通信对之间的可达性（5.4.3 节）。如果消除成功，RemoveCycles 将返回真值（true），函数 ExtractRoutingTables 用于从 R（比较 5.4.4 节）中提取路由表；否则，返回一个空集。

```
1  APSRA(in : CG, TG, M, out : RT)
2  {
3    R←MinimalFullyAdaptiveRouting(CG, TG, M);
4    BuildASCDG(CG, TG, M, R, ASCDG);
5    GetCycles(ASCDG, C);
6    RemoveCycles(C, ASCDG, CG, TG, M, R, success);
7    if (success)
8       ExtractRoutingTables(R,RT);
9    else
10      RT←0;
11 }
```

图 5.9　APSRA 主要算法

5.4.3 自适应最小损耗的阻断沿

如上述讨论的那样，函数 RemoveCycles 用来尝试消除 ASCDG 中集 C 的所有循环，其目的是使自适应的损失减到最小，并满足保证可达性约束。开始介绍用于选择要删除的面向应用的通道依赖以打破循环的启发式方法之前，应该给出一些定义。

给定一个通信 $c \in C$，用 $\Phi(c)$ 表示从节点 $M(\text{src}(c))$ 到节点 $M(\text{dst}(c))$ 的所有允许的最小通道的集合。用 $\varphi_i(c)$ 表示 $\Phi(c)$ 的第 i 条通路。从节点 p_s 到节点 p_d 的通路是一系列的通道 $\{l_1, l_2, \cdots, l_n\}$，$l_i \in L$，这样 $\text{dst}(l_i)=\text{src}(l_{i+1})$，$i=1, 2, \cdots, n-1$，$p_s=\text{src}(l_1)$，$p_d=\text{dst}(l_n)$。

定义 5.9　对于 ASCDG 中的边 d，Pass-through 集 $A(d)$ 是 (c,j) 对的集合，

其中，$c \in C$ 是一个通信，其第 j 条通路包含了与边 d 相关联的通道。形式上有

$$A(d) = \{(c,j) | c \in C, j \in N : \text{src}(d) \in \varphi_j(c) \land \text{dst}(d) \in \varphi_j(c)\}$$

对于 ASCDG 中的边 d，当通信 $c \in C$ 时，用 $A(d)_{|c}$ 来表示对 $A(d)$ 的约束，即

$$A(d)_{|c} = \{(c', \cdot) \in A(d) : c' = c\}$$

定理 5.3 给定一个 ASCDG 图 (L, D) 和 $d = (l_i, l_j) \in D$，那么 $A(d) \neq \Phi$。

证明： $\Rightarrow$ 由于 $d = (l_i, l_j) \in D$，于是，$\exists c \in C$，从而有 $l_j \in R(\text{dst}(l_i))(l_i, c)$，即存在一个通信 c，其拥有一个包含 l_i 和 l_j 的通路。这条通路属于 $\Phi(c)$，同时假定它是 $\Phi(c)$ 的第 j 条通路，即 $\varphi_j(c)$。于是，由于 $\text{src}(d) = l_i \in \varphi_j(c)$，而且 $\text{dst}(d) = l_j \in \varphi_j(c)$，所以 (c, j) 对属于 $A(d)$。

$\Leftarrow$ 令 $a = (c, j) \in A(d)$，于是 $\exists \varphi_j(c) \in \Phi(c)$，其包含了 $\text{src}(d) = l_i$ 和 $\text{dst}(d) = l_j$。由于 $d \in D$，所以此结构满足条件式（5.1）。通路 $\varphi_j(c)$ 的存在表明经由 l_i 的通信 c 可以直接使用 l_j。这意味着在节点 $\text{dst}(l_i)$ 上的路由功能允许这样的改变。因此，$l_i \in R(\text{dst}(l_i))(l_i, M(\text{dst}(c)))$ 且也满足条件式（5.2）。

因此，令 $D_c = \{d_1, d_2, \cdots, d_n\} \subseteq D$ 是 $\text{ASCDG}(L, D)$ 中的一个循环。为了跳出此循环，必须删除一个依赖 d_i。如果 d_i 被删除了，那么，根据定理 5.3 有 $A(d_i) = \Phi$。为了使 $A(d_i) = \Phi$，必须限制用于某些通信的可用通路集。然而，这样会对路由功能的自适应度产生影响。启发式算法必须选择将被删除的依赖项 d_i，以使对自适应度的影响最小化。

在删除依赖 $d \in D_c$ 的条件下，令 α 为当前自适应度，α_d 为自适应度。其目的是使差 $\alpha - \alpha_d$ 的值最小，或者等效地使 α_d 最大。

$$\max_{d \in D_c} \alpha_d = \max_{d \in D_c} \frac{1}{|C|} \sum_{c \in C} \frac{|\Phi_d(c)|}{\text{TMP}(c)} \tag{5.3}$$

式中：$\Phi_d(c)$ 为当删除依赖 d 后通信 c 的通道集合，即

$$\Phi_d(c) = \Phi(c) \setminus \{\phi_j(c) | (c, j) \in A(d)_{|c}\}$$

有

$$|\Phi_d(c)| = |\Phi(c)| - |\{\phi_j(c) | (c, j) \in A(d)_{|c}\}| = |\Phi(c)| - |A(d)_{|c}|$$

将其代入式（5.3），得到

$$\max_{d \in D_c} \frac{1}{C} \left(\sum_{c \in C} \frac{|\Phi(c)|}{\text{TMP}(c)} - \sum_{c \in C} \frac{|A(d)_{|c}|}{\text{TMP}(c)} \right)$$

此式等价于

$$\min_{d \in D_c} \sum_{c \in C} \frac{|A(d)_{|c}|}{\text{TMP}(c)} = \min_{d \in D_c} \sum_{(c,\cdot) \in A(d)} \frac{1}{\text{TMP}(c)}$$

总之，上述启发式表明为了最小化对自适应度的影响，必须选择一个将被删除的依赖 $d \in D_c$，其满足可达性约束条件为

$$\bigwedge_{c \in C(d)} |\Phi(c)| > |A(d)|_c|, \tag{5.4}$$

且最小化量值为

$$\sum_{(c,\cdot) \in A(d)} \frac{1}{\text{TMP}(c)} \tag{5.5}$$

式中：$C(d)$ 为至少有一条通路的通信集合，此通路包含了与 d 相关联的通道。不等式（5.4）确保在删除依赖 d 后，使用 src(d) 和 dst(d) 的链路所有通信都将具有可选通路。依赖 d 的删除对 $\Phi(c)$ 的影响可表示为

$$\forall (c,j) \in A(d) \Rightarrow \Phi(c) = \Phi(c) \setminus \{\varphi_j(c)\}$$

在不同的网络节点中，约束路由功能也会影响某些通信的可达性。ASCDG 中所用循环的顺序可能会最终决定约束条件（5.4）是否能够适合所有的循环。这意味着如果只以一种顺序观察循环，将不会得到某些通信的路由通路。事实上，在最坏的情形下，可能必须全面考虑来自 ASCDG 的每一个循环周期的所有可能的依赖组合，以便为所有通信对找到可行的最小路由。

5.4.4 路由表

对于每一个节点 $p \in P$ 和每一个输入通道 $l \in L_{\text{in}(p)}$，存在一个路由表 RT(p,l)，在路由表里，每一个条目由以下两个部分组成：①目的地址 $d \in P$；②输出通道集合 $O \in \wp(L_{\text{out}}(p))$，这些通道可用于传输从通道 l 接收的和到达节点 d 的信息。形式上有

$$\text{RT}(p,l) = \{(d,O) | d \in P, O = R(p)(l,d) \wedge O \neq \Phi\}$$

节点 $p \in P$ 的路由表是 p 的每一个输入通道路由表的并集，即

$$\text{RT}(p) = \bigcup_{l \in L_{\text{in}}(p)} \text{RT}(p,l)$$

与通常的逻辑实现相比，就硅面积而言，尽管通用的基于表的路由功能的实现增加了成本，但是，它却是一个很好的实现方法。事实上，基于表的实现允许路由算法的可配置性（甚至是动态可配置性[15,31]）能够在运行应用中修改通信要求。然而，如将在下面看到的那样，路由表的大小可以显著地减少。

1. 路由表压缩

尽管路由表代表了实现路由功能最灵活的方法，正如 5.2.4 节讨论的那样，但是它们对路由器的成本（如硅面积）和功耗有着很大的影响。为了降低这种影响，文献[37]针对路由表压缩提出了一种解决方法。为 2D 网状拓扑研究的这种方法允许减少路由表的大小，从而产生的路由功能既是无死锁的，也是高自适应的。

基本的压缩方法如图5.10所示。假定与节点X的西输入端相关联的路由表在图5.10（a）中给出。由于考虑最小路由，所以从西端接收到的包的目的节点将会处在NoC的右部。

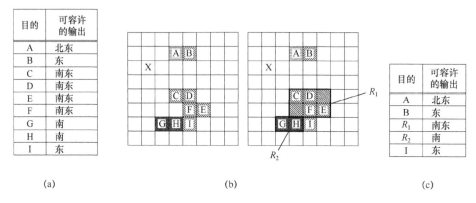

图5.10 路由压缩方法的基本思想

（a）压缩前的路由表；（b）基于簇的背景；（c）已压缩的路由表。

在图5.10（b）中，用不同背景来标注所有目的节点，这需要西输入端口的包必须传输到南端；对应地，东输入端口的包必须传输到北端。注意，多重输出可以到达其余的目的节点。那些从北端或东端（南或东）输出端口到达的节点可用横线或下斜线标注。

接下来，通过矩形区域对目的节点进行基于背景的聚类。图5.10（b）的右边展示了这样一个聚类的例子。压缩技术的基本思想是没有必要存储所有目的的集合，但仅需要存储簇集，如图5.10（c）所示。

还有，已压缩表路由器需要一些额外的位来保持簇区域的特性（也就是通过左上角和右下角及背景来识别）。图5.11（a）显示，对于不同的网孔尺寸，对于每个输入有4个区域的未压缩和压缩路由表，要存储在路由器中的总位数。

如果允许稍微损失自适应度，可以使用一个合并过程的簇增加压缩比。例如，在图5.10（c）中，簇R_1（下斜线）和簇R_2（井格线）可以合并形成一个单一簇R_3（下斜线），可以仅使用东输出端口到达其目的。如文献[37]指出的，在实际情形中，使用4~8个簇便足以覆盖所有实际的通信量情况，这样一点也不会损失自适应度。使用2到3个簇会稍微损失自适应度，这与使用非压缩路由表相比，性能仅减少不到3%。

从结构来看，控制已压缩路由表的逻辑是非常简单的。图5.11（b）展示了实现路由函数的结构框图，此路由函数使用了已压缩路由表。对于一个给定的目的dst，从已压缩路由表中提取出可行输出。输入端口setup允许配置路由器。当setup声明后，输入addr用于选择被配置的区域。配置一个区域意味着把区域属性（左上端，右下端及背景）存储到已压缩的路由表。

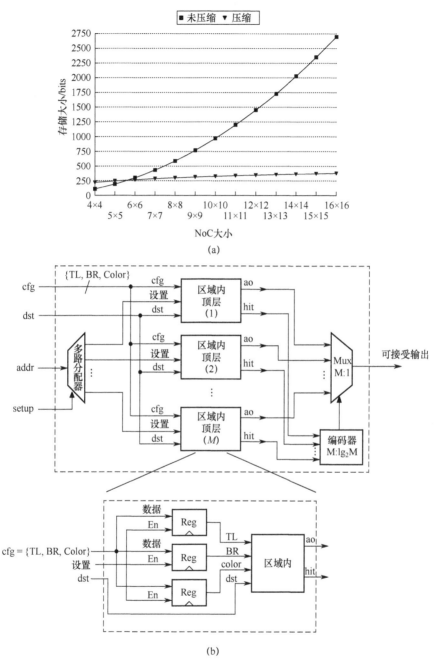

图 5.11 对于不同的网状大小，未压缩和已压缩情形的路由表的大小

(a) 对于不同的网孔尺寸，对于每个输入有 4 个区域的未压缩和压缩路由表，要存储在路由器中的总位数；(b) 实现路由功能的结构块状图，使用了已压缩路由表。

块 InRegion 检查目的 dst 是否属于一个区域，此区域由其左上（TL）角和其右下（BR）角确定。如果满足此条件，则输出 ao 采用背景输入值，并设置输出命中。在硅面积和功耗方面，使用压缩技术的优点将会在 5.6.1 节中定量地讨论。

5.5 APSRA 的性能评估

本节从自适应性和基于仿真的时延和吞吐量评估两个方面分析 APSRA 的性能，包括均匀和非均匀网状 NoC（带区域）。实验流程如下：通信图从通信量情况中提取出来，通信量情况描述了应用的情况。通信图和拓扑图（即网络拓扑）是 APSRA 过程的输入量，如图 5.9 所示。APSRA 创建了 ASCDG 图，而且倘若其包含了一个循环，5.4.3 节所描述的启发式过程会被迭代地使用，直到 ASCDG 变成非循环的。然后，便产生了路由表，并且计算了路由函数的自适应度。最后，NoC 仿真器[16]使用路由表，用于分析生成路由算法的动态行为。

5.5.1 流量情况

分别对综合的和实际的通信量情况进行了性能评估。关于它们的简要介绍如下所示。

（1）随机（亦称均匀）：对于一个给定的源节点，目的节点是随机选择的。通信图中顶点（任务）的数目是固定的，然而边（通信）的数目是一个用户定义的参数。将通信密度定义为通信数目与任务数目之比，用符号 ρ 来表示通信密度。因此，与通信密度为 ρ 的随机通信量相关的通信图是一个随机生成图，其顶点数等于网络的节点数。每一个顶点以平均通信密度 ρ 向外指向图的其他顶点，这些被指向的顶点是随机选择的。

（2）本地：其与随机流量是相似的，但也有差别。差别在于选择目的节点的概率与其到源节点的距离有关。更确切地说，定义单跳概率为映射到两个节点上的两个任务之间的通信概率，两个节点彼此之间的距离为单跳，单跳概率用 ohp 表示。映射到两个节点的两个任务的通信概率计算：$CP(h) = 1 - \sum_{i=1}^{h-1} CP(i)/2$，$CP(1) = ohp$，这里两个节点之间的距离 $h \geq 2$ 跳。

（3）转置 1：节点 (i,j) 仅发送包给节点 $(N-1-j, N-1-i)$，其中 N 是网格的大小。

（4）转置 2：节点 (i,j) 仅发送包给节点 (j,i)。

（5）热点-4c（Hotspot-4c）：有些节点被指定为热点节点，这些热点节点除接受均匀一致的通信量外，还接受热点流量[4]。给定一个热点百分比 h，一个新生成的包传输到每一个具有附加 h%概率的热点节点。在热点-4c 中，热点节点位于网格 [(3,3), (4,3), (3,4), (4,4)] 的中心处，具有 20%的热点流量。

（6）热点-4tr（Hotspot-4tr）：在热点流量里，热点节点位于网格 [(0,6), (0,7), (1,6), (1,7)] 的右上角，具有 20%的热点流量。

(7)热点-8r(Hotspot-8r):在热点流量里,热点节点位于网格$[(i,7), i=0,1,\cdots,7]$的右边,具有 10%的热点流量。

(8)MMS:一个由通用多媒体系统产生的通信量,此多媒体系统包括一个 H.263 视频编码器、一个 H.263 视频解码器、一个 mp3 音频编码器和一个 mp3 音频解码器[25],多媒体系统的通信图如图 5.12 所示。应用被分成 40 个不同的任务,之后这些任务被分配和调度到 25 个可选 IP 核。将 IP 核拓扑逻辑映射到 5×5 的基于网状的 NoC 结构块可以通过文献[1]中的方法获得。

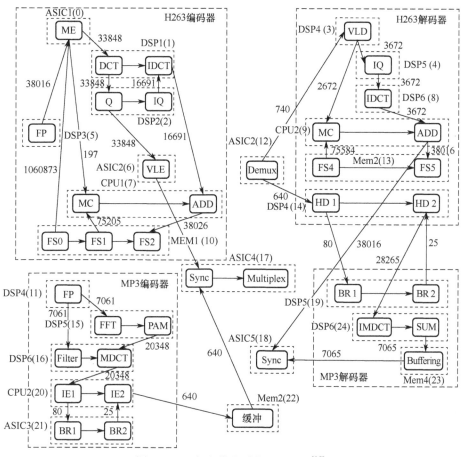

图 5.12 一般多媒体系统的通信图[25]

5.5.2 自适应性分析

本小节将 APSRA 与基于转弯模型的自适应路由算法[18]以及奇偶转弯模型[10]在自适应性方面进行了比较。图 5.13(a)和(c)给出了用于不同 NoC 大小和 $\rho=2$ 及 $\rho=4$ 的平均自适应度。通过评估 100 个随机通信图并报告平均值和 90%置信区间获得了该图的每个点。基于转弯模型的算法相对大网格尺寸的自适应度有优势，然而，转弯模型提供的自适应程度是非常不均匀的[10]。这是由于至少有一半的源-目的对受限于仅有一条最小通路，而完全自适应被用于源-目的对其余部分。其可以通过算法中存在的高标准差值来证实（图 5.13（b）和（d））。另一方面，就平均自适应度而言，奇-偶是最坏的情形，但是它对不同的源-目的对来说更加均衡。APSRA 的性能优于其他用于小尺寸 NoC 算法的性能，但是随着 NoC 大小的增加和通信密度的增加，APSRA 的性能会下降得很快。事实上，对于给定的网络大小，增加通信密度的效果与从面向应用的域移动到通用目的的域是一样的，其中，在最极端的情形下，每一个节点和网络中的其他每一个节点都进行通信，而且，转弯模型确定了最大可达自适应度的一个上界[18]。

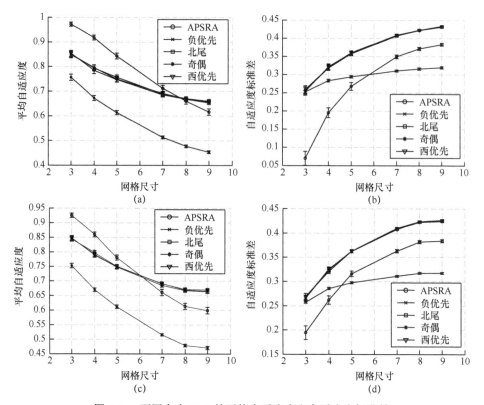

图 5.13 不同大小 NoC 的平均自适应度和自适应度标准差
（a）$\rho=2$ 随机生成通信图时平均自适应度；（b）$\rho=2$ 随机生成通信图时自适应度标准差；
（c）$\rho=4$ 随机生成通信图时平均自适应度；（d）$\rho=4$ 随机生成通信图时自适应度标准差。

无论如何，均衡的随机通信量情况对于 NoC 系统而言并不是很具代表性的。事实上，在通常情况下，通信频繁的内核被映射到相互毗邻的内核[1,25,34]。图 5.14 描述了 ohp = 0.4 时所得通信量导致的结果。在这种情形下，APSRA 在自适应方面和标准偏差方面都要优于其他算法。从数量上来说，APSRA 提供了比较高的自适应等级，当 $\rho=2$ 时，与基于转弯模型的算法和奇-偶相比，分别高出 10% 和 18%。

当 ρ =4 时，APSRA 提供的自适应度比基于转弯模型的算法和奇-偶分别高出 7% 和 15%。此外，APSRA 提供的路由自适应度对不同的源-目的对更加均衡。

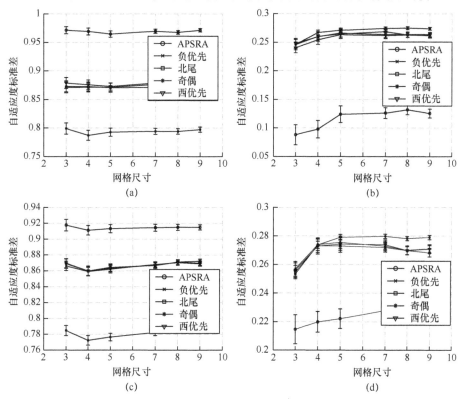

图 5.14 不同大小 NoC 的平均自适应度和自适应度标准差

（a）ρ=2，oph=0.4 随机生成通信图时平均自适应度；（b）ρ=2，oph=0.4 随机生成通信图时自适应度标准差；（c）ρ=4，oph=0.4 随机生成通信图时平均自适应度；（d）ρ=4，oph=0.4 随机生成通信图时自适应度标准差。

5.5.3 仿真评估

这一小节使用性能指标——吞吐量和延时，比较 APSRA 与确定性路由算法（XY）和自适应路由算法（奇-偶）。选择奇-偶算法是由于它已被证实对不同的通信量而言，能够显示最好的平均性能[10]。在没有虚通道的情况下，它也被高度地引用到网状网络的自适应路由算法中去。

评估是在一个 8×8 的网络上进行的，使用了虫洞交换技术，数据包大小随机分布在 2~16 个微片之间，路由器的输入缓冲器有 2 个微片大小。每一个链路的最大带宽设置为每个周期一个微片。使用泊松分布，以源包注入率（pir）作为负载参数。在 MMS 通信量的情形下，反而考虑自相似的包注入分布。在典型的 MPEG-2 视频应用程序[47]和网络应用程序[3]中，在片上模块之间的突发流量中观察到了自相似流量。对于每一个负载值，在 30000 个包到达后，会有超过 60000 个到达的包平分延时值。95%的置信区间大多在该方法的 2%以内。对于自适应路由算法,可以考虑两个不同的选择策略:随机性和缓冲器级。如果多输出端口对于一个头微片是可用的,那么随机性选择策略随机地选择输出,然而缓冲器级策略选择这样的输出,其相连的输入端占用了最小缓冲器。

1. 同构二维网格 NoC

图 5.15(a)和(b)描述了在均匀通信量状况下得到的结果。从图 5.15(a)可以看出,与其他算法相比,XY 算法的非自适应产生一个较高的饱和点,其主要原因是 XY 算法本身就捕获了长期的全局信息[18]。通过将包首先路由到一个维度,然后是另一个维度,该路由算法可能长期以最均衡的方式分配通信量。另外,自适应路由算法是基于短期的局部信息来选择路由通路的。两种算法的操作方式生成了"Z"字形通路,这阻碍了流量的均衡分布。上述引起了一个更大的通道竞争,使得性能以高达 pir 的速率下降。

图 5.15(c)和(d)显示了在对于 ohp=0.4 及 ρ=2 位置时通信量的平均延时和吞吐量。在这种通信量的情况中,由 APSRA 产生的高自适应性不会改善延时和吞吐量的性能(图 5.14)。这源于一个事实:当通信对彼此之间非常近时,可选通路的数目与确定性路由算法要求的单一通路相比不会太多。

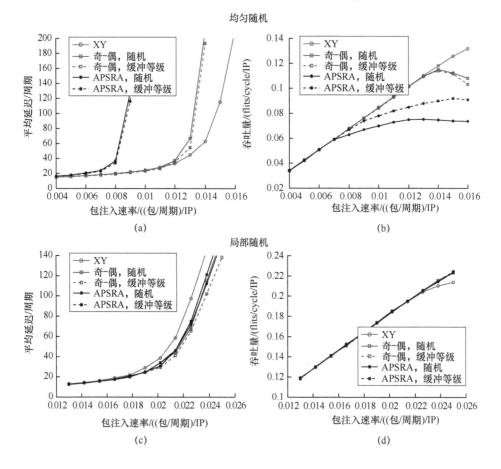

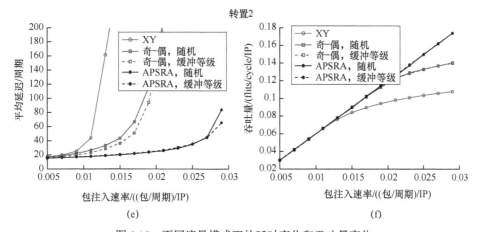

图 5.15 不同流量模式下的延时变化和吞吐量变化

(a) 均匀随机流量的延时变化；(b) 均匀随机流量的吞吐量变化；
(c) 随机位置流量（$\rho=2$, $ohp=0.4$）的延时变化；(d) 随机位置流量（$\rho=2$, $ohp=0.4$）的吞吐量变化；
(e) 转置 2 流量下的延时变化；(f) 转置 2 流量下的吞吐量变化。

对于转置 1 和转置 2 的通信量情况，APSRA 要优于其他路由策略。图 5.15（e）和（f）描述了转置 2 的结果（转置 1 有着类似的结果）。网络能够处理使用确定路由的最大负载是 0.012（包/周期）/IP。当使用奇-偶算法时，最大负载会增大到 0.017（包/周期）/IP，而当使用 APSRA 时，最大负载会到达 0.028（包/周期）/IP。

图 5.16 显示了在热点通信量情况下的平均通信延时和吞吐量变化。在这 3 种情形里，APSRA 要优于其他算法。特别地，确定性路由算法和自适应路由算法的差别对于第 2 种和第 3 种情形更加明显。实际上，一个 8×8 的 NoC，其中心有一个热点，可以被看作是 4 个小的且孤立的 4×4 NoC 的集合（每一个 NoC 对应一个象限）。其中每一个 NoC 由热点通信量激励，这里热点位于 4 个角之一。由于自适应在大的 NoC 中确实被采用了，所以证明了这种方法是正确的。

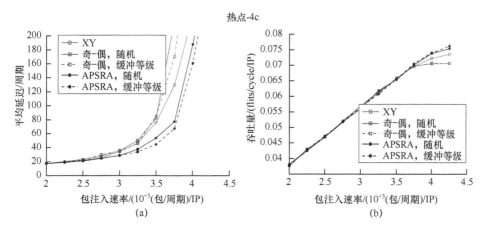

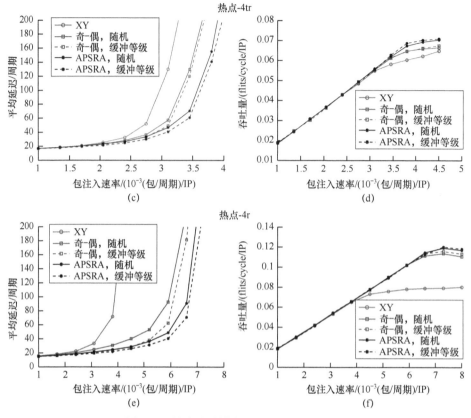

图 5.16 热点流量模式下延迟和吞吐量变化

（a）热点在网络中心时的延时变化；（b）热点在网络中心时的吞吐量变化；
（c）热点在网络右上角时的延时变化；（d）热点在网络右上角时的吞吐量变化；
（e）热点在网络右边上时的延时变化；（f）热点在网络右边上时的吞吐量变化。

最后，图 5.17 显示了 MMS 流量下不同注入负载的平均延时和吞吐量变化。对于注入负载为 0.018（包/周期）/IP 时，这对于所有路由算法来说是低饱和[①]的，当使用随机策略时，XY 算法的平均延时为 36 个周期，奇-偶算法的平均延时为 32 个周期，而 APSRA 的平均延时为 26 个周期。使用基于缓冲器级的选择策略时，奇-偶算法的平均延时减少到 30 个周期，APSRA 的平均延时减少到 23 个周期。

表 5.1 和表 5.2 以平均延时和网络允许的最大注入率方式给出了这些结果的总结。关于平均延时，其以包注入速率来测量，算法均没有达到饱和[①]。网络允许最大包注入率是使网络饱和的最小值 pir。饱和注入速率 pir 由吞吐量从先前平均斜率下降多于 5%计算得到。

表 5.1 给出了每一种通信量情况和每一种路由算法在饱和点的包注入速率，

---

① 当吞吐量不随施加负载的增加而线性增加时，网络被称为开始饱和[41]。

也给出了 APSRA 较之于 XY 算法和奇-偶算法的改善比例。平均来说，APSRA 的性能优于确定性 XY 路由算法 55%，高出自适应奇-偶路由算法 27%。

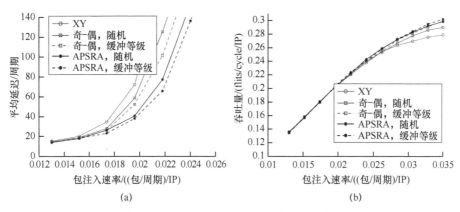

图 5.17 多媒体系统生成通信量的不同变化
（a）延时变化；（b）吞吐量变化。

表 5.2 给出了每一种通信量情况和每一种路由算法的平均延时，平均延时以低于注入负载饱和点来测量。表 5.2 也给出了 APSRA 较之于 XY 算法和奇-偶算法的改善比例。通常来说，就平均延时而言，APSRA 性能优于确定型 XY 算法大约 50%，高出自适应奇-偶算法约 30%。

表 5.1 不同流量情况下，与 XY 算法和奇-偶算法相比，APSRA 饱和点的改善

交通场景	Max. pir/（（包/周期）/IP）			APSRA 饱和点的改善	
	XY	OE	APSRA	vs.XY/%	vs.OE/%
随机	0.0120	0.0105	0.0080	-33	-23
局部	0.0190	0.0200	0.0210	10.5	5.0
转置 1	0.0110	0.0150	0.0270	145.5	80.0
转置 2	0.0110	0.0160	0.0270	145.5	68.8
热点-4c	0.0033	0.0035	0.0038	13.6	7.1
热点-4tr	0.0027	0.0031	0.0035	29.6	12.9
热点-8r	0.0039	0.0059	0.0067	71.8	13.6
MMS	0.0174	0.0174	0.0196	12.6	12.6
平均提升				54.6%	26.8%

表 5.2 不同流量情况下，与 XY 算法和奇-偶算法相比，APSRA 平均延时的改善

交通场景	pir/（包/周期，IP）	平均延时/周期			APSRA 平均延时的改善	
		XY	OE	APSRA	vs.XY/%	vs.OE/%
随机	0.007	18	18	23	-27	-27
局部	0.020	39	34	29	24.2	13.2

(续)

交通场景	pir/(包/周期, IP)	平均延时/周期			APSRA 平均延时的改善	
		XY	OE	APSRA	vs.XY/%	vs.OE/%
转置 1	0.011	91	39	19	79.2	51.1
转置 2	0.011	82	31	19	76.6	38.4
热点-4c	0.003	46	50	34	26.7	32.1
热点-4tr	0.003	52	37	30	42.2	17.5
热点-8r	0.003	34	25	20	41.8	21.5
MMS	0.018	36	30	23	36.1	23.3
平均提升					47.1%	28.7%

2. 非同构区域二维网格 NoC

本小节分析了区域二维网格 NoC 中 APSRA 的性能[28]。区域是一个非常大的资源槽，这在二维网格拓扑中定义为，用于支持如较大的内核或特殊通信要求。然而，构建一个规则的二维网格区域将会删除路由器和链路，这样形成的拓扑将会是部分不规则的（或非同构的）[28]。对于 NoC 中区域的简要概述请见 5.2.5 节。

由于规则拓扑算法（如 X-Y，奇-偶）不能用于这种情形，这里对 APSRA 与 Chen 和 Chiu 的算法[22]的一个固定版本进行了比较，Chen 和 Chiu 的算法源于容错算法。实验是在一个 7×7 的网状拓扑分区 NoC 上进行的。对于区域接入点已生成包的目的是随机选择，热点概率为 60%。APSRA 及 Chen 和 Chiu 的算法使用 2×2 的区域进行评估，要么在有 3 个访问点（bl_ap3）的左下角，要么在有 4 个访问点（c_ap4）网络的中心。

通信流量被分为 3 种类型：①到区域的通信流量；②其他流量，其中不同于区域，资源是一个目的；③所有通信，是前两种流量类型的集合。第一个结果显示了网络中所有通信的平均延时，如图 5.18（a）。对于 APSRA，在中心区域（apsra_c_ap4）获得了最小延时值。次最小延时值在 Chen 和 Chiu 的算法和中心区域（chiu_c_ap4）中获得。这之后，APSRA 经由左下角（apsra_c_ap4）的区域生成。表现最差的是 Chen 和 Chiu 的算法和左下角（chiu_bl_ap3）的区域。

图 5.18（b）给出了不同于区域目的流量的平均延时。最严重的延时，注入率可以达到 5%，可由 Chen 和 Chiu 的算法和中心区域（chiu_c_ap4）获得。在这种情形下，所有其他的组合在这个范围内提供了相似的延时值。然而，当注入率的增加超过 5%时，Chen 和 Chiu 的算法及角落位置的区域（chiu_bl_ap3）的延时会迅速地饱和。在拐点区域（apsra_bl_ap3）的 APSRA 是邻近饱和的。从饱和观点来看，得到的最佳结果适用于 APSRA 及中心区域（apsra_c_ap4），尽管它在较低注入率下有稍微高的延时。

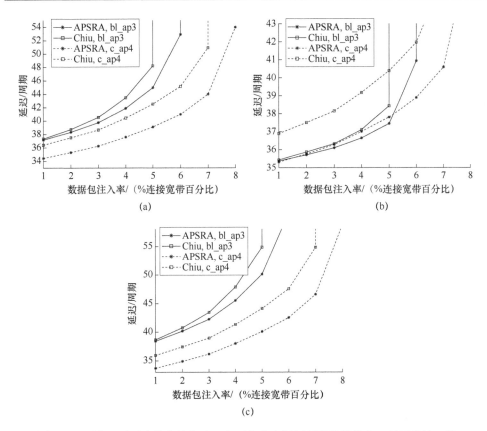

图 5.18 平均延时对应的包注入率，左下角和中间区域的连接带宽，以百分比%算

(a) 对于所有通信；(b) 对于出区域的通信；(c) 对于去往区域的通信。

图 5.18（c）描述了仅仅是区域流量的结果。也是在这种情形下，具有中心区域的 APSRA 描述了低延时的最佳性能结果。此外，Chen 和 Chiu 的中心区域算法的结果明显优于左下角区域算法。在这种情形下，Chen 和 Chiu 的左下角区域算法显示了最差的性能。

图 5.19 提供了这样的信息，能够对平均延时中一些大的差别进行解释。对于每一个网络路由器，图中显示了每个网络路由器在数据包被阻止前进时的路由周期总数。这些结果从 pir=0.1 的仿真结果得到。注意，堵塞的路由循环的规模在两个图中是不同的。

通过研究图 5.19（a）和（b），可以发现，很明显 APSRA 不会造成与 Chen 和 Chiu 算法同样的堵塞。注意，Chen 和 Chiu 算法在邻近区域的上边界及左边界形成了更多的堵塞，其原因是这些区域的通路在区域边界的过程中被算法频繁地使用。另一方面，APSRA 不会偏向特定路由器，因此在边界更加均衡地扩展了流量。由于在很多情况中，APSRA 提供了几个可选通路，所以包经常有可能避免堵塞的路由器，从而进一步减少堵塞。

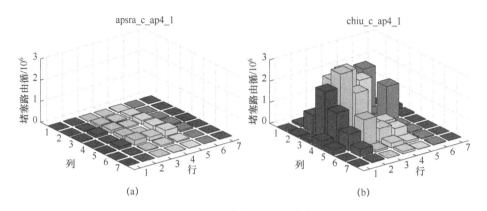

图 5.19 堵塞路由周期/路由

(a) APSRA 算法；(b) Chen 和 Chiu 算法。

5.6 成本、功耗和能耗分析

到现在为止，通过采用平均通信延时、吞吐量和自适应性等几个性能指标，比较了多种路由算法，这些性能指标主要和通信系统指标的性能特征有关。本小节通过考虑其他两个重要指标，即硅片面积和功耗，比较多种路由算法。

5.6.1 常用的路由器结构

在开始介绍硅片面积和功率计算之前，先介绍本章所考虑的基本路由器结构。图 5.20 描述了一个网格拓扑的通用路由器结构的块状图。此路由器有 6 个主输入和 5 个主输出。东、西、南、北和本地输入输出端口，这些输入输出端口用来连

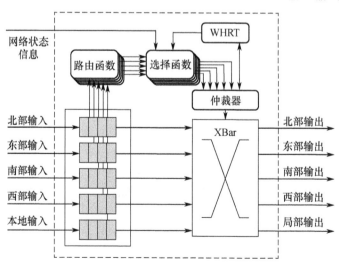

图 5.20 用于网状拓扑通用路由器结构的块状图

接此路由器和与之相邻的路由器（北、东、南和西方向）及本地的内核。当考虑自适应路由算法时，输入的网络状态信息作为选择功能被使用。它传输网络状态信息，例如，当使用缓冲器级选择策略时，传输相邻路由器输入缓冲器的占有级的状态信息。当然，如果考虑使用确定性路由算法，选择功能模型将不会被使用。WHRT 是虫洞预定表（和关联逻辑），WHRT 用于实现虫洞交换技术。除了选择功能模型，图 5.20 中其他所有元素会在任一确定性路由算法或自适应路由算法的路由器设计中出现。在本节的其余部分里，路由器结构使用了具有 3 个阶段的流水线：FIFO；路由/选择；仲裁/交叉开关。

5.6.2 面积和功耗

图 5.21 描述了 7 个实现不同路由算法的虫洞路由器的区域分解。这些值使用了 90 nm 工艺，所有的实现使用了 64 位微片和 4 入口的 FIFO 缓冲器。特别地，XY 实现了 XY 确定性路由算法，奇-偶（rnd）和奇-偶（bl）分别使用随机策略和缓冲器级策略实现了奇-偶路由算法，APSRA（rnd）和 APSRA（bl）分别使用了 64 条目路由表（用于 8×8 网格）和随机及缓冲器级选择策略。最后，文献[33]指出，APSRA-C 使用了压缩路由表和伴随解码逻辑实现路由功能。正如观察到的那样，FIFO 的缓冲器占用了大量的硅面积。事实上，依赖于实现方法，缓冲器占总体硅面积的 80%～90%。交叉开关和路由逻辑（路由函数和选择策略）占据了路由器面积的重要部分。对于基于表的实现，路由表占据了路由器面积的大约 10%。然而，这个百分比通过使用压缩技术可以显著地降低。精确地讲，通过将压缩技术[37]应用到由 APSRA 生成的用于转置 1 流量情况的路由表和通过将已压缩路由表约束到 8 个入口，将路由表面积降低到少于总体路由器面积的 2%是有可能的。总之，通过把 XY 看作是一个实现基线，奇-偶路由器（包括 rnd 型和 bl 型）的代价要高出 3%。基于路由表的 APSRA 实现要比基于随机选择策略的 XY 算法的代价高出约 8%，基于路由表的 APSRA 实现要比基于缓冲器级的选择策略的代价要高出约 9%。如果使用了路由表压缩[37]，路由表的开销要降低到 3%以下[33]。

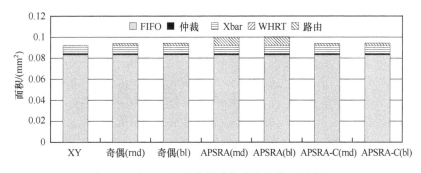

图 5.21 实现不同路由算法的路由器的区域分解

至于功耗，图 5.22 描述了在 1 GHz 时几种路由器的平均功耗。使用随机激励，功率值可以分别通过仿真路由器的每一个元素计算得到。由于这个原因，在不同路由器中被实例化的特别模型（FIFO、交叉开关和仲裁等）损耗的功率量对所有的路由算法来说是相同的。再一次强调，FIFO 缓冲器消耗了主要的功率，奇-偶路由器的功耗要比 XY 路由器高出 2%，基于表的路由算法实现增加的功耗达 9%。然而，通过使用压缩技术，是有可能将基于表实现的灵活性与路由功能算法实现（与奇-偶算法类似）的经济性（就功耗而言）联系起来。

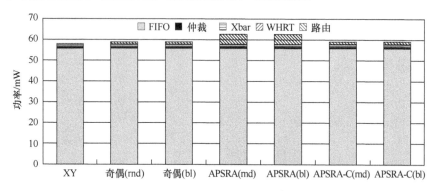

图 5.22 实现不同路由算法的路由器的功率分解

5.6.3 能耗

研究表明，在不同流量情况下，自适应路由算法在平均通信时延和吞吐量方面都要优于确定性路由算法。然而，这些优势并不会轻易地得到。事实上，实现自适应路由算法的路由器结构要比实现简单的确定性路由函数的路由器更加复杂（图 5.21 和图 5.22）。路由器结构复杂度的增加导致了更大的硅面积和更高的功耗。图 5.23 描述了在不同流量情况下，对于 XY 中每个微片平均能量的减少比例。正如观察到的那样，尽管实现自适应路由算法的路由器消耗更多的功率，

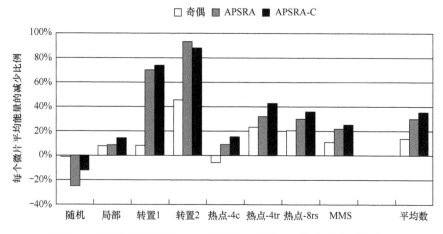

图 5.23 不同流量情况下，XY 算法中每个微片平均能量的减少比率

但是总的消息能量却减少了，这是因为给定量的流量会在很短的时间内耗尽。通常，通用目的的自适应路由算法的效率，如奇-偶算法，要比确定性路由算法的效率高出约 14%。当使用面向应用的路由算法时，能耗会提高 36%。

5.7 小结

NoC 的研究正在进入一个新的阶段，研究的重点会同时集中在低成本、高通信性能和低能耗上。可重构平台芯片更加有可能处于领先地位。可重构的平台芯片，允许根据应用需求对资源和通信基础设施进行静态或动态配置，很可能引领未来的发展方向。本章在这个方向上做出了研究，并提出了一种称为 APSRA 的方法开发用于片上网络的高效的面向应用的无死锁路由算法。这在路由器中很容易配置。APSRA 将信道依赖图与通信图相结合，捕获了 NoC 中任务间的通信，提高了自适应能力。基本的 APSRA 方法是拓扑不可知的且是基于通道依赖图的，这些图源于网络拓扑。本章所描述的方法只使用了关于通信内核的拓扑信息，其已经被扩展开发关于通信处理中并发和带宽的信息[38,40]。基于分析和基于仿真的评估结果论证了就自适应和平均延时而言，使用本章的方法开发的路由算法明显地优于通用目的路由算法，如用于网状拓扑 NoC 的 XY 算法和奇-偶算法。同时也描述了由 APSRA 方法生成的路由算法的性能明显地要比用于非同构 NoC 的无死锁路由算法高。APSRA 的主要缺点是它要求基于表的路由器设计，其成本在面积和功耗方面会相对较高。本章也提出了一些方法压缩路由表，从而克服这个缺点。本章的分析描述了在较高的流量负载下，平均延时的改善也会转换成总体能耗的减少。

APSRA 方法使用启发式删除通道依赖图中边的最小数目，以保证无死锁和自适应的最小损失。此启发式不能保证最佳的路由算法，而且在某些情形下，有可能不能找到一种可以路由所有信息的路由算法。因此，对该启发式算法进行改进，以获得更高的路由算法自适应性，保证路由的完备性。此外，还可以开发新的边缘去除启发式算法，其目标是最小化能耗或功耗，而不是最大限度地提高自适应性。开发多目标边缘切割启发式算法，使能源消耗最小化，同时最大限度地提高自适应性将是一个更具挑战性的问题。对于高密度的未来芯片，片内热管理和功耗管理可能成为另一个重要的问题。避免一些芯片子区域过热或者芯片上的一些组件过热将会是非常重要的。在 NoC 环境下，路由器和链路有可能成为热点。开发特定应用的路由算法有一定的空间，可以避免在芯片上产生"温度热点"。

由于 APSRA 方法是面向应用的而且保证了高性能和低能耗，所以认为 APSRA 有利于可配置 SoC 平台的发展。

参 考 文 献

1. Ascia, G., Catania, V., Palesi, M.: Multi-objective mapping for mesh-based NoC architectures. In: Second IEEE/ACM/IFIP International Conference on Hardware/Software Codesign and System Synthesis, pp. 182–187. Stockholm, Sweden (2004)
2. Ascia, G., Catania, V., Palesi, M., Patti, D.: Implementation and analysis of a new selection strategy for adaptive routing in networks-on-chip. IEEE Transactions on Computers **57**(6), 809–820 (2008)
3. Avresky, D.R., Shubranov, V., Horst, R., Mehra, P.: Performance evaluation of the ServerNetR SAN under self-similar traffic. In: International Symposium on Parallel and Distributed Processing, pp. 143–149 (1999)
4. Boppana, R.V., Chalasani, S.: A comparison of adaptive wormhole routing algorithms. In: International Symposium on Computer Architecture, pp. 351–360. San Diego, CA (1993)
5. Boppana, R.V., Chalasani, S.: Fault-tolerant wormhole routing algorithms for mesh networks. IEEE Transactions on Computers **44**(7), 848–864 (1995)
6. Chatha, K., Srinivasan, K., Konjevod, G.: Approximation algorithms for design of application specific network-on-chip architectures. IEEE Transactions on Computer Aided Design of Integrated Circuits and Systems (2008)
7. Chen, K.H., Chiu, G.M.: Fault-tolerant routing algorithm for meshes without using virtual channels. Journal of Information Science and Engineering **14**(4), 765–783 (1998)
8. Cherkasova, L., Kotov, V., Rokicki, T.: Fibre channel fabrics: Evaluation and design. In: Hawaii International Conference on System Sciences, pp. 53–58 (1996)
9. Chien, A.A., Kim, J.H.: Planar-adaptive routing: Low-cost adaptive networks for multiprocessors. Journal of the ACM **42**(1), 91–123 (1995)
10. Chiu, G.M.: The odd-even turn model for adaptive routing. IEEE Transactions on Parallel Distributed Systems **11**(7), 729–738 (2000)
11. Dally, W.J., Seitz, C.: The torus routing chip. Journal of Distributed Computing **1**(3), 187–196 (1986)
12. Dally, W.J., Seitz, C.: Deadlock-free message routing in multiprocessor interconnection networks. IEEE Transactions on Computers **C**(36), 547–553 (1987)
13. Duato, J.: A new theory of deadlock-free adaptive routing in wormhole networks. IEEE Transactions on Parallel and Distributed Systems **4**(12), 1320–1331 (1993)
14. Duato, J.: A necessary and sufficient condition for deadlock-free routing in wormhole networks. IEEE Transactions on Parallel and Distributed Systems **6**(10), 1055–1067 (1995)
15. Duato, J., Lysne, O., Pang, R., Pinkston, T.M.: Part I: A theory for deadlock-free dynamic network reconfiguration. IEEE Transactions on Parallel and Distributed Systems **16**(5), 412–427 (2005)
16. Fazzino, F., Palesi, M., Patti, D.: Noxim: Network-on-Chip simulator. http://noxim.sourceforge.net
17. Gindin, R., Cidon, I., Keidar, I.: NoC-based FPGA: architecture and routing. In: International Symposium on Networks-on-Chip, pp. 253–264. IEEE Computer Society (2007)
18. Glass, C.J., Ni, L.M.: The turn model for adaptive routing. Journal of the Association for Computing Machinery **41**(5), 874–902 (1994)
19. Goossens, K., Bennebroek, M., Hur, J.Y., Wahlah, M.A.: Hardwired networks on chip in FPGAs to unify functional and configuration interconnects. In: IEEE International Symposium on Networks-on-Chip, pp. 45–54 (2008)
20. Guz, Z., Walter, I., Bolotin, E., Cidon, I., Ginosar, R., Kolodny, A.: Network delays and link capacities in application-specific wormhole NoCs. VLSI Design (2007)
21. Holsmark, R.: Deadlock free routing in mesh networks on chip with regions. Licentiate thesis, Linköping University, Department of Computer and Information Science, The Institute of Technology (2009)
22. Holsmark, R., Kumar, S.: Design issues and performance evaluation of mesh NoC with regions. In: IEEE Norchip, pp. 40–43. Oulu, Finland (2005)
23. Holsmark, R., Kumar, S.: Corrections to Chen and Chiu's fault tolerant routing algorithm for

24. Hu, J., Marculescu, R.: DyAD – smart routing for networks-on-chip. In: ACM/IEEE Design Automation Conference, pp. 260–263. San Diego, CA (2004)
25. Hu, J., Marculescu, R.: Energy- and performance-aware mapping for regular NoC architectures. IEEE Transactions on Computer-Aided Design of Integrated Circuits and Systems **24**(4), 551–562 (2005)
26. Jouraku, A., Koibuchi, M., Amano, H.: L-turn routing: An adaprive routing in irregular networks. Tech. Rep. 59, IEICE (2001)
27. Kim, J., Park, D., Theocharides, T., Vijaykrishnan, N., Das, C.R.: A low latency router supporting adaptivity for on-chip interconnects. In: ACM/IEEE Design Automation Conference, pp. 559–564 (2005)
28. Kumar, S., Jantscu, A., Soininen, J.P., Forsell, M., Millberg, M., Oberg, J., Tiensyrja, K., Hemani, A.: A network on chip architecture and design methodology. In: IEEE Computer Society Annual Symposium on VLSI, p. 117 (2002)
29. Lee, S.E., Bagherzadeh, N.: A high level power model for network-on-chip (NoC) router. Computers and Electrical Engineering **35**(6), 837–845 (2009)
30. Lotfi-Kamran, P., Daneshtalab, M., Lucas, C., Navabi, Z.: BARP-a dynamic routing protocol for balanced distribution of traffic in NoCs. In: ACM/IEEE Design Automation Conference, pp. 1408–1413 (2008)
31. Lysne, O., Pinkston, T.M., Duato, J.: Part II: A methodology for developing deadlock-free dynamic network reconfiguration processes. IEEE Transactions on Parallel and Distributed Systems **16**(5), 428–443 (2005)
32. Mejia, A., Flich, J., Duato, J., Reinemo, S.A., Skeie, T.: Segment-based routing: An efficient fault-tolerant routing algorithm for meshes and tori. In: International Parallel and Distributed Processing Symposium. Rhodos, Grece (2006)
33. Mejia, A., Palesi, M., Flich, J., Kumar, S., Lopez, P., Holsmark, R., Duato, J.: Region-based routing: A mechanism to support efficient routing algorithms in NoCs. IEEE Transactions on Very Large Scale Integration Systems **17**(3), 356–369 (2009)
34. Murali, S., Micheli, G.D.: Bandwidth-constrained mapping of cores onto NoC architectures. In: Design, Automation, and Test in Europe, pp. 896–901. IEEE Computer Society (2004)
35. Ni, L.M., McKinley, P.K.: A survey of wormhole routing techniques in direct networks. IEEE Computer **26**, 62–76 (1993)
36. Nilsson, E., Millberg, M., Oberg, J., Jantsch, A.: Load distribution with the proximity congestion awareness in a network on chip. In: Design, Automation and Test in Europe, pp. 1126–1127. Washington, DC (2003)
37. Palesi, M., Kumar, S., Holsmark, R.: A method for router table compression for application specific routing in mesh topology NoC architectures. In: SAMOS VI Workshop: Embedded Computer Systems: Architectures, Modeling, and Simulation, pp. 373–384. Samos, Greece (2006)
38. Palesi, M., Kumar, S., Holsmark, R., Catania, V.: Exploiting communication concurrency for efficient deadlock free routing in reconfigurable NoC platforms. In: IEEE International Parallel and Distributed Processing Symposium, pp. 1–8. Long Beach, CA (2007)
39. Palesi, M., Holsmark, R., Kumar, S., Catania, V.: Application specific routing algorithms for networks on chip. IEEE Transactions on Parallel and Distributed Systems **20**(3), 316–330 (2009)
40. Palesi, M., Kumar, S., Catania, V.: Bandwidth aware routing algorithms for networks-on-chip platforms. Computers and Digital Techniques, IET **3**(11), 413–429 (2009)
41. Pande, P.P., Grecu, C., Jones, M., Ivanov, A., Saleh, R.: Performance evaluation and design trade-offs for network-on-chip interconnect architectures. IEEE Transactions on Computers **54**(8), 1025–1040 (2005)
42. Sancho, J.C., Robles, A., Duato, J.: A flexible routing scheme for networks of workstations. In: International Symposium on High Performance Computing, pp. 260–267. London, UK (2000)
43. Schroeder, M.D., Birrell, A.D., Burrows, M., Murray, H., Needham, R.M., Rodeheffer, T.L., Satterthwaite, E.H., Thacker, C.P.: Autonet: a high-speed, self-configuring local area network using point-to-point links. IEEE Journal on Selected Areas in Communications **9**(8), 1318–1335 (1991)

44. Shang, L., Peh, L.S., Jha, N.K.: Dynamic voltage scaling with links for power optimization of interconnection networks. In: 9th International Symposium on High-Performance Computer Architecture, p. 91. IEEE Computer Society (2003)
45. Stensgaard, M.B., Sparsø, J.: ReNoC: A network-on-chip architecture with reconfigurable topology. In: IEEE International Symposium on Networks-on-Chip, pp. 55–64 (2008)
46. Upadhyay, J., Varavithya, V., Mohapatra, P.: A traffic-balanced adaptive wormhole routing scheme for two-dimensional meshes. IEEE Transactions on Computers **46**(2), 190–197 (1997)
47. Varatkar, G., Marculescu, R.: Traffic analysis for on-chip networks design of multimedia applications. In: ACM/IEEE Design Automation Conference, pp. 510–517 (2002)
48. Wolkotte, P.T., Smit, G.J., Kavaldjiev, N., Becker, J.E., Becker, J.: Energy model of networks-on-chip and a bus. In: International Symposium on System-on-Chip, pp. 82–85 (2005)
49. Wu, J., Jiang, Z.: Extended minimal routing in 2D meshes with faulty blocks. In: International Conference on Distributed Computing Systems, pp. 49–54 (2002)
50. Ye, T.T., Benini, L., Micheli, G.D.: Packetization and routing analysis of on-chip multiprocessor networks. Journal of System Architectures **50**(2–3), 81–104 (2004)

第6章 低功耗片上网络的自适应数据压缩

6.1 引言

随着当前技术的发展,为了获得高性能/能量效率,未来多处理器芯片(CMPS)将容纳多内核和大缓存[12,25,29,32]。单块芯片上集成的元件不断增加,使得现在的设计都以通信为中心[4,8,9,17]。在这样的发展趋势下,片上网络因其可扩展通信架构已被广泛接受,而通信架构提供核和其他元件之间的互联。片上网络必须能提供高带宽、低延迟、低功耗。在系统的整体设计中,缺少上述任一目标都会导致非常不利的影响。

在功耗成为计算机系统设计的首要约束条件后,片上网络对低功耗的需求是非常重要的。如英特尔的 80-core 芯片[12],网格网络的一个 5 端口路由器功耗占总功耗的很大一部分(达 28%),这不满足芯片的功耗条件(应小于芯片总功耗的 10%)。同时,若要提高系统性能,片上网络应该支持低延迟和高吞吐量,这是因为网络是由片上高速缓存和片外存储器控制器高度集成而形成的。要达到这些目标,可以使用智能路由器[23,24]、高基数的拓扑结构[16]或者宽通道提高性能,但因此而增加的功耗和面积的费用一定要限制在子系统的预算内。对于面积的约束,节约金属资源能为核或缓存的硅逻辑电路提供更多的面积[13]。为了满足芯片上严格的功耗和面积预算,简单的路由器设计和网络拓扑结构是可行的。因此,在现有的设计中使资源利用率最大化而不是使用复杂的设计技术过度地配置资源,这样能在满足约束条件时实现运行效率。

数据压缩能使处理或者存储的数据总量有效地减少,因此在硬件设计中使用它节省带宽和功耗。缓存压缩通过压缩重复值和在固定空间容纳更多功能块,增加高速缓存容量[1,10]。总线压缩通过把宽数据编码成小规模码[2,5],扩展了总线的宽度。近年来,为了提高性能以及减小功耗开销,人们对片上网络领域中的数据压缩技术进行了研究。

在本研究中,针对片上网络的功耗和性能优化探讨了自适应数据压缩,并提出了一个合理的实现方案。本设计通过动态跟踪流量中的值模式来使用基于表的压缩方法。使用表压缩,硬件能自适应处理不同模式的值,而不是采用静态模式[8]提高数据压缩率。然而,在一个通信量的基础上,压缩表需要以不可扩展面积为代价保持数据模式。也就是说,在交换网络中通信不能被全局管理,因而表的数目取决于网络大小。为了解决这个问题,提出了共享表方案,该表能存储完相同的值，类似于不同的通信量能通过同一入口。此外，在编码表和解码表之间用于数据一致性的管理协议运行在一个分散的方式下，使得它能在网络中允许无序传送。在一组科学和商业多线程的基线下，对于 8 核静态非均匀的高速缓存架构（SNUCA）[15]和 16 核方格体系的设计，得出缓存通信平均压缩率为 69%。而且，还得出在不同的通信量里，一大部分的通信数据是共享的。详细的仿真结果表明，在 16 核方格设计中，数据压缩技术使得能耗节省了 36%（最高达 56%），延迟减小了 36%（最高达 44%）。

本章结构安排如下。6.2 节简要介绍了相关工作，6.3 节描述了一种基于表的数据压缩，6.4 节介绍了一种可扩展的低成本压缩表硬件实现，6.5 节描述了评估方法，6.6 节介绍了模拟结果，6.7 节对全章进行了小节。

6.2 相关工作

本研究由大量数值中心架构的前期工作推动，特别地，本项工作还共享了缓存压缩和总线压缩中一些共同的技术。

数据局部性。数据局部性作为复发值的一小部分，复发值是在程序里通过加载指令得到并用来预测加载值[18]。研究进一步表明，在所有的加载和存储指令中程序有一组频率值[36]。

缓存压缩。缓存压缩是通过增加比空间给定的更多的功能块扩大缓存容量[1,10]。在文献[1]中，L2 高速缓存数据阵列中的频繁压缩模式（FPC）方案用来存储可变数目的功能块。由于解压缩时会增加动态延迟，因此提出自适应方案确定一个功能块是否在压缩模式下被存储。除了压缩硬件成本，对于灵活关联管理，缓存压缩需要对现有的缓存设计进行重大修改。在文献[33]中，L1 数据缓存的数据阵列分成编码与未编码部分。对频繁值的访问仅需要小的编码数据阵列，而对非频繁值需要编码数据阵列和常规数据阵列并行访问。这样设计的目的是以访问非频繁值的附加周期作为节省能耗的代价。

总线压缩。总线压缩能提高宽数据的窄总线的带宽。在文献[5]中，总线扩展器把重复高阶的数据位存储到表中。数据传输时，表中的一个索引沿着数据较低的位发送。总线上所有的表通过监视所有被传输的值，保持相同的内容。然而，在交换网络和大带宽的需求下，监视运行需要广播支持。同时，一个表的替换会引起所有的表发生替换，虽然在发送和接收之间，新放置的数据仅与两个表直接相关。但这一全局替换能为压缩消除生成索引，最终导致较低的压缩率。功耗协议[2]对于降低总线能耗也采用了同样的方法。

在高容量总线里，总线编码技术已被用于减少能源消耗[20,26,31]。通过在总线上检测位传输模式，编码硬件将存储在表中的数据转变成低转换模式。介绍了一个用于编码的特别代码以进一步减小总线的能耗，这需要一个额外的位线来指示数据是否被编码。总线反转编码传输原始的或是倒置的数据，具体取决于哪里会导致少量位跃迁[27]。过渡模式编码将数据编码为一个预构建的代码，从而解释了线间和线内的过渡[26]。内容可寻址存储器（CAM）的基础值表通常用于存储重复数据并将其转换成节能编码指标[2,31,34]。Liu 等用相类似的方法，通过将值缓存添加到总线，实现在 CMP[19]的通信中节能减排，在总线中高速缓存。所有的编码技术需要发送端的编码器和接收端的解码器同步一致。

上面的方案是假设总线互连，压缩的数据完全同步到所有的节点。在交换网络中，每个节点需要与多个节点进行异步通信，使得这个问题具有了挑战性。对大型网络中的多核心处理器而言，在每一个流程的基础上简单地复制表是不可扩展的。此外，由于压缩过程是在通信过程之前进行的，所以压缩会增加通信延迟。因此，需要开发一个压缩方案尽量减少对性能的负面影响。

6.3 片上网络上的数据压缩

在本节中，简要地介绍了片上网络体系结构并讨论数据压缩的好处。接下来，提出了一个基于表的数据压缩方案，减少数据包的有效载荷大小。

6.3.1 片上网络体系结构

内核、缓存和特殊处理引擎的每个处理单元（PE）是通过网络相互联系的。交换网络包括路由器和链接，其链接确定了网络拓扑结构。

图 6.1 显示了两个 8 核和 16 核 CMP 系统的网络布局。第一个设计集成了多个高速缓存 SNUCA-CMP，缩短了单片 L2 高速缓存的访问时长[3]。在 8×8 的 Mesh 网络中，每个路由器连接 4 个缓存阵列单元和 4 个相邻的路由器。

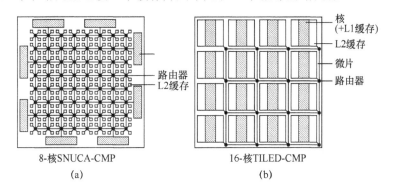

图 6.1 CMP 中的片上网络

（a）8 核 SUNCA-CMP；（b）16 核 TILD-CMP。

第二个设计通过 TILD-CMP 连接均匀的微片以达到多核方案。每个微片都有一个核、专用的 L1 指令/数据缓存、部分共享的 L2 高速缓存和路由器。一个 N 核的 CMP 具有 N 个方格网络。每个路由器在它自己方格中有 2 个缓存 L1/L2 的本地端口，4 个端口到相邻方格为一个网状网络。

在这两个设计中，大多数通信为共享内存系统缓存请求/响应消息和一致性消息。通信量按照双峰长度分布，取决于通信数据是否包括一个高速缓存块。换句话说，一个数据包的有效负载有以下部分：仅地址（地址的数据包），或者地址和数据缓存块（数据包）。

路由器：路由器采用较小缓冲区的虫洞交换技术、头微片（HOL）阻塞的虚拟通道（VC）和对缓冲区进行溢出保护的基于信用的流量控制。传统路由器的流水线阶段由路由计算（RC）、虚通道分配（VA）、开关配置（SA）和开关遍历（ST）组成[7]。当一个数据包（数据包的一个头微片）到达路由器时，RC 阶段首先通过查找目的地址指示数据包发送到路由器正确的输出端口地址。下一阶段，VA 阶段分配一个可用 VC 的下游路由器，这个由 RC 阶段决定。SA 阶段仲裁输入和输出交叉开关的端口，然后在 ST 阶段成功地使微片遍历交叉开关。在这个四级流水线里，RC 和 VA 级仅需要头微片。在本研究中，使用两级流水线，采用预测先行路由和合适的开关配置[24]。先行路由通过在当前的路由器上决定一个跃点，从而在流水线上移除 RC 阶段。推测的开关配置使 VA 阶段与 SA 阶段能同时进行。

网络接口：网络接口（NI）允许一个 PE 在网络上进行通信。NI 负责数据打包/数据解包和使用流量控制微片拆分/装配，以及完成其他高级别的功能，如端到端拥塞和传输差错控制。

链接：路由器的链接采用金属作为全局平行导线。设定一个链接宽度等于地址的数据包大小，可以增加链路利用率，并为电源和接地互连容许更多的金属资源。对缓冲的导线建模，满足在单个周期内链路时延[11]。

6.3.2 压缩支持

在交换网络中，通信数据作为数据包传输。在 NI 的一个发送器中，为了控制流量，一个数据包的有效负载被拆分成多个微片，然后依次进入网络。通过网络后，属于同一数据包的所有微片串联在一起并还原成原始的数据包。

如果某一值在通信数据中反复出现，它可以作为编码索引传送，而非经常出现的任何值，必须以原始形式进行传输。这是通过访问一个存储在 NI 发送器中的重复值的编码表来实现的。当含有编码索引的数据包到达时，通过访问解码接收器中的值解码表 NI，每个索引被恢复到原来的值。因为索引大小远小于值的大小，所以编码可以压缩数据包。为了正确性，必须确保一个解码器能成功恢复与编码索引相关联的原始值。

图 6.2 显示了微片如何编码有效负载数据的示例。假设用于单个编码操作值的大小与微片的大小相同。在一个压缩包中，编码索引（e2, e4, e5）根据原始数据（v1, v3）获得，这种结构使多个微片成功包装成一个微片。虽然它更改了原始数据包中的数据顺序，但在接收端用未编码值和微片装配简化了编码的索引。考虑到数据包中有效负载数据可以被部分压缩，原始数据包的重构需要两个额外的数据项：标记每个微片的编码状态的比特串和用于顺序排列原始数据包所有微片的序列标识。由于共享链接来自于不同的流，导致很难预测导线的切换，因而建立索引[20,26,31]不考虑具体的能量感知编码。

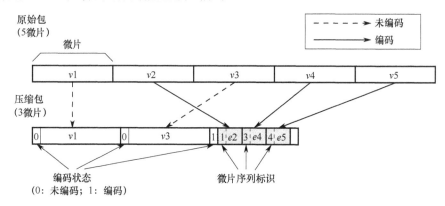

图 6.2 压缩包例子

此处给出数据包压缩如何改变数据包发送延迟和功耗。无冲突数据包发送延迟 T_0 由路由器延迟 T_r、线延迟 T_w 和序列化延迟 T_s 组成。跳点数 H 确定 HT_r 作为总路由器的延迟和影响导线延迟 T_w 的线的总长度。序列化延迟 T_s 确定为 L/b，这里数据包长度为 L，信道带宽为 b。

$$T_0 = HT_r + T_w + T_s (= L/b) \tag{6.1}$$

随着网络负载的增加，端口和通道冲突会导致内部路由器的延迟增加，所以竞争延迟由 T_c 增加到 T_0。

把长的数据包 L 压缩成短的数据包 $L' \leqslant L$，将降低序列化延迟，但有额外的编码延迟 T_e 和解码延迟 T_d。

$$T'_0 = HT_r + T_w + T'_s (=L'/b) + T_e + T_d \tag{6.2}$$

编码和解码延迟是编码/解码操作数量和单元操作延迟的乘积。由于这种延迟的开销，压缩可能会增加正常无竞争的延迟。在虫洞交换中，减少的数据包大小可以达到更好的资源利用率。由于减少了每个路由器的平均负载，这将导致降低对路由器共享资源的争夺。

一个数据包的能量消耗 E_p 为

$$E_p = L/b(DE_{link} + HE_{router}) \tag{6.3}$$

式中：D 为曼哈顿的距离；H 为跃点计数；E_{link} 为单位长度链接能耗；E_{router} 为路由器的能耗。通过降低 L 到 L'，压缩减少数据包中微片的数量，从 L/b 降到 L'/b。因此，路由器和一个数据包的链接能量可以减少编码器能量 E_{enc} 和解码器能量 E_{dec} 开销。一个压缩包的能量消耗可以由下式导出，即

$$E'_p = L'/b(DE_{link} + HE_{router}) + E_{enc} + E_{dec} \qquad (6.4)$$

更长距离的通信数据包（较大的 D 和 H）可以节省更多的能量，因为路由器和链接所需的能量变得比压缩能量大得多。这些额外的能量来自于压缩/解压操作，主要取决于数值表的大小。6.3.3 节，将解释存储重复值的表组织。

6.3.3 表组织

在 n-PE 网络中，每个 PE 需要 n 个编码表将一个值转换成索引，以及 n 个译码表以恢复收到的索引值。因为需要单独维护每个流量中的表，所以称这样的组织为专用表方案。具有值索引条目的编码表使用 CAM-tag 高速缓存构建，其中值被存储在一个标签阵列中用于匹配一个相关联的被存储在数据阵列中的编码索引。这些指数可以预建或只读，因为它们不需要在运行时改变。在具有索引值的条目解码表中，通过接收索引的解码选择相关联的值。由于编码表只是被简单地组织为一个直接映射的缓存，所以接收索引可以唯一标识一个值。

一个编码表和其相应的译码表需要保持一致，才能正确地从编码的索引中恢复一个值。这两个表都应该有相同的条目数量和使用相同的替换策略。如果一个数据包导致编码表的替换，那它也必须在解码时更换相同值表。此外，一个网络必须提供基于流量的无序数据包交付，使这两个表更换操作的顺序相同。为了保证按顺序传递，网络在接收端需要一个很大的重排序缓冲区，这将需要额外的面积成本，或者它应该限制如自适应路由的动态管理。使用一种确定性的路由算法和先到先服务（FCFS）的调度仲裁器。

专用表方案依赖于每个流值管理的解码能力。随着网络尺寸的增加，这并没有提供一个可扩展的解决方案。大量的芯片面积必须专门用于实施专用表。此外，相同的值可能来自不同的表，因为每个表专门用于单个流。因此，尽管表的容量大，专用表方案都不能有效地管理许多不同的值。

6.4 优化压缩

为了降低专用表方案的巨大执行成本，在本节中，提出了另一项表组织及其管理方案，称这个为共享表方案，每个 PE 有单个编码/解码表，被来自/到该 PE 的所有数据包共享。

6.4.1 共享表结构

每个 PE 有一个编码表和一个解码表，通过不同流合并相同的值。通过对两

个 CMP 体系结构中的值分析发现，一个发送器传送相同的值给大部分的接收器，反过来也一样（见 6.6.1）。因此，在表中每个值有一个全网络单条目，这样可以大大减少表的大小。不同于专用表方案，一个接收器查找用于编码的值模式，当接收器解码表中放置一个新值时，它将通知相应的发送器新值和关联的索引。等发送器收到索引为新的值，它就可以开始压缩该值。因此，解码表中的索引部分处于只读模式，但可以更新索引向量编码表中的元素。

在编码表中，与每项值相关的多个索引表示为一个向量。索引向量中的每一位标识一个作为接收器的 PE。索引向量中每个元素都有一个索引值，用于在相应的解码表中选择一个入口。解码表每项有 3 个域：一个值；一个索引；一个使用位向量。使用位向量中的每一位标识相应的发送器是否以索引传送关联值。因此，无论编码表中的索引向量列数还是解码表使用的位向量列数均与 PE 的数目相同。对于表结构为 16-PE 的网络，图 6.3 给出了 PE4 的编码表和 PE8 的解码表的示例。编码表显示，第一项的值 *A* 被 6 个 PE 接收器所使用（0、4、7、8、12 和 14）。同样，解码表表明，第二项的值 *A* 被 4 个 PE 发送器所使用（2、4、11 和 15）。PE4 中编码表的 3 个值（*A*、*B* 和 *D*）在传送到 PE8 前，能够被编码。

值	索引向量															
A	00				00			01	01				00		00	
B	11	10		00		01		00	11		11	10		01	10	11
C		11				10					01	01				10
D	10		01			00			10			00	11			

for PE8

元素为解码器中值的二进制索引

(a)

值	索引	使用位向量															
E	00	1	1	0	0	0	1	1	0	1	0	0	0	0	1	0	0
A	01	0	0	1	0	1	0	0	0	0	0	0	1	0	0	0	1
D	10	1	0	0	0	1	0	0	0	0	1	1	0	0	1	0	0
B	11	0	1	0	0	1	0	0	0	1	0	0	0	0	1	0	1

for PE4

每一位表示编码器中值的状态

(b)

图 6.3　共享表结构

（a）PE4 的编码表；（b）PE8 的解码表。

6.4.2　共享表一致性管理

发送器和接收器之间的值索引关联必须与正确的压缩/解压保持一致。发送器不传输索引，接收器就无法恢复其解码表中的正确值。具体来说，可以在多个编码表中使用与译码表中相关联表的值索引。更改与解码表中索引相关联的值需要使用索引的编码表中的某些操作。因此，一致性是编码表和解码表的共同要求。

为此，提出了共享表管理协议方案。在该协议中，当接收器跟踪新值时专用表方案中的发送器也跟踪新值。其结果是，开始在接收器的译码表中插入一个新值。当一个特定的值反复出现时，一个接收器做以下两项操作之一：（a）如果解码表中找不到新值，接收方将用新值替换现有的值；（b）如果找到新值，但没有设置发送器使用位，接收器会更新译码表中对应的使用位。在更换或更新操作后，接收器通知相应发送器相关联的新值的索引。最后，发送方将在编码表中插入新的索引和值。

图6.4（a）给出了16-PE的网络中的两个编码表（PE0的EN0和PE15的EN15）和一个解码表（PE1的DE1）的更换示例。DE1有两个关于EN0的值（A 和 B）和三个关于EN15值（A、B 和 G）。当新值 F 到达 DE1①时，解码表需要将 B 更换为 F。然后，向所有相关的编码表②发送 B③失效的请求，并等待来自编码表④的失效应答。DE1 用新值 F⑤取代旧值 B，然后向相关编码表（⑥和⑦）发送替换信息。

图6.4（b）展示了更新示例图。发送者（EN0）在解码表中发送新的 G 值，但没有为 EN0 设置使用位，DE1 设置使用位向量②相应的位，并将更新命令将 G 发送到EN0③。最后，G 存在 EN0 中④。

此管理协议确保译码表具有的值都可转换成索引的编码表。注意到发送器编码表的更新操作是通过一个接收器完成的。解码表可以比编码表有更多的项，以容纳更多发送器的不同值。

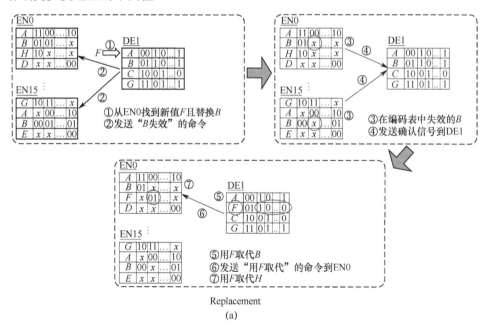

Replacement
(a)

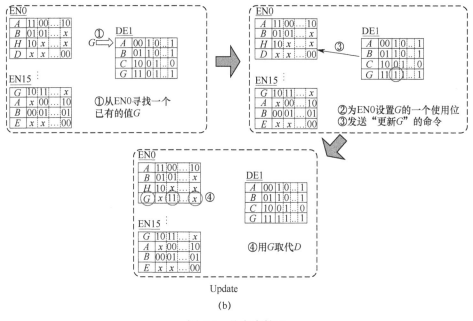

图 6.4 共享表管理
（a）置换；（b）更新。

6.4.3 提高压缩效率

因为单个译码表处理的值来自多个流，由于非重复值的数量增加，共享表中也许会经历许多置换工作，导致压缩率低。解码表中的一个替换操作要求至少两个数据包传输，必须符合一个编码表，以增加控制通信。

为了缓解这一问题，使用另一个表，在值局部性缓冲区（VLB）筛选出不可取的值并为解码表替换它们。VLB 有简单的关联结构，每个条目有一个值和频率计数器。当一个值到达接收器时，则被存储在 VLB 中。VLB 遵循最不经常使用的替换。每当值成功发生在 VLB，该表项的计数器就加一。当计数器达到饱和，在解码表中的相关结果值就被替换。换句话说，VLB 用于确定时间局部性的新值。

可以通过微片注入重叠编码和动态控制负载压缩来研究性能改进技术，以减少压缩硬件的编码/解码延迟。

6.5 方法

评估方法主要包含两部分：首先，使用配置为 UltraSPARCIII+多处理器运行 Solaris 9 和 GEMS[22]的 Simics[21]全系统模拟器模拟基于目录的高速缓存一致性协议，获得真实的工作负载跟踪；其次，使用互连网络模拟器详细模拟路由器、链接和 NI，用于评估不同压缩方案的性能及估计它们的动态功率消耗。

表 6.1 列出了采用 45nm 技术的 8 芯 SNUCA-CMP 和 16 芯 TILEDCMP（图 6.1）的主要参数。其中，遵从未来 CMP 功率极限[17]，频率设为 4 GHz，所有与缓存相关的延迟和面积参数按文献[28]确定。这两个设计容纳了 16 MB 网络的 L2 高速缓存和与文献[3]同样配置的超标量内核。假设每个芯片的面积为 400 mm^2，且 SNUCA-CMP 的缓存网络有 2 mm 的跳链路连接 1 mm^2 的缓存阵列单元，那么 L2 高速缓存分布在 256 mm^2 的面积上。在一个 4×4 的 TILD-CMP 的 Mesh 网络里，5 mm 的长链路连接着所有微片。

表 6.1 与数据压缩相关的 CMP 系统参数

CMP 设计	SNUCA-CMP	TILED-CMP
时钟频率	4GHz	4GHz
内核数目	8	16
L1 I&D 缓存	2 链路，32KB，2 周期	2 链路，32KB，2 周期
L2 缓存	16 链路，256×64KB 3 周期（per bank）	16 链路，16×1MB 10 周期（per bank）
L1/L2 缓存块	64B	64B
内存	260 周期，4GB DRAM	260 周期，8GB DRAM
一致性协议	MOSI	MSI
网络拓扑	8×8 mesh	4×4mesh

网络模拟器由 CMP 模拟器建模路由器、链路、编码器和解码器的详细时序和功率行为，产生重放数据包。通过使用逻辑工作量模型为每个 CMP 设计中的路由器配置一个周期为 4 GHz 的时钟频率以拟合其管道延迟，每个路由器有 4 个微片的缓冲区为每个虚拟通道和一个微片容纳 8B 的数据，采用 Orion 估计路由器的功耗[30]。高连通性网络需要高基数路由器，而该路由器需要较长的管道延迟，且与低基数路由器相比，消耗更多能量。因此，与 TILED-CMP 相比，SNUCA-CMP 中高基数路由器消耗更多的功率。表 6.2（a）显示了路由器管道的延迟和每个路由器组件的能耗，第二列给出了物理通道（p）及 VC（v）的数量。

表 6.2 互连的延迟和功率特性

（a）路由器

CMP	通道/p,v	延迟/ns	缓冲区/pJ	交换/pJ	仲裁/pJ	泄漏/pJ
TILED	6, 3	0.250	11.48	34.94	0.22	9.05
SNUCA	8, 2	0.230	15.30	61.23	0.32	15.12
	9, 2	0.235	17.22	77.12	0.39	18.73

（b）链接

延迟/（ps/mm）	动态功率/（mW/mm）		泄露功率/（mW/mm）
	线底材	线间	单线
183	1.135	0.634	0.0016

为了解决全局长导线延迟问题，插入的中继器将导线分割成更小的部分，从而使导线的延迟与它的长度呈线性关系。因为链路功率行为对值模式敏感，所以考虑交叉链接和相邻导线的耦合效应的实际位模式，把导线容量 c_w 分为两部分：导线基板电容 c_s 和跨导线电容 c_i。由于技术限制，$(c_i) \cdot c_i$ 变得比 c_s 更占优势[31]。两个电容开关活动的计算从遍历该链接的数据序列开始。以双线链路为例子，01 到 10 的过渡导致两线基底和两线间切换。因此，我们可以在多线链路中驱动能量 E_{link}。

$$E_{link} = 0.5 V_{dd}^2 (\alpha (\frac{k_{opt}}{h_{opt}}(c_o + c_p) + c_s + \beta c_i) L \tag{6.5}$$

式中：α 和 β 分别为线基板电容和跨线电容的过渡计数。在 2010 年 45 nm 的目标中，135 nm 间距的全局导线包含 198 fF /mm，其中跨线电容比线基板电容高 4 倍。表 6.2（b）列出了整个导线的时延和功率的模型。

在本研究中采用的基线是 6 个平行的系统（SPEComp）和 2 个服务器（SPECjbb 2000，SPECweb99）的工作负载。在 Sun Studio 11 编译器上编译 SPEComp 程序，并执行并行区域引用的数据集。

6.6　实验结果

通过实验来检查通信压缩是如何影响片上互连网络的性能和功耗的。在 64B 高速缓存块数据传输的 8B 全通道网络中，假设该地址的数据包具有单个的微片，同时数据包被拆分为 9 个微片，第一个微片有一个地址，其他微片具有从其最重要位的位置开始的高速缓存块数据部分。压缩仅适用于缓存数据块，因为地址压缩需要另一个表，所以数据包长度的减少没有很高的回报。4 个 2B 条目表用于同时压缩 8B 微片数据的相应部分。

6.6.1　可压缩性和数值的分析模型

检查 CMP 缓存信息量值的可压缩性。由于一个高速缓存块包含 164B 的字，数据冗余可以在缓存块中存在。此外，数值模式检测方法，如 LRU 和 LFU，会影响可压缩性。LRU 替换的效果十分显著，而 LFU 替换运行则是基于重用频率。像专用表那样把两个固定大小的表放在发送方和接收方的两侧并使用命中率作为一个压缩指标，在 4~256 范围内改变条目数量，使表的大小由 1B 变化到 64B 。

图 6.5 是两种替换策略[5]的平均命中率变化趋势。条目尺寸越小或条目数量越大，其命中率越高。对于一个大小固定的表，比起由于部分冗余值而需要更多数量的条目，通过减小条目尺寸来提高命中率的效果更好。在 TILED-CMP 采用 LFU 数值模式检测方法的 128B 表中，2B×64 的命中率分别比 32×4B、8B×16 和 16B×8 高出 5%、13%和 30%。虽然在以下给出的实验中难以验证替换策略的优劣，但可以获知 LFU 命中率对表中条目数量的变化不敏感。这意味着与单线程程序相似，多线程程序也具有一组频繁的值[36]，说明即使在小表中高速缓存中信息也有很高

的可压缩性。

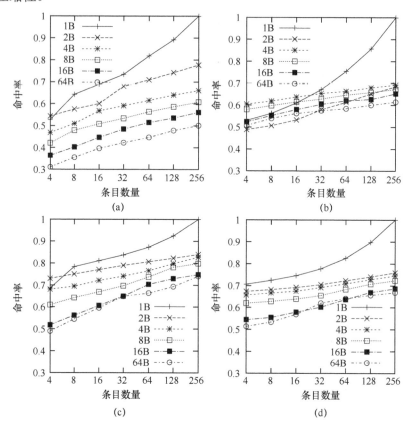

图6.5 不同更换策略、条目尺寸和数量下的通信数据可压缩性
(a) LRU 8核 SNUCA；(b) LFU 8核 SNUCA；
(c) LRU 16核 TILED；(d) LFU 16核 TILED。

图6.6比较了3种压缩技术的压缩率：频繁模式压缩（FPC），本章给出的基于表的压缩和LZW变换压缩算法（在表中记为gzip）。FPC压缩算法检测6种不同大小的零数据和重复字节的一个字，每个字需要额外3bit的压缩前缀，使用结合了LZW压缩算法和字典码字的哈夫曼编码的Unix实用程序gzip进行LZW压缩。对于所使用的包含8条目的表进行数据压缩需要3bit的索引。在基于表的压缩中，每个字需要1位额外开销以表明压缩状态。虽然本章的压缩算法和FPC均具有压缩的快速性特点，但与FPC相比，基于表的压缩提高了16%的压缩比。相较于理想的压缩算法，基于表的压缩方法达到了gzip压缩的56%。

通过分析具有共同源（发送器）或目的地（接收器）的不同流的值检查值的共享属性。目的地共享程度被定义为每个值目的地的平均数。对于一个10k周期间隔，通过取每个值的目的地平均数与访问每个值百分率的加权，并总结加权的目的地计数计算一个源的目的地共享度。最后取所有来源的平均值。同理，得到了资源共享度。做同样的分析，只考虑前 n 个值命令的访问。由于值的数量棘手，每 100k 周期重置分析结果。

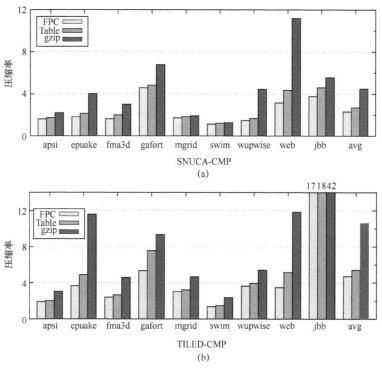

图 6.6 压缩技术的比较
（a）SNUCA-CMP；（b）TILED-CMP。

图 6.7 显示了每个 2B 基线值的共享度。考虑顶部的（频繁访问）4 个值比采用所有值的共享程度高得多[6]，特别地，TILED-CMP 显示，顶部的 4 个值平均被约 12 个节点（网络中的 75%）使用。这一结果表明，通过共享频繁访问值组织的编码/解码表可保持一个高压缩率。选择相当小但有很高命中率的 2B×8 的表和 LFU 策略进一步评估本章的压缩技术。

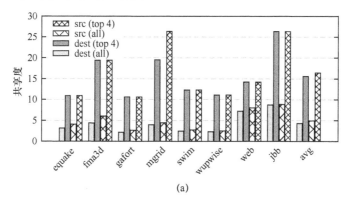

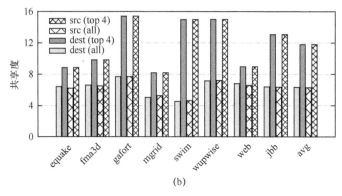

图 6.7 值的空间分布
(a) SNUCA-CMP；(b) TILED-CMP。

6.6.2 功耗的影响

图 6.8 显示，相对于基线能耗减少，专用和共享表方案用 Pv 和 Sh 表示。共享表在每个解码表中有 8 个条目 VLB。专用表（第 2 条）和共享表（第 3 条）比基线（第 1 条）分别平均节约了 11.9%（TILED-CMP）和 12.2%（SNUCA-CMP）的能源。随着长距离通信数据更多地参与压缩，节能变得更加高效。例如，在 TILED-CMP 中采用专用表时，fma3d 跳数为 3.16，节能了 42%，而 mgrid 跳数为 2.76，节能了 28%。在 swim 中对非常低的节能进行检查表明，swim 中有大量不同的值，因此导致表上的命中率较低。

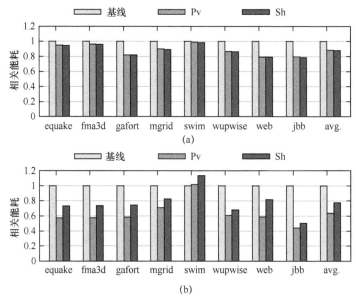

图 6.8 能耗比较
(a) SNUCA-CMP；(b) TILED-CMP。

对于链路功率的估算，发现使用链路利用率会高估它的能耗，而不是占位模式。对于基线测试，可以观察到，链路利用率平均为 11%（最多 24%），而线内切换的位模式分析提供了一个平均为 2%的活性因子（高达 7%）。

图 6.9 显示了一个信息量（左栏）和能耗（右栏）在不同的方案下的关系，能量消耗被进一步分解在路由器、链接和编码/解码表中。可以观察到能量的减少小于信息量的减少，这是由于信息中包含越多的重复值意味着需要越少的交换动作。此外，压缩编码索引引入一个不在原来工作负载中的新模式，造成了额外的交换动作。在基线配置中路由器消耗总网络能量的 34%（TILED-CMP）和 39%（SNUCA-CMP）。注意的是，SNUCA-CMP 比 TILED-CMP 拥有更高基数和更多的路由器。事实上，能耗比依赖于每个组件的网络参数（缓冲深度、路由器基数、链接长度）和工作负载特性（平均跳数、位模式）。对于 TILED-CMP 中的共享表方案，编码器和解码器消耗总能量的 25%。

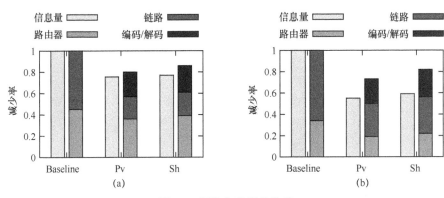

图 6.9　通信与能源的关系
（a）SNUCA-CMP；（b）TILED-CMP。

共享表几乎达到了和专用表相同的压缩率，主要原因是 SNUCA-CMP 与 TILED-CMP 分别为 50%和 59%的高值分享，详细解释见 6.6.1 节。共享表比编码表的平均命中率分别减少了 6.4%和 1.8%。表 6.3 列出了命中率。不难发现，共享表方案的管理信息流量增加了不到总信息流量的 1%。

表 6.3　专用和共享表的编码表命中率

CMP 设计	方案	equake	fma3d	gafort	mgrid	swim	wupwise	web	jbb	avg.
SNUCA	专用	0.358	0.252	0.800	0.455	0.093	0.449	0.583	0.661	0.457
	共享	0.355	0.251	0.792	0.453	0.094	0.447	0.532	0.661	0.448
TILED	专用	0.640	0.617	0.795	0.667	0.258	0.741	0.601	0.964	0.660
	共享	0.521	0.525	0.781	0.662	0.253	0.727	0.519	0.955	0.618

6.6.3　数据包延迟的影响

常用结构中，数据压缩引入额外的压缩/解压缩延迟。此开销增加了数据包传送的零延迟,因为两者的压缩和解压缩操作位于包传输的关键路径上。然而,减少了数据包的大小,特别地,通过数据压缩把多微片的数据包转换为单微片的数据包(或具有较少的微片),可以通过减少注入负载显著降低网络架构的资源竞争。因此,虚拟通道或交换机分配可以继续进行,而不会由于前一个周期中的失败操作而产生任何等待延迟。

图6.10显示了与基线相比不同的压缩构架的数据包平均延迟。在大多数的基线测试下,可以看到,在TILED-CMP和SNUCA-CMP中,采用专用表(Pv)压缩算法的延迟分别降低了51%和60%。减少延迟的主要因素是,在检查基线上传输压缩包消除了许多的竞争或拥挤行为。特别是,在一些基线上(在SNUCA-CMP的equake / fma3d / gafort / web 和在TILED-CMP的mgrid / web)通过解决高拥堵问题,本章给出的压缩算法大幅提高了压缩延迟。

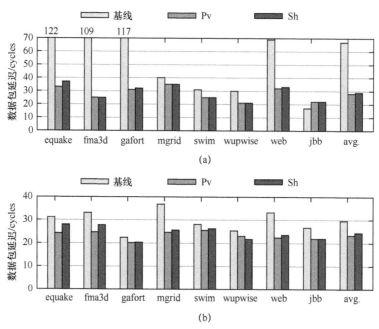

图6.10 数据包延迟比较
(a) SNUCA-CMP;(b) TILED-CMP。

共享表仅超过专用表(第2条)4.7%(TILED-CMP)和0.2%(SNUCA-CMP)的损失延迟。这种损失来自于因编码表中的命中损耗造成的压缩性降低,这就需要权衡压缩性的损失和低实施的成本。

相比于基线架构,在压缩架构中运行时延迟行为的研究表明,由于压缩延迟,在低负载情况下发送压缩包会稍微增加数据包的延迟。此外,每隔一段时间,资源集立即发送大量的数据包和互连带宽干扰,从而导致NI和路由器的拥堵。这种破坏性的行为通过增加NI的队列负载和路由器的资源竞争,导致延时的剧增。

注意到在大多数的执行时间内，网络处于低负荷状态。然而，拥塞发生的时间决定了平均数据包延迟，因为此时有大量的具有高延迟的数据包发送。因此认为，通过数据压缩，在反馈模拟中该系统的性能优点会被减弱，该反馈模拟了片上网络与其他体系结构组件的交互。这个平均低负荷的行为促使嵌入按需压缩控制技术，以便仅在压缩对包延迟有利的情况下才能进行压缩。

6.6.4 压缩表面积分析

值表的硬件是使数据压缩在一个芯片上互连的一个关键组成部分。大的表可容纳一个网络的多个不同值，但会增加该区域的成本和访问延迟。而且，片上网络的设计是受功耗和面积预算约束的，这种额外的硬件成本不应使设计成本过大。为了分析值表实现的面积成本，估计表的面积为 CAM 和 RAM 单元的总面积。表的关联性搜索部分实现为 CAM，其他部分构建为 RAM。表 6.4 列出了 RAM 和 CAM 单元在每个方案中所需的数量，其中 n 是 PE 计数，v 是比特值的大小，e/d 是编码/解码表中的条目数。不考虑计数器和有效位。

表 6.4　值表区面积成本

		专用表		共享表	
编码器	价值	$v \cdot e \cdot n$ (CAM)	价值	$v \cdot e$ (CAM)
	指数	lg$e \cdot e \cdot n$ (RAM)	指数向量	lg$d \cdot e \cdot n$ (RAM)
解码器	指数	0	指数	lg$d \cdot d$ (CAM)
	价值	$v \cdot d \cdot n$ (RAM)	价值	$v \cdot d$ (CAM)
			使用位向量	$d \cdot n$ (RAM)
			VLB	$v \cdot d$ (CAM)

为给出表的成本随 PE 数目的增长趋势，从文献[35]得到单元面积。在 45nm 技术上缩放这些值，RAM（6 个晶体管）占 0.638 μm^2，CAM（9 个晶体管）占 1.277 μm^2。图 6.11 显示，在具有大量的 PE 中，与具有 8 个 8B 条目的共享表方案相比，专用表方案需要更大的面积。在共享表方案中，一个解码表可以具有比编码表更多的条目以增加压缩率。注意 16（Sh d = 16）和 32（Sh d = 32）8B 值条目的解码表。图 6.11 显示出共享表方案增加的面积仍是可扩展的。

6.6.5 宽/长的−通道网络的比较

要比较中等大小（8B）通道宽度的网格网络的压缩效率与其他宽/长的-通道网络压缩效

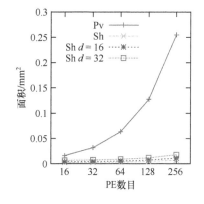

图 6.11　专用表和共享表的面积比较

率,把具有延迟隐藏技术[14]的共享表压缩方案应用于16B宽的全链接网格网络和具有一跳高速链路的高速立方体多维数据集[6]。在高速立方体,采用了一种确定性路由算法,它第一次使用专用通道,然后使用常规通道。

图6.12给出了能耗、数据延迟、面积及3个指标乘积的总体效率。左(w/o)和右(w)分组代表基线和每个压缩架构。在所有网络中,压缩提高了平均43%的延迟性能。应注意到,在高速立方体中使用的确定性路由并没有充分利用所增加的路径多样性。考虑到动态能量占环境中总能量的一小部分,压缩未能达到更多节能。此外,采用宽和长通道增加了静态能量消耗,且在芯片上占更大面积。总之,3个网络中压缩的比较结果表明,8B全链接网整体效率比16B链接网效率高11%,高速立方体比16B全链接网高59%。

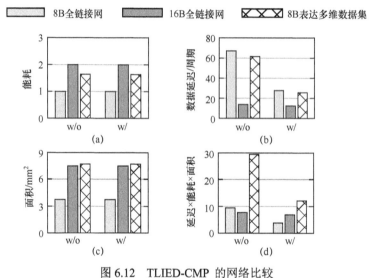

图6.12 TLIED-CMP的网络比较
(a)能源;(b)数据包滞后时间;(c)面积;(d)整体效率。

6.7 小结

当前工艺规模趋势表明,片上互连在未来的多核系统中消耗很大一部分的功率和面积。引入了一个基于表的数据压缩框架,通过自适应地收集流量中的数据模式,在现有片上网络上实现了功率的节省和带宽的增大。此外,压缩使得网络能够通过减少资源竞争,实现在高负载下的低延迟包传送。

在本章中,提出优化技术降低实现数据压缩表的成本。提出了共享表的方案,它将相同的值存储到来自不同源或目的地的单个条目中,并消除了可扩展性的网络大小依赖性。还提出了有效表管理协议以保持一致性。在 TILED-CMP 和 SNUCA-CMP 中的模拟结果显示,使用共享表的压缩可以分别节省12%和12%的能耗,并将数据包延迟分别改善了50%和59%。

致谢 这项工作部分得到 NSF 基金 CCF-0541360 和 CCF-0541384 的支持。Yuho Jin 目前得到国家科学基金 0937060 资助，该项目由 CIFellows 项目的计算研究协会承担。

参 考 文 献

1. Alameldeen, A.R., Wood, D.A.: Adaptive Cache Compression for High-Performance Processors. In: Proceedings of ISCA, pp. 212–223 (2004)
2. Basu, K., Choudhary, A.N., Pisharath, J., Kandemir, M.T.: Power Protocol: Reducing Power Dissipation on Off-Chip Data Buses. In: Proceedings of MICRO, pp. 345–355 (2002)
3. Beckmann, B.M., Wood, D.A.: Managing Wire Delay in Large Chip-Multiprocessor Caches. In: Proceedings of MICRO, pp. 319–330 (2004)
4. Cheng, L., Muralimanohar, N., Ramani, K., Balasubramonian, R., Carter, J.B.: Interconnect-Aware Coherence Protocols for Chip Multiprocessors. In: Proceedings of ISCA, pp. 339–351 (2006)
5. Citron, D., Rudolph, L.: Creating a Wider Bus Using Caching Techniques. In: Proceedings of HPCA, pp. 90–99 (1995)
6. Dally, W.J.: Express Cubes: Improving the Performance of k-Ary n-Cube Interconnection Networks. IEEE Transactions on Computers 40(9), 1016–1023 (1991)
7. Dally, W.J., Towles, B.: Principles and Practices of Interconnection Networks. Morgan Kaufmann, San Francisco (2003)
8. Das, R., Mishra, A.K., Nicopolous, C., Park, D., Narayan, V., Iyer, R., Yousif, M.S., Das, C.R.: Performance and Power Optimization through Data Compression in Network-on-Chip Architectures. In: Proceedings of HPCA, pp. 215–225 (2008)
9. Eisley, N., Peh, L.S., Shang, L.: In-Network Cache Coherence. In: Proceedings of MICRO, pp. 321–332 (2006)
10. Hallnor, E.G., Reinhardt, S.K.: A Unified Compressed Memory Hierarchy. In: Proceedings of HPCA, pp. 201–212 (2005)
11. Ho, R., Mai, K., Horowitz, M.: The Future of Wires. In: Proceedings of the IEEE, pp. 490–504 (2001)
12. Hoskote, Y., Vangal, S., Singh, A., Borkar, N., Borkar, S.: A 5-GHz Mesh Interconnect for a Teraflops Processor. IEEE Micro 27(5), 51–61 (2007)
13. Jayasimha, D.N., Zafar, B., Hoskote, Y.: Interconnection Networks: Why They are Different and How to Compare Them. Tech. rep., Microprocessor Technology Lab, Corporate Technology Group, Intel Corp (2007). http://blogs.intel.com/research/terascale/ODI_why-different.pdf
14. Jin, Y., Yum, K.H., Kim, E.J.: Adaptive Data Compression for High-Performance Low-Power On-Chip Networks. In: Proceedings of MICRO, pp. 354–363 (2008)
15. Kim, C., Burger, D., Keckler, S.W.: An Adaptive, Non-Uniform Cache Structure for Wire-Delay Dominated On-Chip Caches. In: Proceedings of ASPLOS, pp. 211–222 (2002)
16. Kim, J., Balfour, J., Dally, W.J.: Flattened Butterfly Topology for On-Chip Networks. In: Proceedings of MICRO, pp. 172–182 (2007)
17. Kirman, N., Kirman, M., Dokania, R.K., Martínez, J.F., Apsel, A.B., Watkins, M.A., Albonesi, D.H.: Leveraging Optical Technology in Future Bus-based Chip Multiprocessors. In: Proceedings of MICRO, pp. 492–503 (2006)
18. Lipasti, M.H., Wilkerson, C.B., Shen, J.P.: Value Locality and Load Value Prediction. In: Proceedings of ASPLOS, pp. 138–147 (1996)
19. Liu, C., Sivasubramaniam, A., Kandermir, M.: Optimizing Bus Energy Consumption of On-Chip Multiprocessors Using Frequent Values. Journal of Systems Architecture 52, 129–142 (2006)
20. Lv, T., Henkel, J., Lekatsas, H., Wolf, W.: A Dictionary-Based En/Decoding Scheme for Low-Power Data Buses. IEEE Transactions on VLSI Systems 11(5), 943–951 (2003)
21. Magnusson, P.S., Christensson, M., Eskilson, J., Forsgren, D., Hållberg, G., Högberg, J., Larsson, F., Moestedt, A., Werner, B.: Simics: A Full System Simulation Platform. IEEE

Computer 35(2), 50–58 (2002)
22. Martin, M.M., Sorin, D.J., Beckmann, B.M., Marty, M.R., Xu, M., Alameldeen, A.R., Moore, K.E., Hill, M.D., Wood, D.A.: Multifacet's General Execution-driven Multiprocessor Simulator (GEMS) Toolset. Computer Architecture News 33(4), 92–99 (2005)
23. Mullins, R.D., West, A., Moore, S.W.: Low-Latency Virtual-Channel Routers for On-Chip Networks. In: Proceedings of ISCA, pp. 188–197 (2004)
24. Peh, L.S., Dally, W.J.: A Delay Model and Speculative Architecture for Pipelined Routers. In: Proceedings of HPCA, pp. 255–266 (2001)
25. Sankaralingam, K., Nagarajan, R., Liu, H., Kim, C., Huh, J., Burger, D., Keckler, S.W., Moore, C.R.: Exploiting ILP, TLP, and DLP with the Polymorphous TRIPS Architecture. In: Proceedings of ISCA, pp. 422–433 (2003)
26. Sotiriadis, P.P., Chandrakasan, A.: Bus Energy Minimization by Transition Pattern Coding (TPC) in Deep Submicron Technologies. In: Proceedings of ICCAD, pp. 322–327 (2000)
27. Stan, M., Burleson, W.: Bus-Invert Coding for Low-Power I/O. IEEE Transaction on VLSI 3(1), 49–58 (1995)
28. Tarjan, D., Thoziyoor, S., Jouppi, N.P.: Cacti 4.0. Tech. Rep. HPL-2006-86, HP Laboratories (2006)
29. Taylor, M.B., Lee, W., Amarasinghe, S.P., Agarwal, A.: Scalar Operand Networks: On-Chip Interconnect for ILP in Partitioned Architecture. In: Proceedings of HPCA, pp. 341–353 (2003)
30. Wang, H., Zhu, X., Peh, L.S., Malik, S.: Orion: a Power-Performance Simulator for Interconnection Networks. In: Proceedings of MICRO, pp. 294–305 (2002)
31. Wen, V., Whitney, M., Patel, Y., Kubiatowicz, J.: Exploiting Prediction to Reduce Power on Buses. In: Proceedings of HPCA, pp. 2–13 (2004)
32. Wentzlaff, D., Griffin, P., Hoffmann, H., Bao, L., Edwards, B., Ramey, C., Mattina, M., Miao, C.C., III, J.F.B., Agarwal, A.: On-Chip Interconnection Architecture of the Tile Processor. IEEE Micro 27(5), 15–31 (2007)
33. Yang, J., Gupta, R.: Energy Efficient Frequent Value Data Cache Design. In: Proceedings of MICRO, pp. 197–207 (2002)
34. Yang, J., Gupta, R., Zhang, C.: Frequent Value Encoding for Low Power Data Buses. ACM Transactions on Design Automation of Electronic Systems 9(3), 354–384 (2004)
35. Zhang, M., Asanovic, K.: Highly-Associative Caches for Low-Power Processors. In: Kool Chips Workshop, MICRO-33 (2000)
36. Zhang, Y., Yang, J., Gupta, R.: Frequent Value Locality and Value-Centric Data Cache Design. In: Proceedings of ASPLOS, pp. 150–159 (2000)

第7章 4G SoC 延迟约束、功率优化的 NoC 设计：案例研究

7.1 引言

特定应用的系统级芯片（SoC）将总线作为互联架构被广泛使用。这些总线通常会随着产品的更替不断进行改进，以满足日益增长的应用需求。这样的改进包括提高总线的频率和宽度，以及丰富总线的语义和传输模式。通过避免根本性的改变，SoC 架构设计者可以利用其过去的经验设计共享总线，并成功地克服了不断增加的设计复杂性。然而，近年来研究表明在未来的 SoC 中，片上网络（NoC）很可能取代总线，这是因为随着模块数量的增加，NoC 在性能、功耗和面积等方面都有优势。这主要归结于网络的空间平行性，简单地说，是单向点对点的导线和它们的可扩展体系结构[4]。片上网络被许多公司作为一种提高设计效率的方法来使用。随着总线上连接模块数量的增加，总线的物理实现变得非常复杂，并且实现所需吞吐量和延迟需要耗时的自定义修改。相反，片上网络从系统的功能单元分开设计，以便于能处理所有可预见的模块间的通信需求。其固有的可扩展的体系结构方便了系统的集成，缩短了复杂产品面向市场的时间。

在本章中，讨论了一种先进片上系统的片上网络的设计过程。具体来说，描述了一个对于高性能、功耗受限的 4G 无线调制解调器应用程序的成本优化的 NoC 的设计经验。由于设计过程中有很多自由度，衍生出一个非常大的设计空间，要找到最优解是一个非常难的问题。相反，注重系统架构设计者的一些重要的选择，同时选择一些公认的、解决其他问题的实际方案。

以前在 NoC 设计过程中往往试图最大限度地降低功耗或最大限度地提高网络性能。当考虑到实际应用时，单独最小化功耗（如通过模块映射）是不可能的，因为要满足每个特定的应用性能约束。同样地，单独最大限度地提高性能是低效的，因为过大的功率可以用于改善超出应用所需要的性能。因此，寻求一种功率和 NoC 性能之间的折中，其特点是具有一个最小功耗的同时仍满足目标应用的需求。此外，在许多研究中，网络延迟被用作性能目标（或者作为成本函数，或作为约束），其通常考虑所有通信组上所有分组的平均延迟。然而，在实际 SoC 中，不同的通信流可能需要不同的延迟，因此总体平均延迟是不合适的度量。因此，为了获得更好的结果应考虑个体流量、点对点（源-目的）的延迟。

本章提出进一步改进的办法：在 SoC 中使用给定应用，利用由应用的延时约束所确定功能时序要求。那些端到端遍历的每个延迟需求是由一个序列流的累积需求（或"链"）所组成的。例如，应用程序可能需要的数据是由模块 A 所产生发送到模块 B 进行处理。然后，将处理后的数据由模块 B 发送到模块 C，做一些额外的处理，形成一个模块通道。通过观察可知，应用程序的性能取决于从模块 A 到模块 C 获取数据所需的总时间，可以使用此延迟作为目标性能度量，而不是指定两个单独的延迟约束（对于从模块 A 到模块 B 和从模块 B 到模块 C 的流）。由于可能使用成对的延迟，时间的限制将被放宽并且优化工具在其操作上更自由。

这种方法类似于传统逻辑合成工具中使用的逻辑路径的重新计时，只要不违反总延迟，这种方法可以从一个流水线级"借用时间"到另一个流水线级以平衡时序路径并实现高操作频率。该技术不需要将硬件从一个单元移动到另一个单元，而是修改了常规的 NoC 设计流程，以产生更有效的结果。正如在 SoC 中的主数据路径通常由特定的处理管道组成，所提出的方案并不仅限于任何特殊的应用。

设计过程本身有几个步骤：首先，采用模拟退火算法优化搜索一个消耗功率最低的模块布局，同时考虑到应用程序的延迟和吞吐量的限制；然后定义路由器之间的统一链路容量以满足这些性能约束；最后，通过减少选定链接的容量调整所得到的统一的 NoC。

7.2　相关工作

片上网络的设计是近几年许多论文研究的主题。特别地，由于其功耗和性能的影响，通信核映射到模具上的问题引起了广泛的关注。在文献[13]中，提出了一种分支限定映射算法最小化系统中通信功耗，但不考虑通信延迟。在文献[16]中，采用一种启发式算法最小化数据包遍历网络的平均延迟。通过允许拆分流量，获得高效实现。在文献[14,15]中，作者在不考虑带宽需求情况下，使用依赖于应用程序的信息，找到一种可以减少功耗和应用程序执行时间的映射。文献[1]使用多目标遗传算法探索映射空间，实现功耗与应用程序执行时间之间平衡。虽然这些论文使用独特的映射方案，但它们都使用分组延迟或应用执行时间作为质量度量，而不是作为映射阶段的输入。此外，所使用的度量不考虑每对通信核的个别需求，仅反映整体平均延迟或性能。

最早发表的文献[17]考虑带宽和延迟约束 NoC 的能量有效映射，其中作者指定的自动设计过程提供了有保证的服务质量。在文献[22]中描述的另一种映射方案是使用延迟约束作为输入。此外，低复杂度的启发式算法用于映射核到芯片，同时使用确定性路由以便所有的约束得到满足。类似的，在文献[7,11,19]中使用的映射方案都使用应用程序的每个流、源-目标延迟要求作为设计过程的输入，并找到一个符合成本效益的核到芯片的映射，以满足时序需求。

在本章中，提出了第三种方法：使用了指定端到端处理延迟的应用程序级需求，而不是仅针对功率优化 NoC 并评估由此产生的延迟，或者在映射过程中使用每流延迟需求作为约束。在任何适用的条件下，用一个单一的、统一的约束替换"链"的点至点的延迟约束，描述应用程序的总延时需求，测量从链中的第一个模块产生数据，到最后一个模块接收数据的时间，如上所述。在文献[24]中，对于动态功率而言，这种方法的好处是用来评估综合情况。相比之下，本章使用一个实际的应用程序，分析了映射方案和链路容量调整方案对 NoC 所占用资源的综合影响。本章拓展了文献[2]的工作。

所提出技术的主要优点是，在优化过程中不对每个系统核所执行的分组相关性或任务进行详细描述。相反，所提出的技术使用系统内通信的标准、高级抽象模型。系统架构设计者通常在总线和片上网络的设计流程中使用这种相同的方法，这种方法适用于非常复杂的系统。在文献[12]中给出了证明该方法优越性的一个很好的例子，即利用 NoC 设计时的端到端应用的时间要求，对该应用程序的数据流进行分析以便于设计 NoC 缓冲区的大小。

7.3 目标应用程序

本设计是为评估转换为 NoC 架构而选择的设计是 34-模块的 ASIC，支持所有主要的 2G、3G 和 4G 无线标准，主要用于基站和毫微蜂窝（基站调制解调器 CSM），如图 7.1 所示。CSM 支持任何形式的 CDMA 或 UMTS 的标准，因为世界各地不同的市场使用不同的点来应用无线标准。

CSM 是由几个子系统构成，可分为 3 种基本类型：

（1）通用元素。这些处理器和 DSP 模块上的芯片是可编程的，并且可以用于各种不同的功能。

（2）专用硬件。这些模块的设计是为了优化操作或者毫瓦的指标，它们非常有效地执行单个或极少量的操作以及从通用元素卸载工作（其通常可以执行相同的操作，但有显著的功率损失）。

（3）内存 I/O。在大多数的 SoC 中，有用于信息存储和与外界通信的存储元件以及 I/O 模块。本章的目的是将这些元件组合在一起。

在基于总线的实现方式中，系统芯片在顶层使用一个 64 位宽、166MHz 的 AXI 总线。由于考虑到设计方面，如布局布线和时序收敛，互连结构分割成两个独立的总线和桥接器，在每条总线上大约各占一半的节点。用于该研究中的 CSM 选择支持多种操作模式，每个都由自身的带宽和延迟时间的需求所确定。尤其是，它可以在一个 2G 模式、3G 模式、4G 模式下操作，并在一个组合模式下同时传输语音和数据。为了找到了一种低成本的 2D 网格拓扑的 NoC，产生了人为设置的带宽需求：对于每一对节点，最大带宽要求它具有被选择的任何操作模式。同样，在一个表中结合所有延迟需求。此方案表示在任一模式的最坏情况下的要求（"合成最坏情况"[18]，"工作状态设计范围"[6]）。根据这种情况设计的 NoC 很可能更容易满足该设计在所有模式下运行阶段的要求，而其他方法都留给未来的工作。

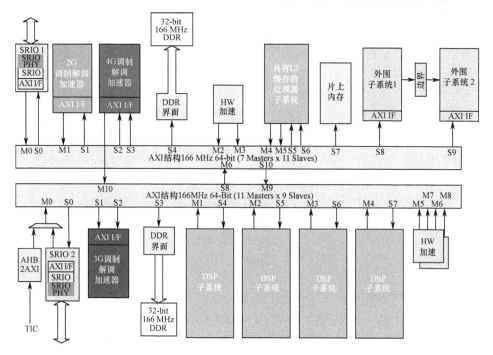

图 7.1　总线基础系统的架构

如果期望设计一种 NoC 替换顶层的 AXI 总线，它必须有足够的灵活性，以满足对每种模式的带宽和延迟时间的需求。然而，也不希望过度设计网络，因为这将导致面积和功耗浪费。对于本章而言，在主模块 16 和从模块 18 之间运行系统中的 170 个点对点（P2P）流量由如下两个表进行描述：表 7.1 描述了系统主从模块之间的带宽要求；表 7.2 描述了点对点通信系统中的时序要求。第 3 个表列举了该应用程序的端到端遍历延迟要求，这些要求源于应用程序特性（表 7.3）。这些表格揭示了在带宽和延迟两方面的需求变化很大。例如，有 5000 ns 延迟约束的 M0 发送到 S2 为 2492 Mb/s，而有 200 ns 更严格的延迟要求的 M4 发送到 S16 只能 10 Mb/s。这种可变性在现代的 SoC 中很常见，使得设计高效 NoC 的问题更具挑战性。

表 7.1　带宽需求/（Mb/s）

		S0	S1	S2	S3	S4	S5	S6	S7	S8	S9	S10	S11	S12	S13	S14	S15	S16	S17
M0	读	0	0	492	0	3	0	0	10	0	0	0	0	0	0	0	0	0	0
	写	0	0	492	0	52.6	0.6	0	10	0	0	0	0	0	37.5	0	0	0	0

（续）

		S0	S1	S2	S3	S4	S5	S6	S7	S8	S9	S10	S11	S12	S13	S14	S15	S16	S17
M1	读	0	0	0	0	0	0	0	0	0	0	0	0	2	20	201	0.5	1	1.5
	写	0	0	0	0	52.6	0.6	0	0	0	0	0	0	35	2	2	1	202	1
M2	读	0.25	2	0	0.38	12.5	0	0.2	250	4	1	0	0.38	0	0	0	0	0	0
	写	0.4	2	0	5	0.1	0	0.2	125	4	1	0	0	0	0	0	0	0	0
M3	读	0	2	0	1.54	0.1	0	1	5.63	0	0	0	0	0	0	0	0	0	0
	写	0	2	0	60.7	0.1	0	1	4.38	0	0	0	40.6	0	1.88	0	0	0	0
M4	读	0	0	0	0	0	0	0	1.25	0	1	0.5	1	0	10	0	10	10	10
	写	0	0.25	0	0.25	0	2.5	0	1.25	0	1	2	1	0	10	0	10	10	10
M5	读	0	0	0	0	0	0	0	1.25	0	1	0.2	1	0	10	10	0	10	10
	写	0	0.25	0	0.25	0	2.5	0	1.25	0	1	1	1	0	10	10	0	10	10
M6	读	0	0	0	0	0	0	0	1.25	0	1	0.5	1	0	6	10	10	0	10
	写	0	0.25	0	0.25	0	2.5	0	1.25	0	1	2	1	0	10	10	10	0	10
M7	读	0	0	0	0	0	29.2	0	0	0	1	0.2	1	0	6	10	10	10	0
	写	0	0.25	0	0.25	0	0	0	0	0	1	1	1	0	10	10	10	10	0
M8	读	13	0	0	0	0	0	0	0	0	0	0	0	0	0	0	0	0	0
	写	11	0	0	0	0	0	0	0	0	0	0	0	0	0	0	0	0	0
M9	读	0	0	0	0	0	0	0	10	0	0	0	0	0	0	0	0	0	0
	写	29.2	0	0	0	0	0	0	10	0	0	0	0	0	0	0	0	0	0
M10	读	0	0	0	0	0	0	0	0	0	0	0	415	0	1	0	0.5	0	0
	写	0	0	0	0	0	0	0	0	0	0	215	400	0	1	0	0	0	0
M11	读	0	0	0	0	0	0	0	0	0	0	0	0	0	1	400	400	0	0
	写	0	0	0	0	0	0	0	0	0	0	0	0	0	1	400	400	0	0
M12	读	0	0	0	0	0	0	0	0	400	0	1	31.3	38.9	3.61	0	0	0	0
	写	0	0	0	0	0	0	0	0	400	0	1	0	0	200	200	0	0	0
M13	读	0	0	0	0	0	0	0	0	0	0	0	0	1	0	0	400	400	0
	写	9.38	0	0	36.2	0	0	0	0	0	0	0	0	1	0	0	400	400	0
M14	读	0	0	0	0	15	0	0	0.1	0	0	0	0	0	0	0	0	0	0
	写	0	0	0	0	23	0	0	0.1	0	0	0	0	0	0	0	0	0	0
M15	读	0	0	0	0	0	0	0	0	0	0	0	0	153	160	0	1.2	0	0
	写	10	0	0	0	0	0	0	0	0	0	0	0	0	0	0	53.8	0	0

表 7.2 点对点的时序要求/ns

		S0	S1	S2	S3	S4	S5	S6	S7	S8	S9	S10	S11	S12	S13	S14	S15	S16	S17
M0	读	0	0	5000	0	0	0	0	300	0	0	0	0	0	0	0	0	0	0
	写	0	0	5000	0	0	0	0	300	0	0	0	0	0	0	0	0	0	0
M1	读	0	0	0	0	0	0	0	300	0	0	0	0	0	0	0	0	0	0
	写	0	0	0	0	0	0	0	300	0	0	0	0	0	0	0	0	0	0

（续）

		S0	S1	S2	S3	S4	S5	S6	S7	S8	S9	S10	S11	S12	S13	S14	S15	S16	S17
M2	读	0	0	0	500	300	0	0	150	0	0	0	0	0	0	0	0	0	0
	写	0	0	0	500	300	0	0	150	0	0	0	0	0	0	0	0	0	0
M3	读	0	0	0	0	300	0	0	150	0	0	0	0	0	0	0	0	0	0
	写	0	0	0	0	300	0	0	150	0	0	0	0	0	0	0	0	0	0
M4	读	0	0	0	0	0	0	0	0	0	0	0	0	0	300	0	200	200	200
	写	0	0	0	0	0	0	0	0	0	0	0	0	0	300	0	200	200	200
M5	读	0	0	0	0	0	0	0	0	0	0	0	0	0	300	200	0	200	200
	写	0	0	0	0	0	0	0	0	0	0	0	0	0	300	200	0	200	200
M6	读	0	0	0	0	0	0	0	0	0	0	0	0	0	300	200	200	0	200
	写	0	0	0	0	0	0	0	0	0	0	0	0	0	300	200	200	0	200
M7	读	0	0	0	0	0	0	0	0	0	0	0	0	0	300	200	200	200	0
	写	0	0	0	0	0	0	0	0	0	0	0	0	0	300	200	200	200	0
M8	读	0	0	0	0	0	0	0	0	0	0	0	0	0	0	0	0	0	0
	写	0	0	0	0	0	0	0	0	0	0	0	0	0	0	0	0	0	0
M9	读	0	0	0	0	0	0	0	0	0	0	0	0	0	0	0	0	0	0
	写	0	0	0	0	0	0	0	0	0	0	0	0	0	0	0	0	0	0
M10	读	0	0	0	0	0	0	0	0	0	0	0	150	0	0	0	0	0	0
	写	0	0	0	0	0	0	0	0	0	0	150	150	0	0	0	0	0	0
M11	读	0	0	0	0	0	0	0	0	0	0	0	0	0	0	100	100	0	0
	写	0	0	0	0	0	0	0	0	0	0	0	0	0	0	100	100	0	0
M12	读	0	0	0	0	0	0	0	0	0	0	0	150	0	0	0	0	0	0
	写	0	0	0	0	0	0	0	0	0	0	0	150	0	0	0	0	100	100
M13	读	0	0	0	0	0	0	0	0	0	0	0	0	0	0	0	0	100	100
	写	0	0	0	0	0	0	0	0	0	0	0	0	0	0	0	0	100	100
M14	读	0	0	0	0	0	0	0	0	0	0	0	0	0	0	0	0	0	0
	写	0	0	0	0	0	0	0	0	0	0	0	0	0	0	0	0	0	0
M15	读	0	0	0	0	300	0	0	0	0	0	0	0	0	300	0	0	0	0
	写	0	0	0	0	300	0	0	0	0	0	0	0	0	300	0	0	0	0

表 7.3 端到端的遍历时间要求/ns

#	Mod#1	Mod#2	Mod#3	Mod#4	Req.
1	M0	S7	M3	S4	770
2	S10	M10	S11		315
3	M12	S11			150
4	S14	M11	S15		215
5	S16	M13	S17		215
6	S16	M12	S17		215
7	M2	S4			310
8	M2	S7			310

（续）

#	Mod#1	Mod#2	Mod#3	Mod#4	Req.
9	M4	S13			310
10	M5	S13			310
11	M6	S13			310
12	M7	S13			310
13	M0	S2			5000
14	S7	M0			300
15	S13	M15			300
16	M2	S3			510
17	M4	S15			210
18	M4	S16			210
19	M4	S17			210
20	M5	S16			210
21	M5	S17			210
22	M6	S17			210

7.4 NoC 设计与优化

片上网络的设计过程包括 4 个阶段：

（1）映射通信模块（如文献 [1,7, 11, 13–19, 22]）。

（2）裁减和调整网络资源以满足应用要求[10]。

（3）综合网络。

（4）NoC 的布局和布线。

最初选择的片上网络拓扑架构是一种广泛使用的普通 2D 网状网格结构，它减轻了死锁的问题，也简化了路由算法。然而，本章所提出的设计方法也适用于其他拓扑结构。为了简化映射过程，所有的模块在优化过程中大小是相同的，它留给布局布线的工具来考虑芯片的实际放置。未来可以设计更复杂的方法来做这项工作。为了使缓冲成本最小化，并允许快速传输数据，使用虫洞交换技术。

本节的结构：在 7.4.1 节中，描述了优化通信功耗的 3 个映射方案；在 7.4.2 节中，讨论两种进一步降低片上网络成本的链路容量优化方案。

7.4.1 成本优化映射

为了找到最好的 2D-网状拓扑，探索 3 种可能的优化目标：

（1）只有功率（Power-only）。在该映射中，满足后续设计过程时间要求的同时，只考虑应用程序的带宽。

（2）功率+点到点（Power+P2P）基本布局。这里，在映射阶段引入点对点延迟要求作为约束。

（3）功率+端到端（Power+E2E）映射格局。在应用程序信息流的末尾，使用了端到端（E2E）遍历时延约束，而不是指定每个源-目的地的延时时间要求。例如，如果数据从节点-X发送至节点-Y，然后从节点-Y到节点-Z时，在节点-X和节点-Z之间可以测量端到端延迟。E2E 约束是从应用程序的特性中提取的，可以取代一些 P2P 的要求，创造一个更宽松的约束集。即使一个点到点的需求不是一个较大的链的一部分，它也被认为是 ETE 遍历时延约束。

为了找到 SoC 的最佳映射，定义了一个用来比较不同映射的成本函数。成本函数可表示为

$$\text{Cost} = \alpha \text{AREA}_{router} + \beta \sum_{l \in links} \text{BW}_l \qquad (7.1)$$

式中：AREA_{router} 为用来估计实现路由器逻辑（考虑每个单独的路由器端口数量以及它提供的硬件所需的容量，这些硬件从一个映射到另一个）所需总资源；BW_l 为通过链路 l 传输的带宽。AREA_{router} 对 NoC 资源所使用的面积和静态功耗进行建模，第二项是常用来表示通信消耗的动态功率（如文献[21, 23]）。

为了寻找最佳的映射，开发一种使用模拟退火（SA）算法的拓扑优化工具。该工具能够对二维网格不同的 $M \times N$ 配置进行评估，将列出节点间连接和带宽要求的电子表格作为输入。此外，它还可以读取具有延迟要求的电子表格，延迟要求通过以下两种方式之一指定：①在网络上的任意两个节点之间所允许的最大延迟的列表；②在 E2E 流和其允许的延迟的列表（包括不能取代的 P2P 要求），例如，特定操作必须遍历的节点以及该流集允许的总延迟。

SA 算法从一个二维网格所有节点的随机映射开始，并计算初始状态的成本式（7.1）。然后，继续试着交换节点，以便找到一个较低成本的解决方案。带宽的电子表格将推动拓扑的选择，因为这是直接计入成本的。然而，对于 SA 算法产生的每一个解决方案，该工具都用延迟时间的电子表格检查是否满足延迟要求。当没有满足要求，方案将会被不计成本地拒绝。图 7.2 描述了 SA 优化算法在运行时的成本减少的典型例子。使用 SA 工具产生映射，该映射使用了 Power-only、Power+P2P 和 Power+E2E 方案，并将 3 种拓扑架构相比较产生结果。

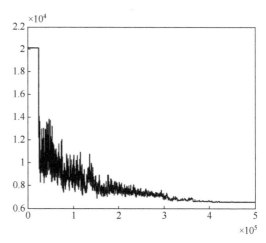

图 7.2 通过使用模拟退火减少网络成本。
X 轴表示循环数；Y 轴表示网络成本

因为运行时间拥堵，动态效果很难在映射阶段预测，所以经常使用跳数进行

第 7 章　4G SoC 延迟约束、功率优化的 NoC 设计：案例研究

代替（如文献[22]）。因此，该检查反映了数据包所经过的路径长度和沿该路径的路由器的通道延迟。NoC 通常设计为在轻负载下工作，可减小拥塞效应的影响，在该种情况下，这种近似精度足够使用映射算法。然而，其他更复杂的分析延迟模型同样可以用于计算源队列、虚通道（VC）多路复用和竞争[10]、信息打包/重组的延迟、模块内的处理时间等。具体地讲，假设路由器通道延迟为 3 个周期，工作频率为 200 MHz，在设计后续阶段考虑竞争。对于本章来说，使用 $\alpha=10$、$\beta=1$，并根据不同端口的数量，由综合工具生成的路由器相对经验权值。图 7.3 显示了由 3 种方案中生成的映射。

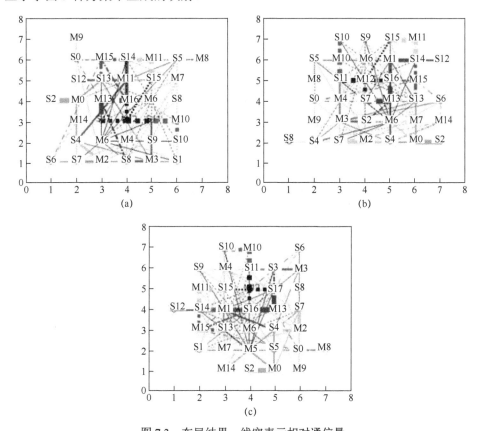

图 7.3　布局结果，线宽表示相对通信量
（a）功率优化；（b）功率优化+P2P 的时序约束；（c）功率优化+E2E 遍历时序约束。

7.4.2　设置链路容量

作为 NoC 领域的一个重要组成部分，很大一部分功耗是由网络链路造成的，使链路使用的资源最小化对设计过程有相当大的影响。在这个阶段，找到所需的链路容量或在映射过程中产生的每个映射。

定义片上网络的总容量为

$$\text{NoC}_{capacity} = \sum_{l \in \text{links}} C_l \qquad (7.2)$$

式中：C_l 为分配到链路 l 的容量，并试图找到能满足所有延迟约束的最小总容量（同样在映射阶段被使用）。作为映射工具不考虑网络中的动态竞争，这一阶段的优化过程中必须考虑所有的运行效果，以使网络能够提供所需的性能。

在本章中，考虑两种可能的容量分配方案：

（1）统一分配，所有的链接都有相同的容量。

（2）调整分配，即多样化分配，不同链接可能有不同的容量。

统一的链路容量常使用虫洞网络。在这种情况下，当对一个单一的参数（所有网络链接有相同容量）进行优化时，为找到最小容量，满足延迟要求而使用的模拟过程是相当简单的。然而，由于应用过程中各种时序要求，这种分配会导致一些链接超量。

为了降低 NoC 的成本，可以使用调整分配。在这种方案中，链路的容量分别设置为多系统的实际需求。为此，区分两种类型的关系：第一种是用于路由至少有一个数据流具有时序要求的链接；第二类是那些传输数据流时没有这样要求的路由。直观地说，第二类比第一类更容易缩小链路。然而，强调降低链接容量是很重要的，没有时序要求的数据流链接可能会阻碍链接流传输但不会遍历这些链路。这是由于虫洞交换背压机制；当数据流在路径上的某一路由器传输速度减慢时，它将会占用其他路由器的路径资源较长一段时间。因此，共享这些其他路由器并且可能具有延迟约束的流的延迟增加。在本章中，我们通过缩小统一分配方案中的容量来生成自定义、调整的分配：根据选定的利用系数，使用链路容量重新分配那些没有时序要求的数据流。至少一个具有延迟约束的流的链路容量与具有最低松弛的流的松弛时间成比例地减小，因此进一步减小容量肯定会违反该流的定时约束。用仿真来验证所有的延迟约束是否满足，如果没有，通过一个较小的系数和性能增加容量就能被再次验证。在统一的自定义优化方案中，任何模式下不使用任何数据流的链路是不能完全被移除的。

使用 OPNET 模拟器[20]来模拟详细的虫洞网络（考虑有限路由器队列、背压机制、虚拟通道分配、链路容量、网络竞争等），基本的 3 种拓扑结构（由 Power-only、Power+P2P 和 Power+E2E 优化产生）用 1 个或 2 个虚通道进行模拟。对于每一种情况，都发现了在统一分配和调整分配时链路容量的最佳网络带宽。图 7.4 说明了分配给映射的每个链路容量，该映射是由 Power-only 优化产生的。这一阶段产生 12 个生成网络（3 种基本映射，2 种 VC 配置，2 种容量方案）。在本阶段结束时，满足了所有的时序要求（P2P 在 Power-only 时的约束和 Power+P2P 映射，以及在 Power+E2E 生成映射时的 E2E 遍历约束）。图 7.5 总结了实验结果，提出在这 12 个配置中的总容量要求。

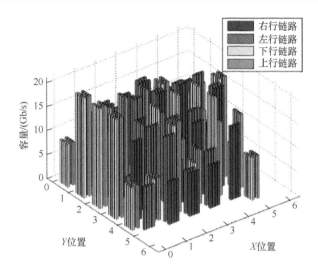

图 7.4 链路容量调整实例

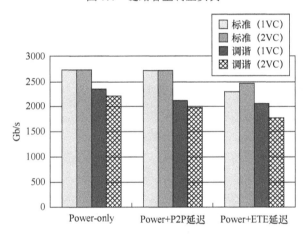

图 7.5 容量需求（使用一个和两个虚拟通道的总容量需与检查配置的要求匹配）

值得注意的是，调整分配在该阶段的链路容量可能导致任意容量值。然而，实现的硬件只能支持一个有限的离散集的容量。设置唯一的链接频率是可能的，在这项工作中，自定义容量是通过不同的微片大小实现的（32 位、64 位和 128 位宽度）。转换所需的硬件的实现（速率匹配块）在下面的小节中讨论。结果只考虑硬件的成本。

7.5 实验结果

在本节中，对上述设计选择的硬件成本进行评估。为此，首先描述 NoC 路由器的架构。然后，比较不同的选择方案得出综合结果。

7.5.1 目标路由器的体系架构

用于分析的简单路由器由 $M×N$ 个交叉开关组成,具有 M 个输入和 N 个输出。一个数量可变的虚通道可以在每个输入和输出端口实现。图 7.6 显示了每个端口的两虚通道的实现。

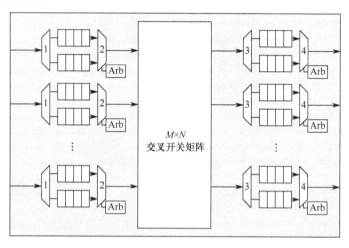

图 7.6　路由器的体系结构

每个输入或输出端口的箭头实际上表示多个信号。数据微片通过两个控制位进行路由,在路由器的每个阶段都允许数据流控制。有效标志位表示该字是有效的,等待标志表明接收器是否接收微片。当有多个虚通道存在时,每个虚通道只有一个有效/等待对。

一个输入虚通道完整的数据路径包含一个多路分解器(图 7.6 中"1")、VC 分配器("Alloc")、一些数量的缓冲/FIFO(在"1"和"2"之间的矩形)、一个多路复用器("2")和一个 VC 仲裁器("Arb")。输入虚通道块如图 7.7 所示。

多路分解器("1")将数据包传入到一个基于特定的 VC 的分配器块分配的输入队列。缓冲阶段允许独立的数据包并行排列,从而允许一个包绕过另一个阻塞的数据包。

分配的块维持每一个传入数据包的记录来确定它是否是先前分配的 VC 队列或是一个新的需要分配的数据包。进入输入端口的每个微片都来自发送方的虚通道。对于每个发送器都有一个有效的输出虚拟通道,称为 VC 发送。当在输入端口接收一个头微片,VC 分配器必须映射 VC 发送方到一个自由的 VC 阵列。为此,分配器持有一些自由的阵列。它将从"自由表"中读取和存储从 VC 发送方到 VC 队列内部的映射条目。从这一点上,任何来自虚拟通道发送方的微片都会被映射到 VC 队列。当数据包最后的数据微片被发送到 VC 队列,分配器将明确映射,使它在"自由表"中可见。

第 7 章 4G SoC 延迟约束、功率优化的 NoC 设计：案例研究

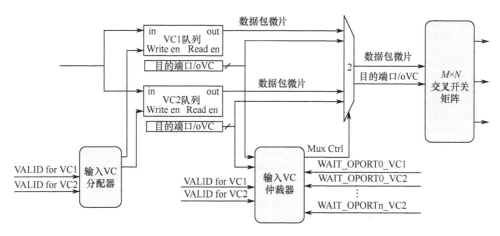

图 7.7 路由器输入虚拟通道

最后，在路由器输出时，由仲裁决定基于队列状态的数据微片访问交换开关，并适当地控制多路复用器"2"。

在 VC 队列中的数据包微片一定要被路由到正确的输出端口，这是由两级仲裁来实现的，以决定哪些微片从输入队列传输到输出队列。在每个输入端口使用第一级仲裁，单独确定哪个 VC 队列输入端通过一个微片。仲裁必须告诉多路复用器（"2"），VC 队列输入端将访问每个时钟周期的开关，决定是哪个输入队列不为空以及目标交换机端口（分配的输出 VC 队列）是否可以接受另一个 flit（WAIT OPORTi VCi 位之一）的函数。没有这一级仲裁，假设每个输入和输出有两个虚通道，开关将成为 $2M \times 2N$ 的交叉开关。

第二级仲裁是在交叉开关中完成的。它仲裁于多个输入访问同一个输出端口之间（尽管可能是不同的输出虚拟通道）。MUX 应该确保如果目标输出队列还没有为下一个微片做好准备，它不会阻止微片从其他输入虚拟通道传输到其他输出队列。

输出虚拟通道和输入虚拟通道的数据路径结构是非常相似的。它由一个多路分解器（"3"）、缓冲区（矩形）、多路复用器（"4"）和仲裁（"Arb"）组成。每个组件的操作类似于输入虚拟通道的相应组件。

在调整网络的情况下，一组速率匹配块允许从一个数据包的宽度过渡到另一个所需要的宽度。图 7.8 是速率匹配块的两个设计。在图 7.8（a）的设计中将一个 128 位的数据包转换到一个 32 位的数据包宽度。传入的数据包首先被存储在一个队列中，控制逻辑将读队列中 32 位的数据包并复用到输出组的队列中。由于输出速度比输入速度要慢得多，控制逻辑还必须确保等待信号返回给发送者，这将使传入数据包的速率降低。提供了一种机制以绕开队列并将 32 位直接发送到输出，这样做是为了减少速率匹配块的延迟。在这种情况下，控制逻辑将选择输入数据包上层的 32 位并把它们直接复用到输出。相反，当从低速率到高速率，使用的设计如图 7.8（b）所示。在这种情况下，将数据包的第一个有效字储存在保持

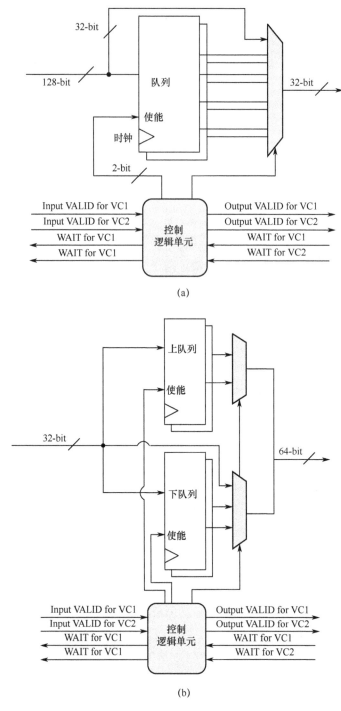

图 7.8 速率匹配块

（a）128～32 位；（b）32～64 位。

寄存器的上层设置中,等待第二个有效字的到来。当第二个字出现,它是针对下层的保持寄存器。当上下两队列都有数据时,控制逻辑将这些数据合并到一个输出总线并将适当的使能设置为高。在这里提供了一种机制,通过速率匹配块减少延迟,这是通过直接在下层多路复用器中提供输入来实现的。类似于 128-to-32 速率匹配块,控制逻辑必须考虑到来自下层接收器的等待信号和必须对输入的数据包进行适当减速。

值得注意的是,队列的数目必须和虚通道的数量相匹配。在上面的例子中,有两组队列,每一个虚通道有一个。这是因为,如果虚拟通道是开放的,速率匹配块不应该阻止任何数据包的传送。

7.5.2 综合结果

优化的 1VC 网络与 2VC 网络导致了在均匀和调整情况下的不同容量的要求。对于一些链路,由于提供额外的 VC 提高了链路利用率,2VC 方法导致一个较低的链路容量。然而,当选择最佳的拓扑结构时,必须考虑到一个 2VC 路由器面积的影响。另一个在网络设计中要考虑的因素是被认可的微片宽度。网络带宽分配算法需要允许任何传输速度,而在 ASIC 实现 NoC,在设计中受到时钟频率和有效微片宽度的限制。为此,把所用的路由器装箱配置为离散类型以支持芯片。把这种装箱策略应用于所有的拓扑结构和每一个合成网络中(实现在附录中讨论)。

图 7.9 和图 7.10 给出由 TSMC 65 nm 工艺技术综合工具报告的结果,分别列出了单元格区和路由区。单元格区域包括速率匹配块占用的面积(在附录中讨论),被用来在网络中转换一个微片宽度到另一个上。它还考虑到路由器的裁剪,通过删除未使用的端口来实现。分析结果表明,采用网络容量分配方案可以降低超配置链路的容量,从而节省面积和功耗。结果还表明,Power+E2E 的延迟方法提供了一个相当好的解决方案。要理解这一点,必须回到映射阶段(7.4.1 节)。在 Power-only 的情况下,延迟要求被完全忽略,这使得 SA 算法在网络节点上的灵活性最大,在动态功耗方面找到了一个低成本的映射。当延迟包括拓扑规划时,该工具将拒绝任何不满足延迟要求的解决方案。如果不违反时序约束,这将有效地减少 SA 算法的解空间。因此,Power+P2P 方案是最严格的,而在 Power+E2E 方案中,只要满足完整 E2E 遍历路径的延迟要求(7.4.1 节),工具在移动周围的节点时更加灵活。

单独考虑上述解释,因为拓扑工具具有最高的灵活性(即必须满足没有时序的要求),Power-only 应该产生最好的结果。然而,图 7.9 和图 7.10 显示在每一个 VC 的配置和容量分配方案中 Power-only 的实施占有最大的面积。要理解这一点,必须研究带宽和时延的要求:有一些通信流具有相对低的带宽,但仍有严格的延迟要求。拓扑结构性质的成本函数将高带宽节点紧密结合在一起,以减小成本。当高带宽节点放在一起,其他节点被进一步分开。因此,一些要求低延迟的数据流将被多个跳数分离。如上所述,在链路容量的调整阶段,设置链路的带宽,并满足所有的时序要求。临界延迟的数据包进一步传送时,沿着传输路径需要更高的链路容量。因此,Power-only 的方案不仅会产生一个很大的网络容量,还有更宽的微片和更大的整体面积。

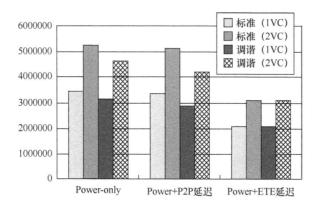

图 7.9　路由器总逻辑区域(3 个布局方案中路由器消耗的总面积)

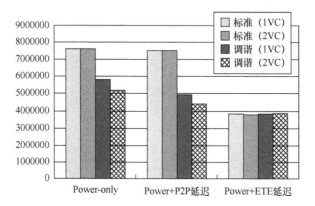

图 7.10　总配线区(3 个布局方案中路由器间的线路消耗的总面积)

相反,Power+E2E 方案在映射节点上具有最大灵活性,同时确保关键的延迟信号相对接近。因此,在网络容量的分配阶段,一个较低的链路速度可以与 Power-only 方案相比。这转化成对网络的更小微片宽度的使用。因此,与传统的 Power+ P2P 映射方案相比,ETE-遍历方法将单元格区域减少了 25%~40%(图 7.9),将布线资源减少了 13%~49%(图 7.10)。

有趣的是,当考虑到虚拟通道的数量,发现从面积视角来看一个 VC 最好。虽然使用虚拟通道降低了一些链路的容量,但节省的面积抵消了路由器增加的尺寸。因此,该 2VC 方法不利于目标应用程序。此外,发现均匀的和调整的 Power+ E2E 拓扑结构具有相同的面积。这样做的原因是分箱策略:由于是有限的 32/64/128 位微片,链路和路由器的选择局限于一组离散的选择。虽然这是事实,该调整的

Power+E2E 拓扑可以以较慢的速度运行一些链接,但是均匀拓扑的差别在这个案例中不是非常重要。例如,该调整拓扑可以将一些链接的速度从 15 Gb/s 减少到 14 Gb/s,但考虑到允许的微片宽度,这并不会改变能够选择的链路或路由器的尺寸。

最后,图 7.11 对所估计的相对总功率消耗进行比较。静态能量是基于由综合工具所报告的区域,而动态能量是根据每个配置模块映射决定的活动性因素来计算的。准确地说,只有在经过布局布线阶段之后才能提取出绝对功率数,所有结果都是由纯功率映射方案产生的统一分配的 1VC NoC 消耗进行归一化的。根据结果显示,各种布置方案产生非常相似的动态功耗,而静态耗散有显著的不同。有趣的是,所有这 3 个映射方案成功地生成了有效的映射,在这种意义下,由于其他数据流的时序约束,这些映射方案中没有必要将远离其他方案的通信模块放置在远远的地方。然而,当时序约束更容易满足时,链路容量分配阶段更积极地削减链路,由映射方案产生的 NoC(ETE+Power)消耗更少的面积。因此,总功率平均减少了 16%。

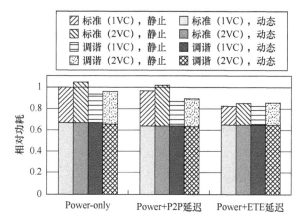

图 7.11 相对功耗(3 个布局方案中动态和静态的功耗估计)

7.6 小结

这几年来,学术研究表明,片上网络(NoC)为芯片内部提供有效的模块间通信的手段。最近,一些公司报告的 NoC 在一些原型和商业产品中使用。在本章中,描述了一个以互连片上网络为基础的复杂的 SoC。在设计的第一阶段,探讨 3 种方案来执行芯片上内核的放置:第 1 个方案只考虑了数据包传输消耗的功率;第 2 方案在映射阶段使用该应用程序的源-目的延迟约束;第 3 种技术用应用程序级端到端的延迟约束替换成对的要求,允许更自由地寻求一个解决最小化功耗问题的方案。

接下来,削减冗余的网络资源(链路、端口)和调整链接的带宽,使其满足应用要求。最后,综合所得的网络估计成本。

本章的主要贡献是在 NoC 的映射过程中引入端到端的遍历延迟约束。通过尽可能地用端到端需求替换源-目的地需求,将目标架构的路由器总面积减少了 25%～40%,链路布线资源减少了 13%～49%,总功率减少了 16%。此外,还评估了实施单独分配能力的链接的潜在好处。并且,重点分析了在 SoC 中非常典型的无线调制解调器的应用程序,它支持大量的无线标准和应用。因此,本章所描述的技术可用于设计和优化其他高性能的 NoC 和功率受限的 SoC。今后的工作包括 NoC 的放置和布线,并对照提供相同性能的总线系统进行评估。

致谢 这项工作受到了半导体研究公司(SRC)和英特尔公司支持。

参 考 文 献

1. G. Ascia, V. Catania, and M. Palesi: Multi-Objective Mapping for Mesh-Based NoC Architectures, Proc. International conference on hardware/software co-design and system synthesis (CODES ISSS), 2004, pp. 182–187
2. R. Beraha, I. Walter, I. Cidon, A. Kolodny: The Design of a Latency Constrained, Power Optimized NoC for a 4G SoC, Proc. 3rd International Symposium on Networks-on-Chip (NoCs), 2009, p. 86
3. D. Bertozzi and L. Benini: Xpipes: A Network-on-Chip Architecture for Gigascale Systems-on-Chip, IEEE Circuits and Systems Magazine, 4(2), 2004, 18–31
4. E. Bolotin, I. Cidon, R. Ginosar, and A. Kolodny: Cost Considerations in Network on Chip, Integration – The VLSI Journal, 38, 2004, 19–42
5. E. Bolotin, I. Cidon, R. Ginosar, and A. Kolodny: QNoC: QoS Architecture and Design Process for Network on Chip, Journal of Systems Architecture, 50, 2004, 105–128
6. R. Gindin, I. Cidon and I. Keidar: NoC-Based FPGA: Architecture and Routing, First International Symposium on Networks-on-Chip (NoCs), 2007, pp. 253–264
7. K. Goossens, J. Dielissen, O.P. Gangwal, S.G. Pestana, A. Radulescu, and E. Rijpkema: A Design Flow for Application-Specific Networks on Chip with Guaranteed Performance to Accelerate SoC Design and Verification, Proc. Design, Automation and Test in Europe Conference (DATE), 2005, pp. 1182–1187
8. K. Goossens, J. Dielissen, and A. Radulescu: AEthereal Network on Chip: Concepts, Architectures, and Implementations, IEEE Design and Test of Computers, 2005, 414–421
9. P. Guerrier and A. Greiner: A Generic Architecture for On-Chip Packet-Switched Interconnections, Proc. Design, Automation and Test in Europe (DATE) 2000, pp. 250–256
10. Z. Guz, I. Walter, E. Bolotin, I. Cidon, R. Ginosar, and A. Kolodny: Network Delays and Link Capacities in Application-Specific Wormhole NoCs, VLSI Design, 2007, Article ID 90941, 2007, 15
11. A. Hansson, K. Goossens, and A. Radulescu: A Unified Approach to Constrained Mapping and Routing on Network-on-Chip Architectures, Proc. International conference on Hardware/software co-design and system synthesis (CODES ISSS), 2005, pp. 75–80
12. A. Hansson, M. Wiggers, A. Moonen, K. Goossens, and M. Bekooij: Enabling Application-Level Performance Guarantees in Network-Based Systems on Chip by Applying Dataflow Analysis, Proc. IET Computers and Digital Techniques, 2009
13. J. Hu and R. Marculescu: Energy-Aware Mapping for Tile-Based NoC Architectures Under Performance Constraints, Proc. Asia South Pacific design automation (ASP-DAC) 2003, pp. 233–239
14. C. Marcon, N. Calazans, F. Moraes, A. Susin, I. Reis, and F. Hessel: Exploring NoC Mapping Strategies: an Energy and Timing Aware Technique, Proc. Design, Automation and Test in Europe Conference (DATE), 2005, pp. 502–507
15. C. Marcon, A. Borin, A. Susin, L. Carro, and F. Wagner: Time and Energy Efficient Mapping of Embedded Applications onto NoCs, Proc. Asia South Pacific design automation, 2005,

pp. 33–38
16. S. Murali and G. De Micheli: Bandwidth-Constrained Mapping of Cores onto NoC Architectures, Proc. Design, Automation and Test in Europe Conference (DATE), 2004, pp. 896–901
17. S. Murali, L. Benini, and G. De Micheli: Mapping and Physical Planning of Networks-on-Chip Architectures with Quality-of-Service Guarantees, Proc. Asia South Pacific design automation (ASP-DAC), 2005, pp. 27–32
18. S. Murali, M. Coenen, A. Radulescu, K. Goossens, and G. De Micheli: A Methodology for Mapping Multiple use-cases onto Networks on Chips, Proc. Design, Automation and Test in Europe Conference (DATE) 2006, pp. 118–123
19. S. Murali, M. Coenen, A. Radulescu, K. Goossens, and G. De Micheli: Mapping and Configuration Methods for Multi-Use-Case Networks on Chips, Proc. Asia South Pacific design automation, 2006, pp. 146–151
20. OPNET modeler (www.opnet.com)
21. D. Shin and J. Kim: Communication Power Optimization for Network-on-Chip Architectures, Journal of Low Power Electronics, 2, 2006, 165–176
22. K. Srinivasan, and K.S. Chatha: A Technique for Low Energy Mapping and Routing in Network-on-Chip Architectures, Proc. Low Power Electronics and Design 2005, pp. 387–392
23. R. Tornero, J.M Orduna, M. Palesi, and J. Duato: A Communication-Aware Topological Mapping Technique for NoCs, Proc. the 14th International Euro-Par Conference on Parallel Processing, 2008
24. I. Walter, I. Cidon, A. Kolodny, and D. Sigalov: The Era of Many-Modules SoC: Revisiting the NoC Mapping Problem, Proc. 2nd International Workshop on Network on Chip Architectures (NoCArc), 2009, pp. 43–48

第三部分　未来和新兴技术

第8章 低功耗 2D 和 3D SoC 的片上网络的设计与分析

8.1 引言

如今，便携式数字设备已广泛使用于不同应用领域。这些设备是电池供电的，因此在严格的功耗预算下，许多应用要求高吞吐量和高性能。在过去的10年里，为数字电路开发低功耗方案的这一重要问题已经引起了许多人的关注。

一个 CMOS 电路的功耗由3个不同部分组成[8]：①动态；②短路；③静态或泄漏功耗。动态或有源功耗是晶体管开关形成的。短路功耗是在动态情况下，P管和 N 管同时从电源到地导通时产生的短路电流造成的。静态或泄漏功耗是一直存在的，即使当电路没有转换时它也存在。泄漏功耗由以下几种泄漏导致：亚阈值泄漏、栅极感应漏极泄漏、栅极直接隧穿泄漏以及反向偏置的结泄漏[12]。

随着晶体管尺寸的缩小，泄漏功耗成为电路总功耗中的重要部分。此外，当芯片的工作温度上升时，泄漏功耗也大大增加了。实际上，泄漏功耗在系统总功耗中所占比例可达 40%[12]。

设备上运行的各种应用程序、处理器的利用率以及内存与硬件核心都在变化着。例如，用于移动平台的片上系统（SoC）支持多个应用（或用例），如视频显示、浏览和 MP3。为减少泄漏功耗，可关闭在应用中未被使用的核，而其他的核仍可运行。电源门控设计被广泛应用于许多 SoC 中[20]。如果将不同的电压线布线到每一个核上，那么所有在应用中未曾使用的核都可以关闭。但这样每一个核都将需要独立的 VDD 和接地线，从而增加了路由开销。

为节省开支，通常将核分为 VI，这些核在同一岛上使用相同的 VDD 与地线[12,20,22,25,36,41]。文献[20]中，在电压岛上划分核对功耗降低的重要性有详细的解释说明。已经提出几种方法来实现岛的关闭[12,20,22,25,36,41]。一种关闭核的通用技术是运用功率门控，该门控使用了睡眠晶体管[12]。在这种方法中，睡眠晶体管被嵌入到实际接地线与电路的地（也称虚地）之间，它们在睡眠模式中关闭，并将泄漏路径截止。当在同一岛上的所有核均未运行于应用时，可以关闭整个岛。许多制造技术为 VI 的关闭提供了支持，例如，IBM 的制造工艺 CU-08、CU-65HP 和 CU-45HP 都支持将核划分为多个 VI 和功率门控 VI[19]。

NoC 是连接在芯片内部核[5,10,14]可扩展的解决方案。NoC 由开关和链路组成，并使用电路或分组交换原则通过核来传输数据。NoC 在减少整个 SoC 功耗中起着重要作用。在允许岛的无缝关闭中，NoC 的设计起到关键作用。当一个或更多岛关闭时，互连应无缝连接在运行中的各岛。为此，NoC 要有效地设计成允许关闭 VI，从而减少泄漏功耗。

关闭的支持对 NoC 提出了两种截然不同的挑战：NoC 组件应当能够处理多种频率和电压；即使一些岛处于关闭状态，拓扑结构也应允许路由数据包。许多 NoC 架构支持全局异步局部同步（GALS）范式和处理多种频率与电压。文献[7]已给出 GALS NoC 的构架。在文献[26]中，作者提出了一种多同步 NoC 的物理实现。应用 GALS 范式的 NoC 设计的构架示于文献[3]，设计 GALS 和 DVFS 操作的 NoC 的体系结构示于文献[4]。在文献[32]中，作者提出了一种设计方法论，它将 NoC 划分成多个岛并为各岛分配电压等级。

设计一个满足各种应用限制的 NoC 拓扑结构已经在许多工程中得到解决，研究人员有针对性地设计简单的基于总线的结构[21,33,35]来规划 NoC 拓扑结构[17,27,28]。最近，几个工程也解决了这一涉及特定应用的自定义拓扑结构的问题，这些拓扑结构极大优化了低功耗与延时[1,15,16,30,34,39,43,45]。但人们相对较少关注能够支持系统部分关闭的 NoC 拓扑结构的设计。在文献[11]中，作者提出这样一个方法，即使部分 NoC 失败，仍可路由数据包。类似的方法可用于处理已经被关闭的 NoC 组件。但当元件被关闭时，这样的方法不能确保路径的可用性。此外，再路由与重传机制会在 NoC 上有大面积的功耗开销[29]，且很难设计与验证。

对于允许互连来支持岛的关闭，一个简单的解决方案是将整个 NoC 放置在独立 VI 上。然而，这是不切实际的，因为 NoC 开关可以在芯片的平面布局中传播，从而物理散布在多个 VI 上。这种情况下，很难将相同的 VDD 和地线连接到所有的 NoC 组件，以将它们保存在单独的 VI 中。另外，如果将所有的 NoC 开关用物理的方法放置在单个的（独立）VI 上，那么该核交换链路将变长，这将导致大的连线延迟和功耗。此外，这违背了将 NoC 作为可扩展互连媒介的目的。

设计一个不仅满足应用通信需求还允许岛关闭的 NoC 拓扑结构是一个具有挑战性的任务。本章提出了允许关闭 VI 的 NoC 拓扑结构设计方法，从而在实现低功耗设计中发挥重要作用，展示了如何在拓扑合成阶段考虑 VI 概念。

近日，硅层的 3D 堆叠已经成为一种很有前景的缩放方法。在 3D 堆叠中，将设计划分成多个堆叠在彼此顶部的硅层。3D 堆叠技术有几大优势：缩小每一层上的占位面积、缩短全局线长和易于多种技术的集成，因此每一个都可以被设计成单独的层，3D 互连特性与优点的详细研究见文献[2]和文献[42]。

在本章中，还展示了如何将 NoC 设计为支持 VI 的 3D IC。从文献[37]中可以看出在支持 VI 的 NoC 设计上的工作得以巩固，在文献[31,38]中呈现了关于拓扑合成的 3D IC 工作。研究从 2D 设计迁移到 3D 堆叠设计时，对不同 SoC 的基线来说可以达到多大的性能与功耗优势。本章的其余部分安排如下：在 8.2 节，将展示关于 VI 关闭和 3D 集成的假设构架；在 8.4 节，将阐述支持 VI 关闭的特定应用 NoC 拓扑结构的综合问题；在 8.5 节，将给出合成自定义带 VI 的 2D-IC NoC 算法；在 8.6 节，将描述在 3D 中的算法扩展；在 8.7 节，将给出实验结果及其分析。

8.2 电压岛支持构架

该设计被分成若干电压岛，由于每个岛需要一根单独的电压线，因此使用更多岛将导致路由不同电压线变得困难。另一方面，有了更多岛可以实现对关闭机制更精细的控制，从而降低功耗。因此，设计者通过周密的评估权衡岛的数量。通常，设计人员还会对岛的数量进行迭代，并对设计空间架构进行探索。对于一个特定岛的计算，岛中核的分配是基于它们的功能与它们在平面布置图中的位置来完成的。由于整个岛将被关闭以降低功耗，岛上的大多数内核应当同时处于活动或空闲状态用于特定的应用。此外，核间通信量大的核应当聚集在同一岛上，这是因为岛间的通信需要遍历每个频率与电压交叉接口，这导致延迟和功耗增加。此外，为了保持路由电压线路的简单，同一岛中的核应在平面布置图中彼此靠近。因此，岛中核的分配是一个多重受限的问题，这里有几篇论文，例如，文献[25,32]更详细地说明了该问题。本章将只涉及支持电压岛概念的 NoC 分层设计的互补问题，将呈现如何设计用于 2D 及 3D IC 的 NoC，并在这种情形下显示 3D 集成的性能优势。

8.2.1　2D SoC 构架

NoC 设计中 2D 系统的示例体系结构呈现于图 8.1。不同 VI 中核的分配在 NoC 设计步骤前完成并将其取作输入。VI 中的核有相同的工作电压（同样的电源跟接地线），但有不同的工作频率。由于岛间通信通过电压和频率转换器，为降低功耗和延迟，VI 中的核被连接到相同的 VI 开关上。岛的 NoC（开关和链路）以同步方式工作，也就是说，组件使用了相同的频率与电压值。这符合全局异步局部同步（GALS）的方式，其中，在每个岛上的 NoC 是同步的，不同的岛可以有不同的频率与电压。局部同步设计还简化了标准后端 NoC 的集成、布局布线工具及工业流程。

VI 中的核通过网络接口（NI）连接到 NoC 开关，该网络接口将核的协议转换成网络的。由于在一个 VI 上的交换机工作在同一频率，而核可工作在不同的频率，因此 NI 还负责时钟频率的转换。如果来自不同 VI 的交换机被连接在一起，则连接两个交换机的链路上必须使用频率同步器。在文献中已经提出基于双同步有名管道（FIFO）的变频器，其可以用于来自不同 VI 的开关之间的时钟同步。FIFO 还需要处理穿过整个岛的电压转换。不同的 VI 有不同的时钟树，因此，即使它们工作在同一频率，仍需使用岛与频率转换器间的时钟偏差。从不同的 VI

连接交换机的链路可通过其他的 VI 进行路由。因此，为简单起见，假设岛间的链路并非流水线式。如果将管道触发器小心地放置在发送或接收交换节点的岛上，则该限制可被移除。

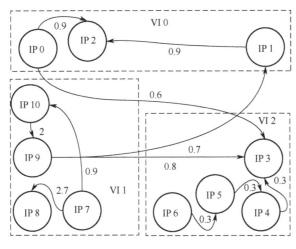

图 8.1 输入示例

许多方式可用于执行岛本身的关闭机制。一种可行的关闭方法是这样的：当应用不需要的 VI 核时，电源管理器将决定关闭该岛。电源管理可以在硬件中实现，也可以在操作系统中实现。在关闭岛之前，电源管理器通过中断或轮询所有 NI，检查 NoC 中一切等待事务的输入和输出岛是否完成。如果没有未完成的事务且核随时可以在岛中关闭，电源管理器将所有在岛上的核与网络组件的电压线接地。在本章中，展示了适用于使用任何关闭机制系统的一般综合过程。

8.3 3D SoC 构架

假定基于晶片到晶片接合技术的 3D 制造工艺。在此，通过硅通孔（TSV）建立垂直互连。垂直链路在一个层上（就是最上面的一层）需要一个 TSV 宏，该层通过硅晶片切割。在底层，该链路的电线将使用水平金属层以满足要求。对需要通过超过一层的链路来说，所有中间层都需要 TSV 宏。然而，必须注意的是，宏不必对齐穿过层，水平金属层也可被用在每一层上以达到宏。层叠的 TSV 未被使用，因为 TSV 的校准将复杂化布局规划。TSV 宏用于特定链路宽度的区域被取为输入。对于合成的拓扑结构，本章的工具自动将 TSV 宏放置在中间层和相应的交换机端口上。对不同的垂直互连，合成过程将自动在不同层中放置 TSV 宏。

假定结构的例子如图 8.2 所示。从底层来说，链路首先被水平地传送至金属层，然后垂直传送。在顶层的开关具有 TSV 宏，该宏嵌入在连接这个链路的端口上。

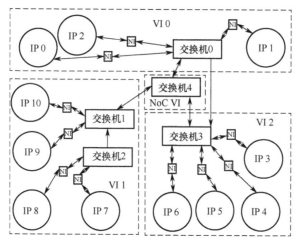

图 8.2 构架示例

8.4 设计方案

在本节，将首先介绍支持 VI 关闭的 2D NoC 的设计方法。然后，展示 3D IC 设计的扩展。

8.4.1 综合问题规划

在每个 VI 中，合成过程都会生成交换机。首先，通过在每个 VI 中建立交换机并将其与 VI 的核相连以期处理内部 VI 间的通信。然后，内部 VI 通信量在 VI 间的交换机通信也会建立起来。当连接 VI 间的交换机时，可以建立一个直接连接，也可以在一个或更多的中间 VI 中使用交换机。对于后者，应该确保在中间岛的交换机（除了源与目的岛）是正常运行的。从源岛到目的岛交换机的直接连接将缩短延迟且通常也会降低功耗。然而，如果内部 VI 间流量过大，交换机的尺寸可能会增大，正在使用中的层间链路和频率/电压转换器的数目也可能会变大。在这样的情况下，使用带交换机的中间 VI 将会大有帮助。为了保证系统的正常运行，中间 VI 应当保持在运行状态。电源线和地线的有效性需要建立这种中间 NoC VI 作为给定输入，从而使得 NoC VI 中间交换机的使用可选。

通过合成算法生成跨 VI 边界路线通信流有两种方法：①通信流可以直接从包含源核的 VI 交换机到另一个包含目的核的交换机；②如果 VI 可用的话，它可以通过放置在 NoC VI 中间的交换机（中间 VI 中的交换机从不关闭）。如果中间 NoC VI 允许，则该方法会自动探索两者替代方案，并选择满足应用程序限制的最佳方案。

合成方法的目的是确定每个 VI 需要的交换机数量、尺寸、工作频率和跨交换机的路由路径，从而满足应用的限制条件，并且在需要时可以关闭 VI。在此，本章的方法也决定了是否需要使用中间 NoC VI，如果是这样，中间岛交换机的数量、大小、工作频率、连通性和路径将被确定。

设计方法中作为输出的 NoC 设计的例子呈现在图 8.3。如图 8.3 所示，交换机分布在不同的 VI 中。该方法产生满足不同开关计数应用限制的几个设计要点，每个点具有不同的功耗和性能值，那么设计者可以从曲线中选取并获得最佳设计点。

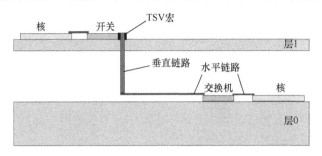

图 8.3 三维 IC 构架

为了设计 NoC，应当预先表征各个 NoC 组件（交换机、NI 和双同步的 FIFO）的面积、功耗和延迟模型。该模型可以从合成及布局和使用商业工具部件的 RTL 代码路由中获得。然后，在拓扑合成中使用生成的 NoC 组件库。核及其在 VI 中的分配数量作为输入，如果需要的话，核的大小和位置也可作为输入获得。核的这种布局图信息一旦给定，便能在合成过程中更好地估计出导线功耗和延迟。另一输入是通信的描述，在通信的描述中，每个通信流、源和目的核均被指定，带宽和延迟约束也会给出。

基于输入和模型，给出综合不同拓扑结构设计要点的方法。所有生成的拓扑结构将符合在输入描述中给出的限制并可具有不同的功率值、平均延迟、线长和交换机计数值。如果核的尺寸和初始位置作为输入给出，NoC 布局规划图也将产生。布局规划程序为 NoC 组件找到最佳位置，然后将 NoC 模块插入到尽可能接近理想的位置，从而尽可能小的影响作为输入的核的位置。

8.5 使用 VI 关闭的 2D IC 合成算法

在本节将详细说明合成算法。从输入规格，构造如下定义的 VI 通信图。

定义 8.1 VI 通信图（VCG(V, E, isl)）是有向图，每个顶点 $v_i \in V$ 代表在 VI 中记为 isl 的核，并且有向边界（v_i, v_j）表示核 v_i 与核 v_j 之间的通信。从核 v_i 到核 v_j 的通信流带宽用 $bw_{i,j}$ 来表示，流量的延迟约束由 $lat_{i,j}$ 表示。边界（e_i, e_j）的权重由 $e_{i,j}$ 定义，由核 v_i 到核 v_j 通信流的带宽和延迟约束的组合设定：$h_{i,j} = \alpha \times bw_{i,j} / \max\_bw + (1-\alpha) \times \min\_lat / lat_{i,j}$。其中，$\max\_bw$ 是指所有流中最大的带宽，$\min\_lat$ 指流中最小延迟约束，α 指权重参数。与在同一岛的任何其他核进行通信，低权重（接近 0）的边界被添加到对应顶点至在该层中的所有其他顶点之间。这将允许分割过程中仍然考虑这样的孤立的顶点。

权重参数值 α 可以通过实验设定或作为输入从用户中获得,这取决于性能及功耗目标的重要性。

在算法 1 中,介绍了综合支持 VI 关闭的特定于应用程序的 NoC 所需的步骤。第一步是确定在每个岛中操作的 NoC 交换机频率。所需最低频率由最高带宽决定,该带宽必须支持从 NI 到交换机的连接。当然,如果对输入参数有要求的话,在岛上的 NoC 可以在较高频率下操作,由于不能以较低的频率操作任一核,这将无法传送所需要的带宽。链路上的可用带宽是链路数据和频率的乘积。对于一个确定的链路宽度,频率是可以确定的。通常在合成过程中,确定一个用户自定义值的 NoC 链路的数据宽度。请注意,它可以在一个范围内变化且可探索更多的设计点,这不影响算法的步骤。

算法 1 核到交换机的连接

1: Determine the frequency at which the NoC will operate in each VI and $max\_sw\_size_j$, $\forall j \in [1 \cdots N_{VI}]$
2: $min\_sw_j = |VCG(V, E, j)|/max\_sw\_size_j$, $\forall j$
3: {Vary number of switches in each VI}
4: **for** $i = 1$ to $max \forall_{j \in 1 \cdots N_{VI}} |V_j|$ **do**
5:   **for** $j = 1$ to N_{VF} **do**
6:     **if** $i + min\_sw_j < |V_j|$ **then**
7:       $k = i + min\_sw_j$
8:     **else**
9:       $k = |V_j|$
10:     **end if**
11:     Perform k min-cut partitions of $VCG(V, E, j)$.
12:   **end for**
13:   {Vary number of switches in intermediate NoC VI}
14:   **for** $k = 0$ to $max \forall_{j \in 1 \cdots N_{VI}}$ **do**
15:     Compute least cost paths for inter-switch flows using *Check-constraints* procedure. Choose flows in bandwidth order and find the paths.
16:     If paths found for all flows save design point
17:   **end for**
18: **end for**

运行中的交换机频率决定了交换机可以具有的最大尺寸(输入和输出的数量)。由于交换机的关键路径在于交叉开关,这与交换机的工作频率和尺寸有直接联系。在算法中,使用 $max\_sw\_size_j$ 指定 VI_j 交换机可以有的最大尺寸。由于不同 VI 的频率不同,最大交换尺寸在不同岛中将会有所不同。基于所述交换机的最大尺寸和 VI 中核的数量,可计算(步骤 2)出生成拓扑结构所需的交换机最小数

目。在设计中 N_{VI} 表示 VI 的总数。

为了更好地阐述该概念，提供了算法中带有不同步骤注释的例子。

例 8.1：考虑在图 8.1 中所描绘的系统。将介绍算法是怎样适用于一个设计点的。该设计将 11 个核分成 3 个岛。第一步是确定每个 VI 中 NoC 频率及计算每个 VI 交换机的最大尺寸。在这个例子中，IP7 在岛 VI1 中产生最大通信量，带宽共 3.6 GB/s。假定 NoC 数据宽度为 4B。因此，带有 IP7 的 NoC 岛应该可在 900 MHz（由 3.6 GB/4B 获得）的情况下运行，在 65 nm 处的 NoC 库，发现交换机大小大于 3×3 时不能在 900 MHz 下运行，因此，判断这个岛的最大交换尺寸是 3×3。由于岛有 4 个核，在该岛中至少需要 2 个交换机，在其他岛中需要的交换机最小数目可以通过类似方法计算得出。

在算法的步骤 4~10 中，每个岛交换机的数目从最小值（步骤 2 中计算）变化到该岛中核的最大数目。

例 8.2：假设在图 8.3 的例子中步骤 2 计算得到的交换机 VI0、VI1、VI2 的最小数目分别为 1、2、1。VI 中每个点具有一个以上的交换机，将从不同的交换机数中生成设计点，直到交换机的数量与核数量相等。在这个例子中，将讨论以下几点：1、2、1，2、3、2，3、4、3，3、4、4。因为在不同 VI 中交换机数的不同组合是有可能的，所以限制于这种简单的启发式算法。

在步骤 11，对于 VI 的当前交换机数，许多对应于 VI 的 VCG 最小割分区均可得到。在同一分区的核共享相同的交换机。由于最小割分区的使用，通信量大或有较小延迟约束的核将连接到相同的交换机上，从而减少功耗和延迟。

例 8.3：由设计点 1、2、1，可以得到 VCG ($V, E, 1$) 的两个最小切割分区。核 IP9 与 IP10 通信更多且属于相同分区，因此，他们将共享相同的交换机。此外，所有在相同交换机中内核之间的流将直接通过交换机进行路由。

一旦 VI 中的核和交换机之间的连接建立，该算法为交换机间的通信流找到路径并打开链接。有些流也经过 VI 边界。对于经过 VI 边界的流，必须找到或打开连接从源内核 VI 的交换机到目的内核 VI 交换机的链路。这可能导致许多新链路的产生，这些链路可引起不被接受的交换机尺寸的增加，因为这违反了 max_sw_size$_j$ 约束。如果 NoC VI 是允许的，那么可以使用 NoC VI 中的从不关闭的间接交换机来减小其他 VI 中交换机的大小。这些交换机作为间接交换机运作，因为它们不直接连接到核，而只连接其他的交换机。如果使用 NoC VI，那么间接交换机的数目在步骤 14 中是变化的。

对于直接和间接交换机的每个组合，计算打开链路的成本并为所有流（步骤 15）选择最小开销路径。根据带宽值对流量进行排序，计算顺序中每个流量的路径。使用链路的成本是在打开一个新的链路时所增加的功耗或重用一个现有链路及流量约束延迟的线性组合。设置链接成本的不同情况显示在算法 2 程序 Check_constraints 中。打开链接时，确保直接建立从源到目的 VI 交换机的链路或到中间

NoC 岛交换机的链路。为了加强此约束,将较大的成本(INF)分配给禁用的链路。类似的,当岛上的交换机的尺寸达到最大值时,从该交换机打开链路的开销也被设定为 INF。以此防止算法为任何通信流建立这种链路。此外,当交换机接近最大尺寸(两个端口小于最大尺寸)时,指定一个比通常成本更大的值来打开一个新的链接,记为 SOFT_INF。如果可能,这是为了引导该算法重用已经打开的链路。

算法 2 检查约束

1: {Check if the link between $switch_i$ or $switch_j$ can be used}
2: **if** $island(switch_i) = island(switch_j)$ **then**
3:    $link\_allowed$ = **TRUE**;
4: **else if** $island(switch_i) = src\_isl$ and $island(switch_j) = dest\_isl$ **then**
5:    $link\_allowed$ =**TRUE**;
6: **else if** $switch_i$ or $switch_j$ is in NoC **VI then**
7:    $link\_allowed$ =**TRUE**;
8: **else**
9:    $link\_allowed$ = **FALSE**;
10: **end if**
11: $h = island(switch_i)$ and $k = island(switch_j)$
12: **if** $size(switch_i) \geq max\_sw\_size_h$ or $size(switch_j) \geq max\_sw\_size_k$ or $link\_allowed$ = FALSE **then**
13:    $cost_{ij} = INF$
14: **else if** $size(switch_i) \geq max\_sw\_size_h - 2$ and $switch_j$ is in NoC VI **then**
15:    $cost_{ij}$= SOFT_INF/2
16: **else if** $size(switch_j) \geq max\_sw\_size_k - 2$ and $switch_i$ is in NoC VI **then**
17:    $cost_{ij}$= SOFT_INF/2
18: **else**
19:    $cost_{ij}$ = SOFT_INF
20: **end if**

为了便于使用中间 NoC VI 的间接交换机,应使交换机打开链路的成本接近最大尺寸或将间接交换机设置为 SOFT_INF/2。因此,当交换机的大小接近最大值时,更多的连接将使用中间 NoC VI 交换机来建立。

例 8.4:从前面的例子中看看交换机的分配。在这个例子中,必须首先路由的最高带宽流是来自 IP7~IP10,这将导致打开交换机 2 与 1 的链路。现在假设,必须要找到从 IP9 到 IP3 的流路径。因为交换机 1 接近其最大尺寸且有其他流到其他的 VI 中,该算法将使用中间 NoC VI 交换机。这将导致打开一个从交换机 1 到交换机 4 的链路和另一个从交换机 4 到交换机 3 的链路。打开交换机间链路的拓扑结构如图 8.3 所示。

如果找到所有不违反延迟约束的流路径，则设计点便可被保存。最后，对于每个有效的设计点，将 NoC 组件插在平面布局图中，可计算导线的长度、导线的功耗和延迟。所提出算法的时间复杂度是 $O(V^2E^2\ln(V))$，其中，V 是设计中核的集合，E 表示核间通信边界的集合。实际上，通常当输入曲线不完全连接时该算法运行相当快。

8.6 3D IC 的扩展

8.5 节中生成 3D-IC NoC 拓扑结构的扩展算法是由前面提出的算法与从文献[31]中 3D-IC 生成的自定义 NoC 拓扑结构算法相结合完成的。在文献[31]的 3D 算法情况下，核被分配给 3D 硅叠层。核仅可连接在同一层上的交换机，该 3D 算法将探索每层中不同数量的开关设计。层的概念类似 VI 的概念，然而，在原来的 3D 算法中，所有的层都被假定为同步的。

如 8.5 节所述，支持 VI 关闭的 3D 算法的扩展可在 VI 不跨越多个层的假设下完成。这种假设是有意义的，因为很难建立一个可以在多个层跨越的同步时钟树。因此，即使不同层的核工作在相同频率及电压等级上，它们之间很有可能会有时钟偏差且需要将它们分配给不同的 VI。

合成 NoC 3D-IC 算法作为三维堆叠硅层核分配及 VI 核分配的输入。另外，可以跨越两个相邻层的链路最大数目必须作为输入。该约束是用来限制需要连接不同层组件的 TSV 的数目的，以增加产率。

8.7 实验结果

本章的实验报告使用功耗、面积和基于文献[40]的体系结构的 NoC 组件的延迟模型进行演示。该模型是专为 65 nm 的技术节点设立的。扩展了双同步电压和频率转换器模型库。作为参考，对于一些部件的功耗（用于 100%开关活动）、面积和最大工作频率列于表 8.1。发现 1 mm 长度 32 位宽的链路功耗是 2.72 μW/MHz。在文献[24]中，作者表明紧密封装的 TSV 功耗小于由两个数量级水平互连的功耗。因此，垂直连接的功耗和延迟的影响是可以忽略的，因为它们是非常短的（15～25 μm）。在零负载条件下，交换机延迟 1 个周期，非通信链路延迟 1 个周期，电压/频率转换器延迟 4 个周期（以最慢时钟计算）。

表 8.1 NoC 组件描述

	功耗/(μW/MHz)	面积/μm²	频率/MHz
开关 4×4	7.2	10000	803
开关 5×5	8.4	14000	795
转换器	0.34	1944	1000

8.7.1 2D IC 设计

为了支持 VI 和关闭 VI，NoC 将会产生额外开销，这是因为电压和频率转换器的使用及由于需要打开更多的连接以支持必须跨越 VI 边界的所有流。为了了解有多少开销及它如何取决于 VI 数目与 VI 核分配，在几个基线上使用 8.5 节的 2D 算法进行了实验。第一个任务是使用一个多媒体技术的实际标准和无线通信 SoC 进行操作。该标准有 26 个核，其通信图如图 8.4 所示[38]。

为了探索分配 VI 核对 NoC 开销的影响，考虑两种在岛中分配核的方法。在一个实例中，具有相似功能（如从未关闭的共享存储）或一起运行（如较低级缓存和处理器的服务）的核都被分配到同一 VI 中，这样做是为了把一个空闲的核放在一个 VI 中，称这种分配为逻辑分区。这种分配是面向应用程序的，正如本章将展示的那样，它将引起更高的通信开销，但它也有更多的 VI 关闭的可能性。分配 VI 核的另一种方式是基于通信类型的。对于这种 VI 核分配，称之为基于通信分区核，该核具有高带宽，通信流被分配到相同 VI 中。这种分配通信良好且可减少 NoC 开销，但 VI 关闭的可能性也会降低。

对设计中 VI 不同数值的最优拓扑结构的动态功耗情况如图 8.5（a）所示。每个 VI 的计数都有两个功率值，一个值对应于当逻辑分区被用于核分配至相当大数量的 VI 时的情况，另一个值对应于基于通信分区的分配情况。功耗值包括交换机、链路和同步器上的功耗。该图包含两个极端：有 1 个 VI 的情况，因为没有频率转换器的开销，该 VI 可用作参数；有 26 个 VI 的情形，它们的核被分配到本地 VI 中。可以看出，对于基于通信分区，功率的开销并不显著，除非有许多 VI 被使用。这是因为高带宽流都在同一 VI 中，且它们不会通过频率同步器。

在逻辑分区的情形中，要在 NoC 动态功耗中花费一些开销，因为有更多的跨越岛的高带宽流。

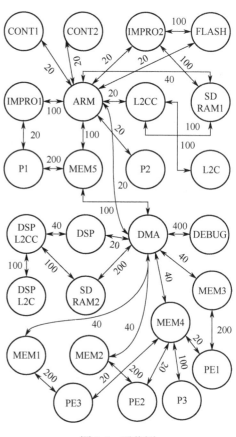

图 8.4 通信图

第 8 章 低功耗 2D 和 3D SoC 的片上网络的设计与分析

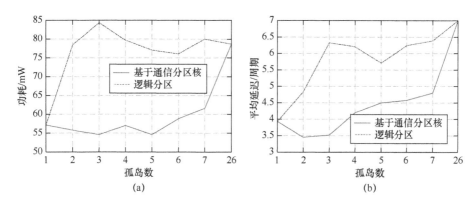

图 8.5 VI 数目对功率和周期的影响

（a）功率；（b）周期。

也考虑在两个不同分配策略中 VI 的数目是如何影响平均零负载延迟的。在图 8.5（b）中，绘制了延迟与 VI 数目的相关性。延迟值是周期中流控单元的零平均负载。当数据包穿越岛时，电压-频率转换器会产生一个 4 周期延迟。随着 VI 的增加，更多的流需要穿过转换器，所以延迟也会增大。然而，可以看到，基于通信 VI 核分配完成时，平均延迟并没有随着 VI 数量变化那么快。这是分配策略引起的，其中更多的流都在同一岛中。第 6VI 逻辑分区的拓扑结构情况如图 8.6 所示，布局规划的例子如图 8.7 所示。

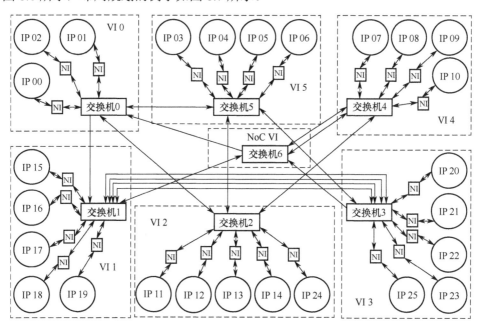

图 8.6 拓扑结构示例

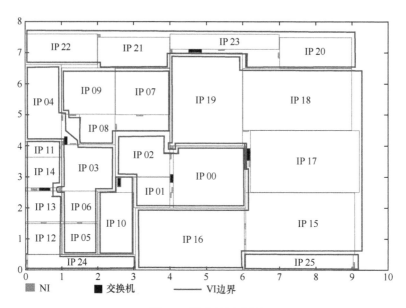

图 8.7 核布局示意图

交换机的工作频率由其内部关键路径给出。由于应用的带宽要求开始增加,所需的 NoC 频率也在增大。因此,交换机启动并到达允许的最大尺寸以满足频率要求。维持交换机尺寸在阈值以下的一个方法是在中间 NoC VI 中使用间接交换机。然而,使用这些交换机会有一定的缺陷,因为流经它们的电流必须经过一组电压—频率转换器。在图 8.8 中,当频率变化时,显示最佳功率点的间接交换机的数量。可以看到,当带宽要求低时,未曾使用中间岛。随着带宽要求开始提高,在中间 VI 中越来越多的间接交换机被使用。当有需要时,上述算法会自动探究整个设计空间并实例化中间岛交换机。

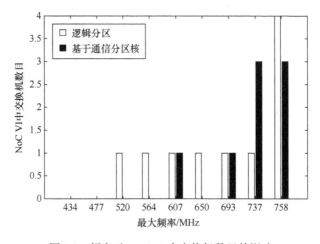

图 8.8 频率对 NoC VI 中交换机数目的影响

在表 8.2 中，对 6 个基线测试中没有 VI 的设计和有多个 VI 的设计之间的功率和延迟进行了比较[38]。同样，报告了 NoC 的动态功率值。使用每个基线（6 个岛的平均值）中岛的不同数目，这是基于应用的逻辑特征。一系列基线模型系统 D36_4、D36_6、D36_8 在芯片上共享了存储器。每个核分别与 4 个、6 个和 8 个其他核通信，平均有 2 个、3 个和 4 个通信流穿过岛。在这些情况下，由于需要许多电压—频率转换器来引导所有 VI 间的通信，开销会更多。D35_bott 标准有 16 个处理器核、16 个专用存储器和 3 个共享存储器。将处理器及专用存储器分配给同样的 VI，因此，只有低带宽流穿过 VI 到达共享存储器。在这种情况下，门控的功率开销不显著，且鉴于一些 VI 运行在较低频率下，故只有延迟会增加。对于 D65_pipe 和 D38_twopd，它们分别有 65 个和 38 个核，以管道的方式通信，从而有较少的链路去跨越 VI，再次产生较小的开销。

表 8.2 多个实例的比较

	没有 VI		多 VI		
	功率/mW	延迟/周期	功率/mW	延迟/周期	VI
D36_4	273.3	4.10	435.5	6.31	6
D36_6	295.9	4.17	441.3	7.72	6
D36_8	448.5	5.76	561.8	7.71	6
D35_bott	112.4	5.96	117.82	6.70	6
D65_tvopd	332.9	3.25	341.64	3.40	8
D38_tvopd	77.43	3.31	80.12	2.62	4

对于不同的 SoC 基线，不难发现，综合支持多个 VI 的拓扑结构会导致 NoC 动态功耗增加 28%的开销。对于所有的基线测试，所述 NoC 消耗小于全部 SoC 动态功耗的 10%。因此，在 NoC 中支持多个 VI 的动态功耗开销小于系统动态功耗的 3%。我们发现面积开销也可以忽略不计，因为 SoC 总面积的增长不到 0.5%。在许多 SoC 中，核关闭会大大减少泄漏功耗，导致在整个系统功耗[12]中降低 25%或更多。因此，相比于所获得的功耗节省，在 NoC 设计中产生的损失是可以忽略的。尽管使用很多 VI 时数据包的延迟要求较高，所提出的合成方法只提供了那些符合延迟约束的设计点。此外，综合流程允许设计者对功耗、时延和 VI 的数量进行权衡。

8.7.2 2D 和 3D IC 的标准比较

之前展现了 VI 对 NoC 2D-IC 的影响，现在将展示从 NoC 使用 VI 的设计角度来看，3D 集成技术可以带来怎样的优势。如果该电路可以以完全同步方式制造出来，首先必须要了解的是 3D 技术本身在功耗节省方面带来的贡献是什么。在这项研究中，使用媒体技术标准 D26_Media。考虑三维硅层 IC 在接下来的核分配到层的 3D 情况。处理器及其支持核的 DSP，如高速缓存及硬件加速器，均分配在底层；大型共享存储器分配在中间层和外设的顶层。在所有实验中 NoC 链路使用 32 位的数据宽度，该宽度匹配了核的数据宽度。

如上所述，首先考虑以完全同步的方式执行 2D 和 3D 设计的情况。用这个实验作为标准来了解 3D 技术对功耗的节省做了怎样的贡献及对于 2D 和 3D 设计的 VI 开销参数。正如在 8.5 节所阐述的，基于任何核的最高带宽要求确定所需最小工作频率。对该基线，单个 VI 所需最小频率计算为 270 MHz。最佳功耗点在 2D 情况下的总 NoC 功耗是 38.5 mW，对于 3D 设计是 30.9 mW。因为在 3D 情况下总线长度显然比 2D-IC 的短，在 NoC 中得到了 20%的节省功耗。这个功耗节省仅仅是由于在 3D-IC（因为基线具有相同数目的核）中导线较短这样的事实，并且将在下一节介绍，在 VI 分配限制下，相比于 2D，3D 技术可提供较高的功耗节省。

8.7.3　比较不同数目的电压频率岛

在本节中，当核被分配给不同的 VI 时，将对 2D 和 3D NoC 设计进行更详细的分析和比较。通过将核分配给不同数目的 VI（从 1～7）做了 *D26_Media* 基线的几处变动。对于这种比较，采用如 8.7.1 节所述的逻辑分区策略只对 VI 核进行了分配，同样的 VI 分配被用于 2D 和 3D 情况下。

在 2D-IC 设计中，对不同 VI 计数的最佳 NoC 拓扑结构的功耗如图 8.9（a）所示。在该图中，显示了总功耗还有不同组件的击穿功耗。类似的情况，为 3D-IC 设计的最佳 NoC 拓扑结构的功耗如图 8.9（b）所示。要注意的一个重要的事情是，由于 VI 数量的增加，一个 VI 内核可能需要比另一个更小的带宽，故可以降低某些 VI 的工作频率。因为每个 VI 至少需要一个交换机，VI 数量的增加会增大设计中交换机的数目。但是，结合前面降低工作频率的效果，可以观察到，当交换机数量增加时，交换机功耗没有显著增加。对于 2D 情况，可以观察到相似的效果，因为变频器放置在较快的交换机附近，链路以较低的频率运行。然而，在 3D 中，随着交换机切换链路数量的增加，交换机切换链路功率随岛的数量也略微增加。这两种情况中频率转换器所使用的功率均随 VI 数目的增加而增大。

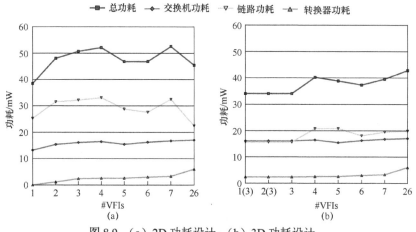

图 8.9　（a）2D 功耗设计；（b）3D 功耗设计。

在这个实验中,假设即使对于完全同步的设计,也会在不同的 3D 层上产生时钟偏斜,从而引起 3D 中 3 个 VI 的最小化,即每个层都有一个 VI。因此,图中的总功耗与 3D 中 1~3 个 VI 是相同的。在图 8.9(a)和(b)中,显示了不同拓扑结构的实际功耗值,并且在图 8.10 中,展示了 2D 与 3D 情况之间拓扑结构的功耗比较。从后一幅图中可以看到,一个 VI 情况时的功耗节省只有 10%,明显小于前面小节所报告的数值。这是因为对于 3D 情况,实际使用了 3 个 VI,每层 1 个作为最小数目。当与 2D 情况中 3 个 VI 的结果作比较时,在 3D 中得到约 35% 的互连功耗节省。然而,由于 VI 数目的进一步增加,转换器的功耗开始决定 2D 和 3D 的情况。因此,通过迁移到 3D 实现功耗节省。对于在 2D 和 3D-IC 中不同数量的 VI 的拓扑结构设计,平均零负载延迟值如图 8.11 所示。由于链路并非自动布线的,在 2D 和 3D 设计间就不会相差太大。因为更多的流要经过频率转换器,且更多的 VI 可以在较低的频率下工作,所以平均延迟会随着 VI 数目而增加。

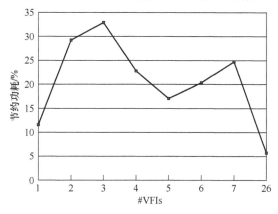

图 8.10　3D 对比 2D 的功耗节省设计

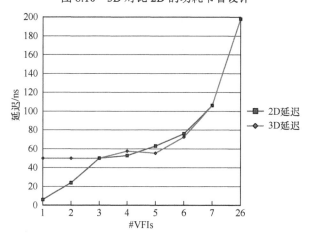

图 8.11　2D 和 3D 的平均零负载设计

为了完成实验分析,也考虑了两个合成标准。在 8.7.1 节中描述过的 $D35\_bott$

和 D36_8 代表了两种极端情况。第一种从处理器到其专用存储器有很大的流量，且到少量共享存储器的流量较少。由于专用存储器靠近处理器且是分配在相同的 VI 中的，在 3D 中的功耗节省小且不会过多地依赖 VI 数量，如图 8.12 所示。D36_8 基线是另一个有许多传输流的极端。在这个标准的测试中，所有核都有对其他 8 个核的高带宽通信。因此，不管该 VI 分配如何，在设计中都将需要大量的链路。因此，在对 3D-IC 设计 NoC 时观察高功耗节省情况。在这两个例子中，大多数现实的设计将具备通信模式。

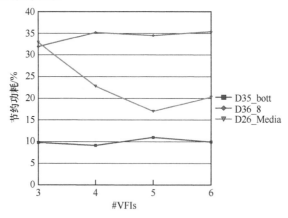

图 8.12 对比 2D 不同基线 3D 的功耗节省设计

到目前为止，考虑了为了能够关闭内核而需要 VI 的情况。然而，如果着眼于未来如 32 nm 及更大的技术节点，内置同步时钟树区域的面积显著缩小。因此，在大型设计上，VI 将是必要的，因为建立一个同步时钟树将会十分昂贵。为了验证这个结果，进行了实验，其中在基线上增大了核的尺寸。因为具有单一的同步区域是不可能的，故增大核的大小，同时也要增加 VI 的数量。例如，如果 VI 的面积保持恒定，核的大小增大了 60%，需要 5 个 VI 而不是 3 个。3D 和 2D 设计功耗百分比的差异如图 8.13 所示。当基线较大时，随着线长越长，相比于 8.6 的节实验，在 3D 中能获得更大的功耗节省。

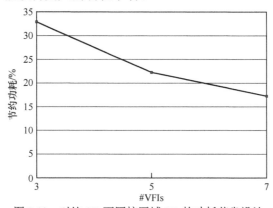

图 8.13 对比 2D 不同核区域 3D 的功耗节省设计

8.7.4 结果分析

因为 3D 设计有三个硅层，当链路连接不同层上的两个组件时，需要变频器或平均同步装置，相对于一个没有使用 VI 的完全同步的 2D 设计，迁移到 3D 会有小功耗节省（11%）。然而，当在设计（无论是功能上的原因或是由于技术的限制）中使用更多的 VI 时，对于 3D SoC 中 NoC 生成的功耗比那些 2D IC 功耗要少得多。在 VI 设计中，为了支持 VI 关闭，需要更多的链路以路由所有穿过 VI 边界的通信流，因此，在 3D 设计中较短的线长产生相当大的功耗节省（高达 32%）。如果增加过多的 VI 数量，那么在 2D 中导线也会变得更细且更短。这样，3D NoC 实现的功耗节省开始下降。由于 VI 的数量增加，变频器的功耗变得更加显著，因此 3D NoC 的功耗随着 VI 数量减少也是由于这一事实引起的。对 3D IC 拓扑结构的平均零负载延迟没有显著减小。这是因为平均零负载延迟是由通过变频器的 4 个周期延迟决定的。由于 3D 中 TSV 的插入导致的面积开销可以忽略不计，因为与核面积相比，TSV 宏占据小于 2%的面积。

8.8 小结

泄漏功耗成为 IC 总功耗的一大部分。为减少泄漏功耗，可以关闭在应用程序中没有用到的核。为便于路由信号，核被分在电压岛中，而且当整个岛的核闲置时，可以关闭该岛。NoC 的设计在允许岛的无缝关闭上起了重要作用。NoC 拓扑结构应当设计成这样：即使一些岛关闭了，也应当使得可运作的不同岛间能够通信。在本章中，为实现这点，展示了 NoC 拓扑结构是如何设计的。采用了 2D 和 3D IC NoC 设计方法。在几个基线测试上的研究表明，在迁移到 3D 技术时 NoC 功耗有了显著的减小，特别是在带有许多电压岛的设计中。

致谢 感谢 CTI 在项目 10046.2PFNM-NM 和 ARTIST-DESIGN 卓越网络的赞助。

参 考 文 献

1. T. Ahonen, D. Signza-Tortosa, H. Bin, J. Nurmi, Topology Optimization for Application Specific Networks on Chip, Proceedings of SLIP, pp. 53–60, Feb 2004
2. K. Banerjee, S. J. Souri, P. Kapur, K. C. Saraswat, 3-D ICs: A Novel Chip Design for Deep-Submicrometer Interconnect Performance and Systems-on-Chip Integration, Proceedings of the IEEE, 89(5):602, 2001
3. E. Beigne, P. Vivet, Design of On-Chip and Off-Chip Interfaces for a GALS NoC Architecture, Proceedings 12th IEEE Intl Symposium on Asynchronous Circuits and Systems (ASYNC 06), IEEE CS Press, 2006, pp. 172–181
4. E. Beigne, F. Clermidy, S. Miermont, P. Vivet, Dynamic Voltage and Frequency Scaling Architecture for Units Integration within a GALS NoC, Proceedings of the Second ACM/IEEE International Symposium on Networks-on-Chip, pp. 129–138, April 07–10, 2008

5. L. Benini, G. De Micheli, Networks on Chips: A New SoC Paradigm, IEEE Computers, pp. 70–78, Jan 2002
6. E. Beyne, The Rise of the 3rd Dimension for System Intergration, Interconnect Technology Conference, 2006 International, pp. 1–5
7. T. Bjerregaard, S. Mahadevan, R. G. Olsen, J. Sparsoe, An OCP Compliant Network Adapter for GALS-based SoC Design Using the MANGO Network-on-Chip, Proceedings 2005 International Symposium on 17-17 Nov 2005 pp. 171–174
8. A. P. Chandrakasan, S. Sheng, R.W. Brodersen, Low-Power CMOS Digital Design, IEEE Journal of Solid-State Circuits, 27(4):473–484, 1992
9. J. Cong, J. Wei, Y. Zhang, A Thermal-Driven Floorplanning Algorithm for 3D ICs, ICCAD, Nov 2004, pp. 306–313
10. G. De Micheli, L. Benini, Networks on Chips: Technology and Tools, Morgan Kaufmann, CA, First Edition, July 2006
11. T. Dumitras, S. Kerner, R. Marculescu, Towards on-chip fault-tolerant communication, ASP-DAC 2003, pp. 225–232
12. F. Fallah and M. Pedram, Standby and Active Leakage Current Control and Minimization in CMOS VLSI Circuits, IEICE Trans. on Electronics, pp. 509–519, Apr 2005
13. B. Goplen and S. Sapatnekar, Thermal Via Placement in 3D ICs, Proceedings of the International Symposium on Physical Design, p. 167, 2005
14. P. Guerrier, A. Greiner, A Generic Architecture for On-Chip Packet Switched Interconnections, Proceedings of the Conference on Design, Automation and Test in Europe, pp. 250–256, March 2000
15. A. Hansson, K. Goossens, A. Radulescu, A Unified Approach to Mapping and Routing on a Combined Guaranteed Service and Best-Effort Network-on-Chip Architectures, Technical Report No: 2005/00340, Philips Research, April 2005
16. W. H. Ho, T. M. Pinkston, A Methodology for Designing Efficient On-Chip Interconnects on Well-Behaved Communication Patterns, HPCA, 2003
17. J. Hu, R. Marculescu, Exploiting the Routing Flexibility for Energy/Performance Aware Mapping of Regular NoC Architectures, Proceedings of the Conference on Design, Automation and Test in Europe. March 2003, pp. 10688–106993
18. W.-L. Hung, G. M. Link, Y. Xie, N. Vijakrishnan, M. J. IRwin: Interconnect and Thermal-Aware Floorplanning for 3D Microprocessors, Proceedings of the ISQED, March 2006, pp. 98–104
19. IBM ASIC Solutions, http://www-03.ibm.com/technology/asic/index.html
20. D. Lackey, P. S. Zuchowski, T. R. Bednar, D. W. Stout, S. W. Gouls, J. M. Cohn, Managing power and performance for System-on-Chip designs using Voltage Islands, Proceedings of the ICCAD 2002, pp. 195–202
21. K. Lahiri, A. Raghunathan, S. Dey, Design Space Exploration for Optimizing On-Chip Communication Architectures, IEEE TCAD, 23(6):952–961, 2004
22. L. Leung, C. Tsui, Energy-Aware Synthesis of Networks-on-Chip Implemented with Voltage Islands, Proceedings of DAC 2007, pp. 128–131
23. S. K. Lim, Physical Design for 3D System on Package, IEEE Design and Test of Computers, 22(6):532–539, 2005
24. I. Loi, F. Angiolini, L. Benini, Supporting Vertical Links for 3D Networks On Chip: Toward an Automated Design and Analysis Flow, Proceedings of Nanonets 2007, pp. 23–27
25. Q. Ma, E. F. Y. Young, Voltage Island Driven Floorplanning, Proceedings of ICCAD 2007, pp. 644–649
26. I. Miro-Panades, et al., Physical Implementation of the DSPIN Network-on-Chip in the FAUST Architecture, Networks-on-Chip, 2008. Second ACM/IEEE International Symposium on 7–10 April 2008 pp. 139–148
27. S. Murali, G. De Micheli, Bandwidth Constrained Mapping of Cores on to NoC Architectures, Proceedings of the Conference on Design, Automation and Test in Europe, 2004, pp. 20896–20902
28. S. Murali, G. De Micheli, SUNMAP: A Tool for Automatic Topology Selection and Generation for NoCs, Proceedings of the DAC 2004, pp. 914–919
29. S. Murali, T. Theocharides, N. VijayKrishnan, M. J. Irwin, L. Benini, G. De Micheli, Analy-

sis of Error Recovery Schemes for Networks-on-Chips, IEEE Design and Test of Computers, 22(5):434–442, Sep–Oct 2005
30. S. Murali, P. Meloni, F. Angiolini, D. Atienza, S. Carta, L. Benini, G. De Micheli, L. Raffo, Designing Application-Specific Networks on Chips with Floorplan Information, ICCAD 2006, pp. 355–362
31. S. Murali, C. Seiculescu, L. Benini, G. De Micheli, Synthesis of Networks on Chips for 3D Systems on Chips. ASPDAC 2009, pp. 242–247
32. U. Y. Ogras, R. Marculescu, P. Choudhary, D. Marculescu, Voltage-Frequency Island Partitioning for GALS-based Networks-on-Chip, Proceedings of DAC, June 2007
33. S. Pasricha, N. Dutt, E. Bozorgzadeh, M. Ben-Romdhane, Floorplan-aware automated synthesis of bus-based communication architectures, Proceedings of DAC, pp. 65–70 June 2005
34. A. Pinto, L. Carloni, A. Sangiovanni-Vincentelli, Constraint-Driven Communication Synthesis, Proceedings of DAC, pp. 783–788, June 2002
35. K. Ryu, V. Mooney, Automated Bus Generation for Multiprocessor SoC Design, Proceedings of the Conference on Design, Automation and Test in Europe, pp. 282–287, March 2003
36. A. Sathanur, L. Benini, A. Macii, E. Macii, M. Poncino, Multiple Power-Gating Domain (multi-VGND) Architecture for Improved Leakage Power Reduction, Proceedings of ISLPED 2008, pp. 51–56
37. C. Seiculescu, S. Murali, L. Benini, and G. De Micheli, NoC Topology Synthesis for Supporting Shutdown of Voltage Islands in SoCs. In Proceedings of the 46th Annual Design Automation Conference (DAC 2009), pp. 822–825, 2009
38. C. Seiculescu, S. Murali, L. Benini, G. De Micheli, SunFloor 3D: A Tool for Networks on Chip Topology Synthesis for 3D Systems on Chip, 2009, pp. 9–14
39. K. Srinivasan, K. S. Chatha, G. Konjevod, An Automated Technique for Topology and Route Generation of Application Specific On-Chip Interconnection Networks, Proceedings of ICCAD 2005, pp. 231–237
40. S. Stergiou, F. Angiolini, S. Carta, L. Raffo, D. Bertozzi, G. DeMicheli, pipesLite: A Synthesis Oriented Design Library for Networks on Chips, Proceedings of the Conference on Design, Automation and Test in Europe 2005, pp. 1188–1193
41. Y-F. Tsai, D. Duarte, N. Vijaykrishnan, M.J. Irwin, Implications of Technology Scaling on Leakage Reduction Techniques, DAC 2003
42. R. Weerasekara, L.-R. Zeng, D. Pamunuwa, H. Tenhunen, Extending Systems-on-Chip to the Third Dimension: Performance, Cost and Technological Tradeoffs, Proceedings of ICCAD, 2007, pp. 212–219
43. J. Xu, W. Wolf, J. Henkel, S. Chakradhar, A Design Methodology for Application-Specific Networks-On-Chip, ACM Transactions on Embedded Computing Systems (TECS), 5(2): 263–280, 2006
44. P. Zhou, Y. Ma, Z. Li, R. P. Dick, L. Shang, H. Zhou, X. Hong, Q. Zhou, 3D-STAF: Scalable Temperature and Leakage Aware Floorplanning for Three-Dimensional Integrated Circuits, ICCAD, Nov 2007, pp. 590–597
45. X. Zhu, S. Malik, A Hierarchical Modeling Framework for On-Chip Communication Architectures, ICCD 2002, pp. 663–671, Nov 2002

第9章　CMOS纳米光子学技术、系统影响和多芯片处理器（CMP）的案例研究

9.1　引言

随着CMOS技术的发展，芯片的特征尺寸不断缩小，使得在芯片上增加处理器核数量成为可能，几乎每18个月就增加1倍[5]。随着核的数量增加到数百个，支持所有核并进行计算所需要的主存储器带宽将呈数量级趋势增加。不幸的是，ITRS路线图预测在未来10年里引脚数量（<2x）只会少量增加，并且引脚的数据传输速率增加缓慢。这会产生一个明显的主存储器带宽瓶颈，并会限制其性能。类似的，随着核数量的增加，片上带宽也需相应增加，用于支持核到核通信和核到内存控制器的通信。结果表明，使用电结构的NoC多核系统在保持良好的性能、功耗和面积的同时，可能不能够满足这些高带宽的要求[28]。

为未来多处理器芯片系统创建高带宽片上网络（NoC）的困难源于导线的尺度特征[20]。随着设备工艺的缩小，最小尺寸的晶体管呈线性收缩，导线也在高度和宽度上变得更小了，但它们收缩速率较慢。尤其在金属的上层更是如此，在流程步骤之间尺寸几乎没有减小。将导线分为3类：局部的、中间的和全局的。局部导线通常被布局在金属的底层，并被用来在特别核之间连接子系统，如ALU、FPU、存储器控制器和寄存器文件。随着子系统变得相当的小，局部导线也变得相对较短，它们的长度、功耗和带宽性能随着工艺的发展得到了良好的扩展。中间导线占据中间金属层，并用于在核内连接不相邻的子系统。中间线连接会存在问题，但是将低介电系数材料与由于核尺寸较小而缩短的长度相结合，可以缓和这一现存问题。全局导线占据上层金属层并用来分配电源、地和时钟信号，它们也能用于片上网络支持核间和核与主存储器之间的通信。全局连线与功耗、延迟和带宽直接相关。全局连线问题是随后讨论的重点。

由于NoC缺少片外高带宽和高等分带宽，除了那些能表现出很强的局部性的程序外，程序性能是有限的。有这样限制的程序设计已经有了一些应用，但它不具备通用性，在一些案例里不能获得所需要的局部性。密码分析是基于高带宽跨系统应用的一个例子。事实上，在以数据为中心的计算中的趋势是使用跨系统密集的高层次编程框架，如Map Reduce。

芯片级的电NoC设计师有两种选择，他们要么用全局连线，要么不用。如果不使用全局导线，则互连拓扑结构将被限制在邻近通信，这将限制拓扑结构选择

一个二维 mesh 或 torus。这两种拓扑结构的优点是，通信可以通过相对短的本地或中间金属层来处理。其缺点是，非相邻的通信将需要更多的跳数和中间路由器，这将导致功耗的增加，更高的延迟，并降低了跨系统带宽。全局导线的使用将使一组拓扑和路由算法的选择变得更丰富。然而，随着技术的发展，全局导线变得越来越昂贵，因为它们的长度几乎是保持不变的，而局部和中间导线的长度在减小。

简而言之，全局导线没有随着工艺技术的改进而缩短，且由于增加了更多的金属层，它们甚至可能略有增长。导线电容线性依赖于线长，而且功耗与延迟都随容量的不同呈线性变化。由于占据一个特定横截面的导线数量是有效恒定的，所以带宽也保持相对恒定[32]。在一般情况下，在不重复的导线当中，延迟是线长的平方，但在重复的导线当中，延迟大致和线长呈线性关系。但是，这种延迟的减少是以中继器功耗的增加为代价的。关于这些问题的更详细的讨论请参见 9.3 节。保持跨芯片的延迟大体不变将导致全局互连成为芯片功耗的主要部分。

集成纳米光子学为解决与导线相关的 NoC 带宽和功耗问题提供了机会。一个类似的机会存在于解决外部封装引脚及其信号速率所带来的片外带宽问题，这并不会随着核心数的增长而增长。由外部收发器来完成光域的转换是无法实现的。为了充分利用光子学，使光直接进入芯片是必要的。集成纳米光子学最近的发展已经证明，一个光学互连系统（调制、传输和检测）的所有元件可以用与 CMOS 制造工艺[29]兼容的技术来实现。纳米光子 NoC 技术与电 NoC 相比，具有提供显著改善的潜力，这种改善主要指带宽和功耗。与电互连相比，典型的光传输介质有很低的损耗。与基于导线的互连不同，每比特用于光通信所需的能量很大程度上和路径长度是相互独立的，因为光通信只在路径末端消耗能量。

对于长距离网络，电信行业已经选择使用光学通信。随着技术工艺的不断发展，"长"的定义也发生了改变。很快，计算机产业也许能利用光学 NoC。最初的光子器件研究表明，相比于 2 pJ/b[37]的电 NoC，光子化 NoC 的能级最大可能达到 200 fJ/b[45]。如果每比特的能量能进一步降低，光子化的片内通信也许是可能的。

因为信息最终在电子域发送、接收和处理，光子化的优势取决于在光域转换的互连路径长度的能量需求。低至 50 μm 的交叉点被预测为最具挑战性的光学技术。

对于高速片外电子互连，调制率接近最大通道带宽。耗电前后均衡常用来保持信号的完整性。与此相反，光通信的载波频率高出调制频率许多数量级。调制速率和载波频率之间较大的差异是指光 NoC 对信号完整性要求不高，而电 NoC 的数据速率却受限于信号完整性。在光学系统里具有这样的优势，调制率可以在不重新设计传输路径的情况下进行扩展。光 NoC 传输路径可不考虑电磁干扰和串扰。

光学系统有更高的载波带宽，可以通过波分多路复用（WDM）进行利用。在片上网络通信的情况下，这可以允许并行数据总线的所有通道运行于单根光纤或波导上，每个通道用不同波长的光调制。波分复用技术在集成光子领域相当有吸引力，其中对一个通道增加额外的检测器和调制器所增加的成本可能是很低的。

WDM 也可以在多个节点连接到一个共同的光通信介质的交换应用中使用。可调传送器或检测器的使用使得节点能够在通道间选择，从而创建一个光电路交换开关。对于当前计算机系统的电子网络，大部分以数据包转换而不是电路转换，如果要拓展容量，则需要大量的架构修改。

片内光通信可能使用和已提出的片间通信相同的技术。在这种情况下，发射器和检测器可以通过光学互连的单层或多层的波导直接相连。自由空间的光通信也已经提出片内通信应用[52]。

在本章中，研究 NoC 光互连的需求。回顾一个光互连的 4 个主要元件目前的工艺水平，这 4 个主要元件是光源、调制器、检测器和波导。仅回顾具有大规模集成潜力的设备技术是因为无论是直接通过附加处理步骤或使用 3D 堆叠技术它们都与 CMOS 工艺相兼容。之后，研究基于多核 NoC 构架光子通信的影响。最后，对一个 256 核通过光子互连的 CMP 进行案例研究。开发一个片上网络架构，充分利用了 CMOS 纳米光子学技术选项的特殊选择能力。相比于一个 2D mesh 的电子化设计，就功耗和性能两方面对光连接的 CMP 进行分析。

9.2　CMOS 纳米光子技术

光学互连已成功用于长距离数据传输，并且短距离传输的效益正变得越来越好。因此，它们成为未来 NoC 发展的一个必然趋势。光学互连的一个显著优势是使用密集波分复用（DWDM）增加单个物理通道带宽的能力。

鉴于由序列化和反序列化（SER-DES）引起的功耗开销，片内互连以高于 2 倍时钟速度的驱动是不可能的。由于有功功率和时钟频率呈线性关系，在未来 10 年里时钟速度可能不会超过 5 GHz[42]。考虑到这些限制，在成本和功耗效益方面，电子化互连不能为程序员提供必要的高连通性。对于粗波分复用（CWDM）光互连也存在类似的限制。存在一个 DWDM 光学方法，但在实际实现上存在着挑战。

9.2.1　概述

为了获得 10TB/s 序列的片上带宽，需要一个 DWDM 互连，在网络中该互连有每波导 64 波长、一个 10 Gb/s 通道的数据速率，以及大约 250 个波导。这种片上和片外光子学的可行性将需要集成光子电路，这种电路和传统的 CMOS 制造工艺相兼容。硅光子学的最新进展显示，这样的网络需要许多设备的确是可能的。而且，当考虑到经济效益时，硅光子集成电路取代电子集成电路将是合理的。

一个完整的光子 NoC 需要很多组成部分，通常需要一个光源、一个可以把电信号经编码转换为光信号的调制器、一个在芯片上传输光的波导、一个解码光数据并转换为传输到电信号的探测器。在通常情况下，把光子 NoC 连接到片外光子网络的方法是必要的，因此，在片上波导和片外传输层的某种形式的连接器也将是必要的。可能除了光电源外,这些光子设备也许与 CMOS 电子一起被集成在一个硅层上。值得注意的是,为电信应用提供收发器的制造商最近已经开始在同一层上集成硅光子器件和电子器件[34]。

电信技术集成方法对全光子 NoC 可能不是特别有用,这是有一些原因的。首先,CMOS 逻辑和硅光子学的工艺过程是相当不同的,这两个进程似乎不太可能同时被优化。其次,在多核处理器中,逻辑电路将占据很大面积,这就给光学组件留下了很小的空间。片上光子网络可能需要一个专用的层,这一层可能是一个在 3D 芯片堆叠方案(如文献[46]中提出的,3D 技术的有效性见文献[10])中的一个专用芯片,或是建立在一个逻辑 CMOS 芯片[7]后面的一个多晶硅层,这样的分层方案能允许一些电路元件,像模拟驱动器的光子器件,用来被集成到该光子层。

9.2.2 光源

一个开关键控(OOK)光子链路有两种可能的调制方案:直接调制和外部调制。在直接调制方案中,光源为典型的激光或 LED,直接接通和断开。在外部调制方式中,采用连续波(CW)光源和一个调制器来获得相同的结果。直接调制非常适合于单波长和 CWDM 系统,但作者认为,对于一个具有多个连接的 DWDM 系统,优先选用外部调制,因为窄带激光器可以在多个光子链路之间共享。

激光器是一个硅光子集成电路(Si-PIC)的一个关键组成部分。因为材料的间接带隙特性,硅光源的构建是非常困难的。因此,需要用一个 III-V 激光来产生光,无论是作为片外或片上混合激光。

最近具有精确控制频率间隔的多波长激光器已经建成。这些激光器的一个优点是,只要一个频率通道被伺服锁定到一个片上标准腔,那么所有的其他频率模式将跟踪控制模式。一种可能的方法是基于量子点法的 Fabry-Perot 激光梳[26],这已被用于证实 10 Gb/s 时,10 个纵向模式[19]的误码率是 10^{-13};另一个可能的方法是锁模混合 Si/III-V 激光衰[24],它采用了硅波导激光器腔晶片键合到 III-V 增益介质。任何环境温度的变化在激光腔中、在硅波导内以及由 DWDM 网络形成的谐振中都会导致大致相同的折射率偏移,这简化了波长锁定。对 DWDM NoC 来说波长锁定方案能有效地应对温度变化所产生的影响。

要实现 DWDM 网络,建立频率选择调制器和探测器是必要的。原则上,DWDM 调制器可以使用与波长独立的调制器(如 Mach–Zehnder[18]或电光调制器[53])和上行—下载滤波器。考虑到大面积的如阵列波导光栅(AWG)的非谐振上行—下载滤波器,这个解决方案是不容易实现的。另一种解决方案是使用谐振元件来复用和解复用信号,因为谐振元件对环境变化如温度更加敏感,需要非常严格的制造公差,所以这种解决方案在实现上更复杂。

提倡用硅微环谐振器[49],是由于它们的小尺寸、高品质因数(Q)、非谐振光的透明性和小本征反射。通过注入电荷,微环的折射率可以被改变为腔的蓝移基频。这种机制可以用来把微环谐振器移入或移出入射光的谐振区域，因此在一个OOK方案里为电光调制[49]提供了一种机制。当不调节时，这些环是在"OFF"位置，并可忽略光传输的干扰。一种更慢的调谐机制通过温度提供：升高环温度产生红移频率，这个机制可以用于跟踪激光频率的缓慢变化。额外的功能可以通过使用一个可变波长分插滤波器[35,43]作为开关来获得。最近本组已经展示了一个拥有 1.5 μm 辐射半径和 18000 固有品质因数 Q 的环[51]，这种品质因素只考虑环内的损失；如果加上环耦合器所造成的损失，结果是把 Q "加载"为 9000。这些环的有效体积大约为 1.0 $\mu m^{3[51]}$。鉴于硅波导的弯曲损耗，所测量的品质因数接近最大可实现的 Q。图 9.1（a）显示了一个已制造的微环和它的相关波导，级联硅微环谐振器如图 9.1（b）所示。这些可以作为纳米光子 NoC 的一个调制器或滤波器组。

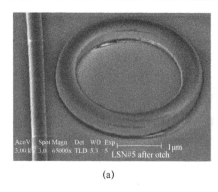
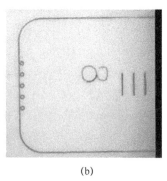

(a) (b)

图 9.1 （a）一个半径为 1.5 μm 的微环谐振器耦合到一个优化宽度波导的 SEM 图；
（b）显微镜下在芯片边缘级联微环谐振器耦合到 U 型波导管的图片。

9.2.3 波导、分离器、耦合器和连接器

一个 Si-PIC 需要一系列的无源器件。传输层建立在硅绝缘体外的测量损耗低至 0.1 dB/cm 的波导上，其他有用的组件包括可用于分配电能并实现广播网络的分离器，以及用于将光耦合到片内和片外的耦合器。从理论和实验上详细研究的分离器已经完全掌握。对片内外耦合光来说，提倡使用光栅耦合[3,41]，光栅耦合器允许标准光纤耦合的光低损耗地进入 SOI 波导，反之亦然（实验证明是 2 dB，模拟装置是 1 dB）。

9.2.4 探测器

需要一个从光域传输数据到对应的电子域的 DWDM NoC 波长选择检测器。自然选择的检测器材料是锗，因为它是与 CMOS 兼容，非常适合于探测 1.3 μm 和 1.55 μm 的光。与 CMOS 兼容及由 SOI 波导集成的锗探测器已被一些研究组证实，详细信息可在最近的文献综述[31]中找到。关于在 DWDM NoC 中集成探测器需要对两个问题进行分析：波长选择和功率消耗。目前探测器已被证明并不是波

长选择性的，因此，人们需要建立一个下载滤波器。如先前所讨论的，非谐振降滤波器，如 AWG，并不适合大规模集成。更好的选择是利用微环谐振器降滤波器[50]开发 DWDM 链路，更先进的解决方案是将检测器集成在下载拉环以创建一个波长特定的共振探测器[2]。在这两种情况下，可以说是建立了一个拥有 10 fF 量级电容的 Ge-on-SOI 波导探测器。

为了保证速度和限制功耗[31]，减小电容是很重要的。低电容检测器将能够产生电压降，甚至对仅包含 10000 光子的小型光信号也能产生电压降。这将允许人们建立一个无检测器接收机（即不需要放大的检测器[31]），或至少限制从检测器中的信号送到所需的逻辑电平的放大阶段的数目，这会节约能耗和面积。

9.2.5 芯片内部与芯片间的通信技术

为了比较光学和电子学片上网络的性能，需要一个光电子的技术路线图，该路线图与半导体的 ITRS 路线图相对应。对光学器件在此时的性能估计和未来 CMOS 工艺是相对应的，虽然可以通过展望电子产品的性能来提高 CMOS 工艺，但对于光子器件没有相应的设备进行展望。不像晶体管，由于光学器件的尺寸是工作波长的函数，所以光学器件的几何尺寸没有特定的工艺特征尺寸。例如，微环调制器的直径相对于一个给定的自由光谱范围是恒定的。然而，改善光刻和制造过程是降低能耗的解决方案。随着微环制造精度的提高，仅需较少的能量就可调整它们。探测器设计的改进降低了探测器的电容并提高了转换效率，最终提高了能源效率。

当考虑到每比特光通信的能量时，区分简单的点对点应用和需要扇入（多对一）或扇出（一对多）应用通信模式是重要的。在一个扇入配置中，每个波长可能有多个发送调制器和单个探测器。对于一个特定的波长，只用一个调制器虽然在任何时候都是有源的，但对于该波长任何一个非有源微环调制器一定要被维持在一个谐振波长上，该共振波长不受任何通信频带的干扰。因此，对使用单个波导的高扇入应用，每比特的通信能量高度依赖于保持无源调制器调谐所需的功耗。

光子技术路线图假定芯片堆叠技术是可用的，这便允许使用一种未改进的高性能 CMOS 工艺执行处理单元。添加两个附加层：驱动电子设备的模拟层和包含调制器、探测器和波导管的光学层。堆叠层之间使用硅通孔（TSV）技术进行连接。另外，根据系统架构，可以增加有专用功能的 CMOS 层，如本地存储器。TSV 的电气特性限制了实际应用的芯片堆叠层的数量。研究表明堆叠层的深度达到 8 层是可行的，但散热问题可能会进一步限制层数。

对于低成本配置，集成模拟电子处理器也许会使用两个堆叠层，但这两层会存在面积成本。堆叠中的所有层都被制作在硅基板上，以确保各层之间的散热规范。光层是相对简单的，包括光波导和微环的模式、漫射为调制器创建的节点、锗检测器以及一个用来提供层与层之间联系的金属化层。光学层上没有晶体管。

一个片外大约 1310 nm 的激光梳用来提供光能源。由于制作精度的提高使得通道间隔更紧密，便期望可用波长的数量随时间而增加。假设使用 5 μm 或 5 μm 以下的微环，80 GHz 的通道间隔可容纳 64 个波长。微环的调制频率将达到 10 Gb/s，产生的总波导带宽为 640 Gb/s。

技术路线图预测，使用这种技术光子通信每比特的能量将对 NoC 围绕 17 nm CMOS 工艺节点的时间尺度变得有吸引力。这时，点到点片内通信每比特的能量预测会小于 85 fJ/b，对 64 扇入通信会小于 240 fJ/b。

9.3 纳米光子学网络原理

本节描述光学 NoC 的基本思路以及与电 NoC 的对比。

9.3.1 电互连

电气芯片的信号可以使用于简单重复的满摆幅线中，其电压驱动介于 0～VDD 之间，或通过低摆幅线限制摆动到一小部分的 VDD 以节省电能[32]。本章考虑这两种可能性的更多细节。

简单的导线延迟是由它的 RC 时间常数确定的（R 为电阻，C 为电容）。长度为 L 的导线的电阻和电容可表示为[20]

$$R_{\text{wire}} = \frac{L\rho}{(\text{thickness} - \text{barrier})(\text{width} - 2\text{barrier})} \tag{9.1}$$

$$C_{\text{wire}} = L\left(\varepsilon_0\left(2K_{\varepsilon_{\text{horiz}}}\frac{\text{thickness}}{\text{spacing}} + 2\varepsilon_{\text{vert}}\frac{\text{width}}{\text{layerspacing}}\right) + \text{fringe}(\varepsilon_{\text{horiz}}, \varepsilon_{\text{vert}})\right) \tag{9.2}$$

式中：thickness 和 width 为导线的横截面的几何尺寸；barrier 为导线周围包覆的薄阻挡层，以使铜和周围的氧隔离；ρ 为材料的电阻率；$\varepsilon_{\text{horiz}}$ 和 $\varepsilon_{\text{vert}}$ 分别为潜在的不同相对介质垂直的和水平的电容器；K 为耦合电容的米勒效应；spacing 为同一金属层上的相邻导线之间的间隙；layerspacing 为相邻金属层之间的间隙。因此，导线的长度会导致二次延迟。克服这种二次延迟的简单技术是把整条线断成更短的片段，并用中继器连接起来。其结果是，线延迟成为与导线长度有关的线性函数。总之，可以通过选择适当的中继器尺寸和中继之间的间隔来最小化导线延迟[6]。需要注意的是，这些中继器可被锁存器替换，通过使能导线指令来提高带宽。

虽然中继器减少了延迟，但它们显著增加了能量消耗。随着长度的增加，一个理想的重复使用的导线消耗的能量是简单导线的数倍[6]。互连的能量可以通过使用比最佳尺寸更小的中继器并通过增加连续中继器之间的间隔来减少，这是能耗和延迟的权衡。这种节约是显著的，尤其是在泄漏功耗非常高的亚微米高性能工艺技术中。图 9.2 显示了最佳中继器大小和间距偏差对延迟的影响。图 9.2 表示，如果中继器的大小和数量都减少 50%，延迟仅增加 30%。延迟和功耗之间的折中是非线性的，并且取决于许多因素。图 9.2 标注了对于延迟的中继器的尺寸和间隔，但还有其他因素，如漏电流、短路电流、工艺技术和所选择的金属丝层的物理性质，考虑到这些因素才能精确地计算出功耗。本章将正确对待这些非常复杂的细节影响，这一话题在文献[6,33]中做了详细的说明，并表明损失 2 倍延迟可能会节约 5 倍功耗。最关键的是中继器的大小和间距严重影响线延迟和功耗。

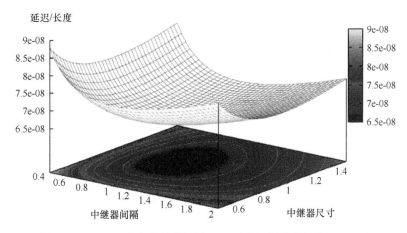

图 9.2　32 nm 工艺上中继器间隔/尺寸对全局导线的导线延迟影响

全局导线高功耗的主要原因是通过中继器施加的满摆幅（$0\sim V_{dd}$）需求。尽管中继器的间距和大小的调整在一定程度上降低了功耗，但它仍然是比较高的。选择另一种低振幅替代机制来改变导线功耗、延迟和面积的权衡。降低全局导线的电压摆幅可以线性地降低功耗。此外，为低摆幅驱动假设一个独立的电源可以节约二次功耗。然而，这些大量功耗的节省伴随着许多注意事项。简单的低接收率的中继器在低摆幅线以下不工作；由于不能再使用中继器，低摆幅线的延迟将随长度的二次方增加。此外，这样的线不能用于传输，且它具有低吞吐能力。低摆幅线需要用于信号产生和放大的特殊发射器和接收器电路。这不仅增加了每个信道的规定面积，而且还增加了额外发送每个比特的延迟和功耗。由于这种固定的开销，低摆幅导线的好处仅存在于片上长导线内传输非延迟关键数据。

9.3.2　光互连

在光学互连上，光波导本身所消耗的功率是非常小的，并且是固定消耗在激光源上的恒定功率。功耗主要在于电光转换和光电转换，特别是发射器和接收器电路被用于这些区域之间的切换。因为这些电路的负载是恒定的，并独立于信道的长度，它们的功耗保持不变，为一个固定的工作电压。因此，不像其他的电子替代品，光学互连的耗散功率和互连长度是相对独立的。这种特性使得光学适合于在芯片间传输信号。

传送器包含一个用于调整环谐振器共振的波形发生器（9.2.2 节）。传送器消耗的功率包含两部分：注入载流子到谐振器所需的动态能量和保持环状态的静态能量。必须精确控制输入信号的两个电压水平以进行适当的调制，即对应于逻辑零的电压可确保将振铃调谐到谐振，而波长是校准其他电压环和避免无意改变信道的关键。根据陈等[13]，传输逻辑零所需（调节环到共振）的能量是 14 fJ，以 10 Gb/s 传输速率的静态组件的功耗是 22 fJ/b。因此，假设 0 跳变到 1 的概率是 25%，那么传送器总功耗是 36 fJ/b。

光学检测器（9.2.4 节）把光信号转换成电信号，但来自检测器的电输出强度可能不足以驱动逻辑组件。一系列简称为接收器的放大器用来放大微弱信号，检测器的输出被首次放大并由互阻放大器转换成电压信号。从互阻放大器输出的信号的幅度通常只有几毫伏，多个阶段限制放大器是用来把信号的强度增加到 VDD。

对于芯片上的光互连的密集部署，保持这些放大器的低开销是最关键的。接收器所消耗的功率是由光学部件的可变性来确定的。由于尺寸和环境温度的波动导致了检测器环的不规则，从检测器所产生的电信号和额定电压存在显著的偏离。根据光学元件可靠性的需要，在接收器中的放大器可以是单端的或差分的[40]。单端设计使用较少的资源，大致是 15J/b。然而，只有检测器输出的变化在 10%以下时，信号的可靠放大才是可能的。更可靠的设计是采用两个信号输入端的差动放大器来产生输出电压，第二输入可以是一个参考电压或数据信号的补码。相比于单端设计，差分接收器可以在检测器的输出端接受高达 75%的变化，并且仍然能够产生有效的输出。然而，差分接收器的能量成本是单端设计的 2 倍。当前的实现可能会采用差异化设计的可靠性。随着技术的成熟和环尺寸变化的减小，将会产生功耗更低的替代品。

9.3.3　光子网络基本原理

通常这样构造一个片上 Si-PIC，为每个节点配置一个专用的、单目的地、多数据源的通信通道来接收其他节点发送给它的所有消息；如 Pan 等所说的那样，称这种配置方式为多写入单读出（MWSR）的互连方式[38]。在一个 MWSR 中，任何节点可以向分配给它的信道写入数据，但只有一个节点（目的或中心节点）可以从信道中读出数据。

光数据包在信道内以波形的形式从单一源节点传输到主节点。数据包连接时间和空间的范围都是固定的。在活动槽中几个数据包可能同时占用同一信道。传播时间随源节点到目标节点的距离而定。该 MWSR 是一种常见的光学互联架构，因为它能较好地解决单向波形流技术[11,30]。在一个 MWSR 架构中，每个信道由多个写入节点共享，因此必须要有一个仲裁机构来管理写入冲突。

其他的一些互连方式，例如，Firefly[38]是一个单写入、多读出互联（SWMR）

方式。每个 SWMR 通道仅属于一个发送节点，但任何节点都可以从该信道中读出数据。图 9.3 对比了这些互连方式，并说明了这些连接方式是如何提供完整的连接的。SWMR 连接方式受益于不需要来自发送者的仲裁。MWSR 有一个在 SWMR 中不存在的问题，那就是发送方在发送数据之前必须事先通知接收方有一个消息将要发送。然后接收者激活它的探测器，从波导中读取和删除数据。Firefly 通过广播一个头微片来指定数据包的接收者，这需要消耗额外的带宽、专门的设计和相对昂贵的广播技术支持。

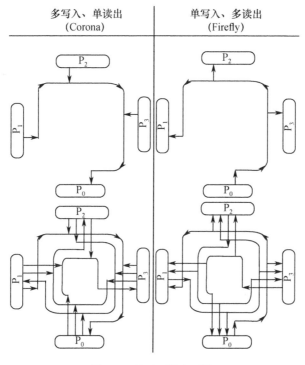

图 9.3　基于环的光互连

流量控制需要一个连接器，即使在很短的时间内该连接器向接收缓冲器传送数据包的速度要快于目标节点的传输速度，并且能够释放缓冲区。提出 SWMR 设计可能会遇到由数据淹没引起的流控制问题；在一个网络周期中，一个 SWMR 节点可以接收多达 N 个微片，其中 N 是其连接的节点数目，这个传输率很难维持。一个 MWSR 节点在一个网络周期中至多接收一个微片，并且只要它以这样的速率传输数据包，流控制不是必要的。MWSR 还可以将通道仲裁和流控制相结合，这将在下一节中描述。

在 DWDM 系统中利用 W 波长连接 N 个节点，无论是 SWMR 或 MWSR，需要 N^2W 的环形谐振器。MWSR 互连器需要 N^2W 调制器和 NW 探测器，而 SWMR 连接器需要 NW 调制器和 N^2W 探测器。为了控制谐振器数目的增长，可以通过使用一个组合的电/光互连层次结构与用于节点的本地群光学互连的电互连来限制 N。事实上，由于处理器时钟没有增加，使用大致固定电连接子域是可行的，或者可以通过慢慢减小它们的尺寸以达到更小的特征尺寸。

9.3.4 光仲裁

除简单的数据通信外，光学可用于实现特定的逻辑功能，如仲裁[47]和屏障同步[8]。在图9.4中，光学仲裁最简单的方法是一比特宽的单色光脉冲向下传播仲裁波导。该光令牌的存在表示一个资源的可用性，每个节点具有检测该光令牌的检测器。节点需要使用信道激活其探测器（实心交叉点的环）；另一支节点不激活它的探测器（空心虚线环）。由于读令牌会将该光波从波导管中去除，所以至多有一个节点可以检测到令牌（实心虚线环），其结果是，一个获得该令牌的节点独占该信道的使用权。本章规定，该节点使用的信道具有一个固定的时间周期。

图9.4　基本光仲裁

描述了两个通用的协议：令牌通道和令牌插槽。令牌通道协议分配整个信道，而令牌插槽协议是基于一个开槽环的仲裁协议[39]。这些仲裁器可应用于任何光学MWSR，包括文献[25,27,30,46]。另外，它们一般足以被施加到光学广播总线上[23,46]。

光令牌信道类似于LAN的802.5标准的令牌环[4]。图9.5为令牌通道的操作。每个通道都有一个令牌环，令牌从一个请求者传递到另一个请求者，跳过中间的非请求者。当删除一个节点，并检测到令牌，该节点具有访问相应信道的优先权，一定周期之后可以开始发送一个或多个数据包。越早开始发送，数据信道利用率越好。在令牌信道，在任一时刻至多有一个信息源可以使用信道：从主节点到令牌持有者的数据信道段不携带数据，而从令牌持有者回到主节点的段携带有令牌持有者调制后的光信息。发件人可以保持令牌，并使用信道，发送多达一个固定的最大数（$H \geq 1$）数据包。当发送方队列有许多发往特定接收器的数据包时，如果每一轮仲裁发送多个数据包，则信道利用率会大大提高。

当原本空闲信道上的发射源首次打开了探测器，它平均花费 $T/2$ 周期等待令牌到来。当一个发送源想要在原本空闲的信道上发送长序列包，它就在同一时间传送 H 个数据包，并花费时间 T 来等待新注入的令牌返回。令牌插槽仲裁者降低了这些令牌的等待时间。

令牌槽协议将信道分成固定大小，连续插槽和循环令牌在这些位置一一对应。一个数据包占用一个插槽。信息源等待令牌的到来、令牌的删除、在相应的单包时隙调制光。令牌领先令牌槽固定数量的周期用于设置数据的传输。时槽被调制光/数据占用，直到到达目的地。目标节点删除数据、释放槽、再注入一个新的令牌以及新的未调制的光。图 9.6 显示了令牌槽布局及其操作。

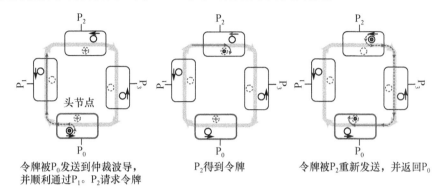

令牌被P_0发送到仲裁波导，并顺利通过P_1。P_2请求令牌

P_2得到令牌

令牌被P_2重新发送，并返回P_0

图 9.5　令牌信道，决定 N 通道中的一个通道

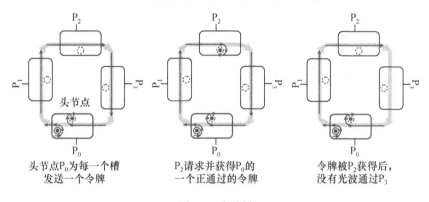

头节点P_0为每一个槽发送一个令牌

P_2请求并获得P_0的一个正通过的令牌

令牌被P_2获得后，没有光波通过P_3

图 9.6　令牌槽

实验证明，与令牌渠道相比，令牌槽显著减少了资源的平均等待时间，提高了信道带宽利用率。像上面提到的单源的情况，一个活动源可以请求所有的令牌，可以连续不断地占用信道的整个带宽。在令牌信道中，令牌持有者是唯一可能的发送者（在系统中只有一个令牌），而在令牌槽，有多个令牌，并且可以有多个源同时在波导管的不同点发送信息。

令牌槽不像令牌信道那样需要每个节点在仲裁波长上有回送能力，仅需要令牌槽的目的地有回送能力即可。因此，令牌槽占用资源少，功耗低，但是需要使用固定长度的数据包。

这个简单的令牌槽协议本质上是不公平的：越接近主节点优先级越高。为了保证公平，必须确保每一个具有足够高需求的节点能够被同等对待。有关时隙和信道的协议公平性的细节在文献[47]中描述。

9.3.5 光屏障

除了仲裁,低时延和低功耗光学同步屏障可以使用纳米光子学构建[8]。任何屏障功能有 3 个组成部分:初始化、到达以及释放。光屏障网络是单波导,如图 9.7 所示。N 个节点中的每一个节点都具有光转向器和连接到波导的光检测器。有许多可能的布局,但关键的是所有节点通过波导两次。例如,在图 9.7 中,波导环绕的节点与所述节点中,一侧是分流器,另一侧是检测器。

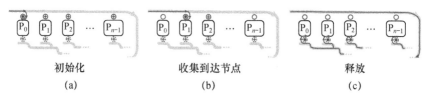

图 9.7 (a) 每个节点通过转移光标识开始,没有检测器检测光;(b) 对象到达每一个屏障,分流器停止转移,P_0 和 P_{N-1} 已抵达屏障,没有检测器检测光;
(c) 所有节点都到了,以上展示了单播的设计,通知是串行的,每个节点必须按顺序检测,之后关闭它的探测器,释放光通道,广播的设计,所有的节点通过分路器快速检测光。

关于初始化屏障,每个参与的节点转移来自波导的光,如图 9.7(a)所示。非参与节点不分光。当参与节点到达屏障,它们停止分光,如图 9.7(b)所示。当所有节点都到达屏障(图 9.7(c)),光经过不活动的光分流器,标志开始。

9.4 Corona:纳米光子的案例研究

Corona[46]构架是一个案例研究,用于评估基于硅纳米光子学的 NoC 在未来多核多处理器设计中的实用性。有几件事情是清楚的:多部分和多核架构是今天的商业半导体产业的主要焦点,一些媒体专家们宣称,核数目增加遵循新的摩尔定律,不幸的是,ITRS 路线图[42]预测在未来数十年中引脚数和引脚的数据传输速率只会小幅增加。这意味着能以某种方式在不增加核心到核心和插槽到内存之间带宽的情况下增加计算能力。这个结论是非常可疑的,除非所有的应用程序的工作集可以驻留在晶片的缓存上,该并发概况可理解为"尴尬的并行"。两者都是不可能的。

当纳米光子遇到新兴的 3D 封装技术时会带来几个好处[1]。三维方法允许多个芯片堆叠和以 TSV 的方式通信,它的每一个制造非常适合于使用过程。光学、逻辑、 DRAM 、非易失性存储器(如闪存)以及模拟电路可以全部占据不同的晶片和共存于相同的三维封装。利用 3D 简化布局,有助于减少最坏情况下的通信路径长度。3D 封装技术对于基于有线连接的架构有潜在的好处,但是对由多种技术组成的系统而言更具吸引力,如纳米光子互连系统。

Corona 是纳米光子互连的三维多核心 NUMA 系统,在可接受的功耗水平内能够满足未来大规模并行的带宽要求和数据密集型计算应用。Corona 是针对 2017 年 16 nm 的工艺。Corona 由 256 个通用核心组成，这些核心又被组织为 64 个四核集群，每个集群由全光的、高带宽的 DWDM 交叉开关互联。交叉开关使一个高速缓存与附近的堆栈和内存通信延迟相一致。基于 off-stack 内存的光子连接只需要少量的功耗需求即可提供前所未有的内存带宽。

本节描述了 Corona 结构，并提出了性能可与全电子多核架构相比较的替代方案。这项工作的贡献是要表明，CMOS 兼容纳米光子能够大大改善通信性能，并能显著改善未来的许多核心架构的性能和效用。

9.4.1 Corona 架构

Corona 是紧密耦合、高度并行的非一致性内存访问系统（NUMA 系统）。由于 NUMA 系统和应用的规模，它使程序员、编译器和运行时系统管理配置以及程序和数据的移植变得更困难。尝试使用同构核和缓存、拥有近乎均匀延迟的纵横互联结构、公平的互连仲裁协议和内核之间以及高速缓存到内存之间的高（one byte per flop）带宽，来减轻它的负担。

Corona 架构由 256 个多线程有序核构成，能够同时支持高达 1024 线程，提供高达 10 万亿次浮点运算能力，多达 20 TB/s 对叠带宽，以及多达 10 TB/s 内存带宽。图 9.8 给出了一个系统的框架视图，而图 9.9 提供了一个简单的系统布局，包括构成光互连的波导、内存的光连接和其他光学组件。

每个核只有一个 L1 指令和数据缓存，以及 4 个内核共享统一的 L2 高速缓存。在 L2 缓存中，目录、内存控制器、网络接口、光纤总线和光交叉开关之间有一个信息枢纽。图 9.8（b）显示群集配置，而在图 9.9 左上角的插图中显示其近似的平面布置图。

因为 Corona 是针对未来的高吞吐量的系统而设计的架构，对该体系结构的探索和评价

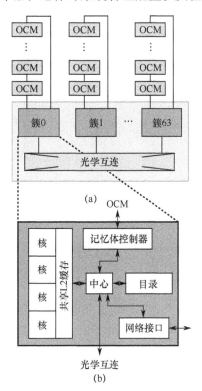

图 9.8　(a) 体系结构；(b) 详细的簇。

不是针对最优子结构（如分支预测原理、执行单元的数量、高速缓存的大小、缓存策略）。表 9.1 所列的设计是 2017 年 16 nm 的工艺技术下高性能系统的合理且适度的选择。

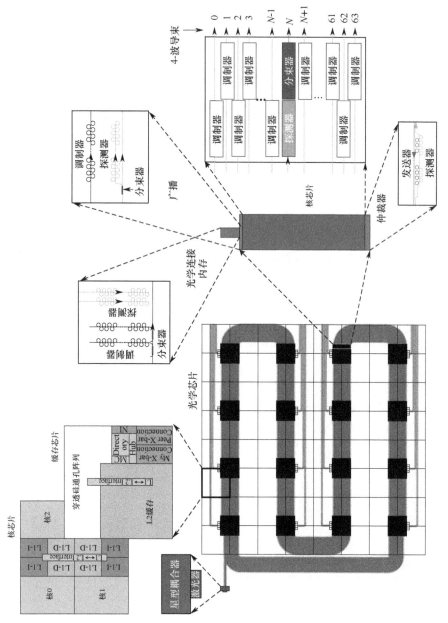

图9.9 弯曲纵横型和环形谐振器

第9章 CMOS 纳米光子学技术、系统影响和多芯片处理器（CMP）的案例研究

表9.1 资源配置

资源	值
簇的数目	64
每簇：	
L2 缓存大小/通道	4 MB/16-通道
L2 缓存线路大小	64B
L2 一致性	MOESI
内存控制器	1
核	4
每核：	
L1 I 缓存大小/通道	16 KB/4-通道
L1 D 缓存大小/通道	32 KB/4-通道
L1 I & D 缓存线路大小	64B
频率	5 GHz
线程	4
指令发送策略	按序
指令发送宽度	2
64 b 浮点 SIMD 宽度	4
浮点运算	乘一加

功率分析是基于所述的 Penryn[22]和 Silverthorne[21]这两种核。Penryn 是单线程无序的，支持 128 位 SSE4 指令执行的内核，每个核的功耗降低了 5×（相比 6× 的预测[5]），然后在四线程 Corona 的差异中增加了 20%。Silverthorne 是一个双线程按序的 64 位设计，其中功率和面积都达到 Corona 构架参数。目录和 L2 缓存电源已经使用 CACTI5 来计算[44]。集线器和内存控制器的功率估计是基于 65 nm 工艺的，采用 16 nm 设计将缩小到 NanoSim 的功率值。总处理器、电晕设计的高速缓存、存储器控制器以及集线器 Hub 功率预计在 82 W（基于 Silverthorne 基础）和 155 W（基于 Penryn 基础）之间。

面积估测是基于消极规模的 Penryn 和 Silverthorne 的设计。估测一个顺序 Penryn 核的面积将只有乱序 Penryn 设计的 1/3 大小。这个估测与当前的核尺寸是一致的，对于 45 nm 工艺乱序的 Penryn 和有序的 Silverthorne，比 Asanovic 等报道的减少的 5 倍面积更保守[5]。然后，根据 Chaudry 等的报告假设一个比多线程面积多 10%的开销[12]。处理器和 L1 缓存的总面积估计是 423 mm^2（Penryn 为基础）和 491 mm^2（Silverthorne 为基础）之间。这些估计数之间的差异受到六晶体管 Penryn 的 L1 缓存单元设计与八晶体管的 Silverthorne L1 缓存单元设计的影响。

Corona 架构每簇有一个内存控制器。将集群与内存控制器相关联保证了内存带宽随着核数目的增长而线性增长，并提供低延迟的访问本地内存。存储器控制

器与主内存采用光子互联。网络接口,类似于主内存接口,为使用 DWDM 互连的系统提供更大的通信能力。Corona 的 64 簇通过一个光学交叉开关和光学广播环进行通信。两者都使用令牌通道协议管理。一些不同尺寸的消息可以同时共享任何通信信道,从而实现高利用率。

表 9.2 总结了片上网络的光学元件的要求(功率波导和 I/O 组件未列出)。根据目前的设计,估计光子互连功耗(包括模拟电路的功率耗散层和光子激光功率)为 39 W。

表 9.2　光资源清单

光子子系统	波导	环形谐振器
内存	128	16K
交叉通道	256	1024K
广播	1	8K
仲裁器	2	8K
时钟	1	64K
总计	388	1120K

每个集群都有一个指定的由地址、数据和一致性消息共享的信道。任何集群可以向一个给定的通道写入数据,但只有一个固定的集群可以从通道中读取数据。通过复制 64 次这种多写入单读出的信道,并为每个复制调整分配"读"集群,可以实现一个完全连接的 64×64 交叉通道。

通道包括 256 个波长,或四束波导,每个含有 64 个使用 MWSR 方法的 DWDM 波长。每个通道的主节点的光源由一个分离机提供,它从光源处提供所有波长的光波。通信是单向的,按集群的顺序周期性增加。

一个集群通过调制目标集群信道中的光来传递信息。图 9.10 说明了四波长通道的操作概念。调制发生在时钟的两个边缘,使得每个 10 GB/s 的波长信号为每个集群带来 2.56 TB/s 的带宽和一个总速为 20 TB/s 的交叉带宽。

低调制时间的宽相位元最小化数据包和有序核的延迟时间。一个 64B 的高速缓存线可以在一个 5 GHz 的时钟内发送

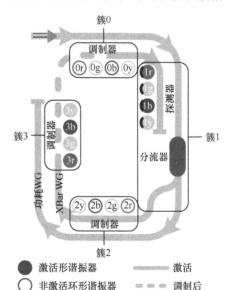

图 9.10　4 光波数据通道(主簇是所有波长光的光源。光顺时针绕纵向波导管传输,它通过簇 2s 是非激活调制器。当它通过簇 3s 是激活调制器,所有波长的调制编码数据。最终,簇 1s 探测器检测调制,此时波导停止。)

（256 位并行 2 次时钟）。传播时间最多为 8 个时钟，这是由源到目的地之间的距离和光在硅导管中的传播速度（约 2cm/h）决定的。因为消息如高速缓存是本地化的包长度的一小部分，一个数据包在传输的同时可以有双倍的消息并行传输。

Corona 使用时钟的光学全局分布，以避免在目的地信号再定时的需要。时钟分配波导使得数据波导与时钟信号平行传输，同时时钟信号随着数据信号沿顺时针方向转动。这意味着每个集群与前一个集群偏移大约 1/8 个时钟周期。集群的电气时钟逐步锁定到光学时钟。因此，数据的输入输出是随着本地时钟逐步完成的，在非蛇形环绕时，这避免了昂贵的再定时开销。

一个关键的设计目标是使得主内存带宽与计算的功耗增长相匹配，维持这种平衡是为了确保系统性能不过分依赖于应用程序的缓存访问模式。对于 10 万亿次浮点运算的处理器，设计目标是使外部存储器的访问带宽为 10 TB/s。利用电互连来实现这一性能将需要过度的电能，假设 2 mW/(Gb/s)[37]的互连功耗将超过 160 W。相反，使用的纳米光子互连具有高带宽和低功耗。同样的信道分离和数据速率可以用于内部网络互连也可用于外部光纤连接。估计互连功耗为 0.078 mW/(Gb/s)，这相当于一个全互连的存储器系统约为 6.4 W 的功率。

64 个存储器控制器中的每一个都通过一对单波导和 64 波长 DWDM 链路与其外部存储器相连接。光网络在时钟的两个边沿被调制。因此，每个存储器控制器提供 160 GB/s 栈外内存带宽，所有内存控制器一起共提供 10 TB/s 带宽。

这使得整个通信过程可以在存储控制器的控制下独立完成而不需要仲裁。每个外部光通信链路由一对光纤组成，提供 CPU 和一系列基于光连接的存储器（OCM）模块之间的半双工通信。该链接基于芯片光驱动；连接到 OCMS 后，每个向外的光纤原路返回作为返回的纤维。虽然栈外存储器互连使用与栈内互连相同的调制器和检测器，但通信协议不同。处理器和内存之间的通信是主/从模式，而不是点对点。传送时，存储控制器发出调制的光，目标模块转接该光的一部分到其检测器。接收时，存储控制器从返回光纤中检测经 OCM 调制过的光。由于存储控制器是主控制器，它可以提供必要的未调制的电源给 OCM 设备。

图 9.11（a）显示了一个 OCM 模块的三维堆叠形式，该 OCM 模块构建于定制的 DRAM 晶片和光学晶片。DRAM 晶片经组织使得整个高速缓存线可以从单个信号节点写入或读出。三维堆叠用来最小化光纤环和 DRAM 衬垫之间互连的延迟和功耗。高性能光互连允许单个衬垫为整个高速缓存线快速提供所有的数据。与此相反，当前电存储器系统和 DRAM 在一个 DIMM 上同时激活多个模块的多个 banks，读出数以万计的位到打开的页面。然而，在高度交叉存取内存系统中，接下来访问一个打开的页的机会很小。Corona 的 DRAM 架构避免了访问比缓存线所需的多一个数量级的位，因此其内存系统中功耗更少。

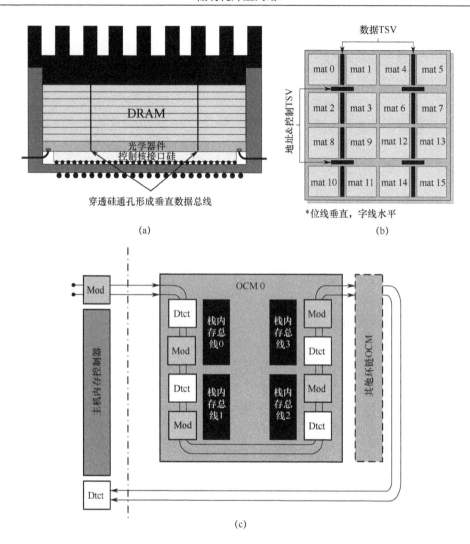

图 9.11 光学连接的存储器示意图

(a) 3D 芯片堆栈（堆栈拥有一个光学芯片和多 DRAM 芯片）；(b) DRAM 片平面图（每个象限是独立的，也可以由四个独立的片构成）；(c) OCM 扩张（来自处理器的光通过一个或多个系统的循环，最后回到处理器）。

Corona 支持通过添加额外的 OCM 到光纤环路上来扩展内存，如图 9.11（c）所示。扩展只增加了调制器和探测器而不是激光器，所以额外增加的通信功耗很小。由于光不需经过缓冲器或重新定时而直接通过 OCM，所以增加的延迟也比较小，使得存储器在所有模块中的存取延迟基本一致。与此相反，串行电方案，如 FBDIMM，通常需要数据的重采样和重新传输到每个模块中，这增加了通信的功耗和访问延迟。

图 9.12 显示了 Corona3D 芯片堆栈。大部分的信号活动都在该模型的顶部，

因此顶部很热（邻近散热器），其中包含集群内核和 L1 高速缓存。处理器芯片与 L2 芯片是面对面贴合的，这使得每个集群与 L2 缓存、集线器、内存控制器和目录之间直接连接。底部裸片包含所有光学结构（波导、环形谐振器、检测器等），并且是面到面接合在模拟电路上，它包含检测电路和控制环共振调制。

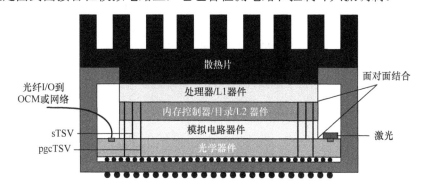

图 9.12　3D 封装侧视图

所有的 L2 模组件都是潜在的光通信端点，由信号通过硅 TSV 连接到模拟模块。这一策略使得大多数模块到模块的信号都由面对面的模块保持，极大地降低了布局的影响。例如，外接电源、地线和时钟 TSV，只有 TSV 需要穿过 3 个模块连接到顶部的两个数字层。光学模块比其他模块都大是为了留出一个夹层，允许 I/O 和 OCM 通道以及外部激光器等光纤附件接入。

9.4.2　实验装置

Corona 结构受到人为的和现实的工作负载的综合影响，在选择上着眼于强调堆栈和内存互联。综合负载强调特定特性和互联的各个方面。SPLASH-2 基线套件[48]表示它们真实的性能。SPLASH-2 应用不需要修改。在可能的情况下，更大的数据集需要用到以确保每个核都有一个重要的工作负载。由于模拟器的限制，需要将隐式同步替换为显式同步结构。此外，将 L2 缓存大小设置为 256 Kb，当系统达到预期负载时，更好地满足模拟基线尺寸和持续时间。表 9.3 中描述了工作负载设置的总结。

表 9.3　基线和配置

综合		
基线	描述	网络需求
均匀分布	均匀分布随机	1M
热点	所有簇到一个簇	1M
Tornado	簇（i,j）到簇$((i+[k/2]-1)\%k,\ (j+[k/2]-1)\%k)$	1M
Transpose	簇（i,j）到簇（j,i）	1M

（续）

SPLASH-2			
基线	数据集测试（缺省）		网络需求
Barnes	64K 粒子	16K	7.2M
Cholesky	Tk29.O	tk15.O	0.6M
FFT	16M 点	64K	176M
FMM	1M 粒子	16K	1.8M
LU	2048×2048 矩阵	512×512	34M
Ocean	2050×2050 网格	258×258	240M
Radiosity	Roomlarge	room	4.2M
Radix	64M 整数	1M	189M
Raytrace	Balls4	car	0.7M
Volrend	Head	head	3.6M
Water-Sp	32K 分子	512	3.2M

模拟的基础设施被分成两个独立的部分：一个完整的系统仿真器，用于产生 L2 内存数据丢失事件；一个网络模拟器，用于处理这些丢失事件。采用惠普实验室改进修改后的 COTS 模拟器[16]产生痕迹。COTS 是基于 AMD 的 SimNow 模拟器构建的。每个应用程序使用 GCC 4.1 编译，使用-O3 优化级别进行优化，并运行作为一个单一的 1024 线程实例。通过将操作系统的并行线程翻译成硬件并行线程来收集多线程痕迹。为了保持跟踪，并使网络模拟易于管理，该模拟器在集群之间没有安排错综复杂的高速缓存。

网络模拟器读取跟踪，并在网络子系统中处理它们。这些跟踪包括 L2 丢失以及包含注释的线程 ID 和定时信息的同步事件。在网络模拟器中 L2 事件有一个堆栈上互连事件和栈外内存事件的请求—响应过程。基于 M5 框架[9]的模拟器用事件驱动的方法处理内存请求。MSHR 互连、集线器、仲裁器和内存都有缓冲区、队列和端口等详细的建模。这种强制带宽、延迟、背压和容量限制贯穿始终。

在模拟中，主要目标是要了解堆栈上网络和非堆栈存储器设计对性能的影响。模拟器有 3 个网络配置选项：

Xbar——光学交叉开关矩阵（如前一节中所描述），具有 20.48 TB/s 的 2 等分带宽和 8 个时钟最大信号传播时间。

HMesh——电气 2D 网格，具有 1.28 TB/s 的 1/2 带宽和每跳 5 个时钟的信号延时（包括转发和信号传播时间）。

LMesh——电气 2D 网格，具有 0.64 TB/s 的 1/2 带宽和每跳 5 个时钟的信号延时（包括转发和信号传播时间）。

两个网格采用虫洞路由[14]。由于光学系统的许多部件功耗都是固定的（如激光、环修整等），保守地估计平均功耗为 26 W。假设每跳之间的每次交换消耗 196

pJ 的电能，其中包括路由器的消耗。这些假设基于积极推广的低摆幅总线并忽略电力网络所有的功耗泄漏。

还模拟了两个内存互联上部的 OCM 互连部分和电气内存连接：

OCM——光连接内存，栈外内存带宽为 10.24 TB/s，内存延迟为 20 ns。

ECM——电气连接内存，栈外内存带宽为 0.96 TB/s，内存延迟为 20ns。

电存储器互连是基于 ITRS 路线图，这表明它不可能实现与上面推荐的 OCM 性能相当的 ECM。表 9.4 对比了内存互联。

表 9.4 光互连与电互连存储的比较

源	OCM	ECM
内存控制	64	64
外部连接	256 光纤	1536 脚
通道宽度	128b 半双工	12b 全双工
通道数据率	10Gb/s	10Gb/s
内存带宽	10.24TB/s	0.96TB/s
内存延迟	20ns	20ns

模拟 5 个组合：XBar/OCM（即 Corona），HMesh/OCM，LMesh/OCM，HMesh/ECM 和 LMesh/ECM。对于每个基线测试，这些选择都突出了更快的内存和更快的互连带来的增益。在预定数量的网络请求（L2 丢失率）下运行每个模拟器。这些丢失计数如表 9.3 所列。

9.4.3 性能评估

图 9.13 显示了 5 个系统配置的性能与现实电气连接的 LMesh / ECM 系统之间的关系。

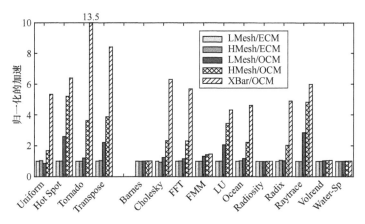

图 9.13 归一化加速

基于综合基线可以形成几个假设。可以理解的是，由于内存带宽较低，高性能 mesh 增加的价值很小。快速 OCM 在使用快速 mesh 或交叉开关互连时，具有显著超过 ECM 系统的性能提升，但如果在低性能的网络连接中，则性能提升较少。只有在采用交叉开关互联的情况下，OCM 才有可能提升大部分性能。在特殊情况下，过热点、内存带宽仍然是性能瓶颈（因为所有的内存交换通过一个单一集群传输），因此，互连上的压力较小。总体而言，通过将一个拥有 HMesh 的 ECM 改造成 OCM 系统，实现了 3.28 倍的平均几何增速。在合成基线测试下加入光子交叉开关连接可以进一步实现 2.36 倍的加速。

在 SPLASH-2 应用程序中，发现有 4 种情况（Barnes、Radiosity、Volrend 和 Water-Sp），LMesh/ECM 系统是能胜任的。这些应用程序在低缓存缺失率和低内存带宽的情况下表现良好。FMM 和它非常相似，其余基于 ECM 系统的应用都受内存带宽的限制。只有在快速交叉连接的情况下，高速内存才能大幅提升 Cholesky、FFT、Ocean 和 Radix 的速度。LU 和光线追踪就像热区一样：尽管 OCM 架构能有效提升性能，但一些额外的提升是来自快速交叉开关互联矩阵。在研究带宽和延迟数据时，假定一个可能原因，一方面是 Cholesky、FFT、Ocean 和 Radix 的不同，另一方面是 LU 和 Raytrace 的不同。据 Woo 等报道，这些观测通常与详细的内存交换方法相一致[48]。总的来说，使用一个 HMesh OCM 取代 ECM 系统，可以提升 1.8 倍的几何平均速度。添加光学的交叉开关矩阵可以在 SPLASH-2 应用程序的基础上再进一步提升 1.44 倍的速度。

图 9.14 显示了主内存的实际通信速率。图 9.14 显示了在 LMesh/ECM 配置下表现出 4 种低带宽应用比在 ECM 下的带宽需求更低。FMM 的内存带宽需求又比 ECM 稍高。3 种综合测试和 4 种应用程序在 2~5 TB/s 的范围内对带宽和连接要求都很高，这都受益于 XBar/OCM 配置方式。LU 和光线跟踪在 OCM 系统上比在 ECM 上好得多，但并不需要额外的带宽。它们似乎主要是受益于 XBar/OCM 提

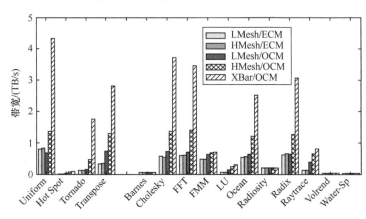

图 9.14　实现的带宽

供的改进延迟，这是由于在这两个应用程序内的突发内存通信。通过分析 LU 代码表明，当许多线程试图在同一时间内访问同一距离的存储矩阵模块时，会遇到一个障碍。在一个网格中，这属于过度请求链接到一个包含请求块的集群。

图 9.15 报告的是 L2 高速缓存丢失到主内存之间的平均延迟。L2 丢失可能会被延迟，因为要等待仲裁令牌和在发送丢失服务信息之前处于目标流控制状态。延时统计既测量排队等待时间，也测量连接转换时间。LU 和光线跟踪在 ECM 系统中存在大量的平均延迟时间；这在 OCM 系统中显著提高，并通过光学交叉开关进一步提高。需要注意的是，即使数据流是突发性的，当总体带宽不足时，平均延迟可能会很高。

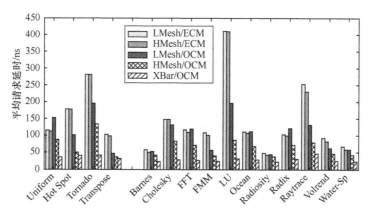

图 9.15 L2 的平均延时

图 9.16 给出了片上网络的动态功耗。对于适合 L2 高速缓存的应用，即使已经忽略了泄露的功耗，光子交叉互联矩阵可以消耗比电子连接更多的功耗。然而，在具有大量内存需求的应用中，电子网络消耗 100 W 以上的功耗却得到较低的性能。

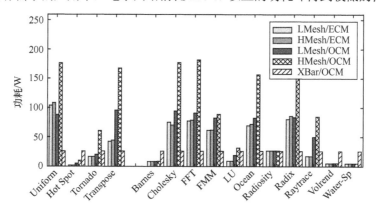

图 9.16 片上网络的功耗

9.5 小结

多核领域的新摩尔定律将会对带宽和电子芯片以及芯片间互连网络所消耗的功率带来更大的压力。引脚限制、长连接线的功耗和延迟是造成这些问题的主要因素。为了解决这个问题，技术、拓扑学、NoC 协议、处理器内存的互连，以及存储器结构将需要重新考虑。本章和其他研究人员目前的研究已经表明，纳米光子学对功耗、成本和性能有重大影响，并认为这需要通过对片上多核处理器的互连体系结构进行重构来完成。

在本章中，已经介绍了这两种基于导线的和基于与 CMOS 兼容的光纳米学的 NoC 的基本属性。通过合理详细地比较导线连接和光组件之间的属性，以上描述具有合理性，光组件为光子 NoC 取代电气 NoC 提供了一个机会，这可以出色地解决未来多核处理器中电气 NoC 将会遇到的 show-stopping 问题。Corona 案例研究被用来比较机器架构中的线连接和基于波导互联之间的优化权衡，如果片上多处理器核心数量继续随摩尔定律的轨迹增加，这种架构可能在 2017 年内存在。

本章认识到，从今天的实验室演示的设备到可靠的、廉价的、批量生产的纳米光子设备还有很长的路要走，这需要有类似于 Corona 设备的产生，但为了继续保持所需计算性能的增长，还需要类似于 Corona 设备性能的系统。很显然，只有在片上核间互连带宽问题可以通过增加核数目和提升单核性能来解决，以及在将来主存储器带宽与多核心处理器插槽性能速度相匹配的情况下，这些系统才能实现其承诺的性能。至于这一雄心勃勃的目标如何在商业实践中实现还有待观察。在合理的功耗和热量限制下通过改进电气 NoC 技术来实现是不太可能的，需要新的技术途径。从今天的角度来看，认为能满足这些需求的具有远大前景的技术是硅纳米光子学。

参 考 文 献

1. Proceedings of the ISSCC Workshop F2: Design of 3D-Chipstacks. IEEE (2007). Organizers: W. Weber and W. Bowhill
2. Ahn, J., Fiorentino, M., Beausoleil, R., Binkert, N., Davis, A., Fattal, D., Jouppi, N., McLaren, M., Santori, C., Schreiber, R., Spillane, S., Vantrease, D., Xu, Q.: Devices and architectures for photonic chip-scale integration. Applied Physics A: Materials Science and Processing **95**(4), 989–997 (2009)
3. Analui, B., Guckenberger, D., Kucharski, D., Narasimha, A.: A fully integrated 20-gb/s opto-electronic transceiver implemented in a standard 0.13 μm cmos soi technology. IEEE Journal of Solid-State Circuits **41**(12), 2945–2955 (2006)
4. ANSI/IEEE: Local Area Networks: Token Ring Access Method and Physical Layer Specifications, Std 802.5. Tech. rep. (1989)
5. Asanovic, K., Bodik, R., Catanzaro, B.C., Gebis, J.J., Husbands, P., Keutzer, K., Patterson, D.A., Plishker, W.L., Shalf, J., Williams, S.W., Yelick, K.A.: The Landscape of Parallel Computing Research: A View from Berkeley. Tech. Rep. UCB/EECS-2006-183, EECS Department, University of California, Berkeley (2006)
6. Banerjee, K., Mehrotra, A.: A power-optimal repeater insertion methodology for global interconnects in nanometer designs. IEEE Transactions on Electron Devices **49**(11), 2001–2007 (2002)

7. Batten, C., Joshi, A., Orcutt, J., Khilo, A., Moss, B., Holzwarth, C., Popvic, M., Li, H., Smitth, H., Hoyt, J., Kartner, F., Ram, R., Stojanovic, V., Asanovic, K.: Building manycore processor-to-DRAM networks with monolithic silicon photonics. In: Hot Interconnects (2008)
8. Binkert, N., Davis, A., Lipasti, M., Schreiber, R., Vantrease, D.: Nanophotonic Barriers. In: Workshop on Photonic Interconnects and Computer Architecture (2009)
9. Binkert, N.L., Dreslinski, R.G., Hsu, L.R., Lim, K.T., Saidi, A.G., Reinhardt, S.K.: The M5 simulator: Modeling networked systems. IEEE Micro **26**(4), 52–60 (2006)
10. Black, B., et al: Die Stacking 3D Microarchitecture. In: Proceedings of MICRO-39. IEEE (2006)
11. Bogineni, K., Sivalingam, K.M., Dowd, P.W.: Low-complexity multiple access protocols for wavelength-division multiplexed photonic networks. IEEE Journal on Selected Areas in Communications **11**, 590–604 (1993)
12. Chaudhry, S., Caprioli, P., Yip, S., Tremblay, M.: High-performance throughput computing. IEEE Micro **25**(3), 0272–1732 (2005)
13. Chen, L., Preston, K., Manipatruni, S., Lipson, M.: Integrated GHz silicon photonic interconnect with micrometer-scale modulators and detectors. Optical Express **17**, 15248–15256 (2009)
14. Dally, W., Seitz, C.: Deadlock-free message routing in multiprocessor interconnection networks. IEEE Transactions on Computers **C-36**(5), 547–553 (1987)
15. Davis, W.R., Wilson, J., Mick, S., Xu, J., Hua, H., Mineo, C., Sule, A., Steer, M., Franzon, P.: Demystifying 3D ICS: The pros and cons of going vertical. IEEE Design and Test of Computers **22**(1), 498–510 (2005)
16. Falcon, A., Faraboschi, P., Ortega, D.: Combining Simulation and Virtualization through Dynamic Sampling. In: ISPASS (2007)
17. Fischer, U., Zinke, T., Kropp, J.R., Arndt, F., Petermann, K.: 0.1 db/cm waveguide losses in single-mode soi rib waveguides. IEEE Photonics Technology Letters **8**(5), 647–648 (1996)
18. Green, W.M., Rooks, M.J., Sekaric, L., Vlasov, Y.A.: Ultra-compact, low rf power, 10 gb/s siliconmach-zehnder modulator. Optical Express **15**(25), 17106–17113 (2007)
19. Gubenko, A., Krestnikov, I., Livshtis, D., Mikhrin, S., Kovsh, A., West, L., Bornholdt, C., Grote, N., Zhukov, A.: Error-free 10 gbit/s transmission using individual fabry-perot modes of low-noise quantum-dot laser. Electronics Letters **43**(25), 1430–1431 (2007)
20. Ho, R., Mai, K., Horowitz, M.: The Future of Wires. Proceedings of the IEEE, Vol. 89, No. 4 (2001)
21. Intel: Intel Atom Processor. http://www.intel.com/techno-logy/atom
22. Intel: Introducing the 45nm Next Generation Intel Core Microarchitecture. http://www.intel.com/technology/magazine/ 45nm/coremicroarchitecture-0507.htm
23. Kirman, N., Kirman, M., Dokania, R.K., Martinez, J.F., Apsel, A.B., Watkins, M.A., Albonesi, D.H.: Leveraging Optical Technology in Future Bus-based Chip Multiprocessors. In: MICRO'06, pp. 492–503. IEEE Computer Society, Washington, DC, USA (2006)
24. Koch, B.R., Fang, A.W., Cohen, O., Bowers, J.E.: Mode-locked silicon evanescent lasers. Optics Express **15**(18), 11225 (2007)
25. Kodi, A., Louri, A.: Performance adaptive power-aware reconfigurable optical interconnects for high-performance computing (hpc) systems. In: SC '07: Proceedings of the 2007 ACM/IEEE conference on Supercomputing, pp. 1–12. ACM, NY, USA (2007)
26. Kovsh, A., Krestnikov, I., Livshits, D., Mikhrin, S., Weimert, J., Zhukov, A.: Quantum dot laser with 75nm broad spectrum of emission. Optics Letters **32**(7), 793–795 (2007)
27. Krishnamurthy, P., Franklin, M., Chamberlain, R.: Dynamic reconfiguration of an optical interconnect. In: ANSS '03, p. 89. IEEE Computer Society, Washington, DC, USA (2003)
28. Kumar, R., Zyuban, V., Tullsen, D.M.: Interconnections in Multi-Core Architectures: Understanding Mechanisms, Overheads and Scaling. In: ISCA-32, pp. 408–419. IEEE Computer Society, Washington, DC, USA (2005)
29. Lipson, M.: Guiding, modulating, and emitting light on silicon–challenges and opportunities. Journal of Lightwave Technology **23**(12), 4222–4238 (2005)
30. Marsan, M.A., Bianco, A., Leonardi, E., Morabito, A., Neri, F.: All-optical WDM multi-rings with differentiated QoS. IEEE Communications Magazine **37**(2), 58–66 (1999)

31. Miller, D.: Device requirements for optical interconnects to silicon chips. Proceedings of the IEEE **97**(7), 1166–1185 (2009)
32. Muralimanohar, N.: Interconnect Aware Cache Architectures. Ph.D. thesis, University of Utah (2009)
33. Muralimanohar, N., Balasubramonian, R., Jouppi, N.: Optimizing NUCA Organizations and Wiring Alternatives for Large Caches with CACTI 6.0. In: Proceedings of the 40th International Symposium on Microarchitecture (MICRO-40) (2007)
34. Nagarajan, R., et al: Large-scale photonic integrated circuits for long-haul transmission and switching. Journal of Optical Networking **6**(2), 102–111 (2007)
35. Nawrocka, M., Tao Liu, Xuan Wang, Panepucci, R.: Tunable silicon microring resonator with wide free spectral range. Applied Physics Letters **89**(7), 071110 (2006)
36. Owens, J., Dally, W., Ho, R., Jayasimha, D., Keckler, S., Peh, L.S.: Research challenges for on-chip interconnection networks. IEEE Micro **27**(5), 96–108 (2007)
37. Palmer, R., Poulton, J., Dally, W.J., Eyles, J., Fuller, A.M., Greer, T., Horowitz, M., Kellam, M., Quan, F., Zarkeshvarl, F.: A 14mW 6.25Gb/s Transceiver in 90nm CMOS for Serial Chip-to-Chip Communications. In: ISSCC (2007)
38. Pan, Y., Kumar, P., Kim, J., Memik, G., Zhang, Y., Choudhary, A.: Firefly: illuminating future network-on-chip with nanophotonics. In: ISCA '09, pp. 429–440. ACM, NY, USA (2009)
39. Pierce, J.: How far can data loops go? IEEE Transactions on Communications **20**(3), 527–530 (1972)
40. Razavi, B.: Design of Integrated Circuits for Optical Communications. McGraw-Hill, NY (2003)
41. Roelkens, G., Vermeulen, D., Thourhout, D.V., Baets, R., Brision, S., Lyan, P., Gautier, P., Fédéli, J.M.: High efficiency diffractive grating couplers for interfacing a single mode optical fiber with a nanophotonic silicon-on-insulator waveguide circuit. Applied Physics Letters **92**(13), 131101 (2008)
42. Semiconductor Industries Association: International Technology Roadmap for Semiconductors. http://www.itrs.net/ (2006 Update)
43. Shijun Xiao, Khan, M., Hao Shen, Minghao Qi: A highly compact third-order silicon microring add-drop filter with a very large free spectral range, a flat passband and a low delay dispersion. Optics Express **15**(22), 14,765–71 (2007)
44. Thoziyoor, S., Muralimanohar, N., Ahn, J., Jouppi, N.P.: CACTI 5.1. Tech. Rep. HPL-2008-20, HP Labs
45. Trotter, M.R.W.D.C., Young, R.W.: Maximally Confined High-Speed Second-Order Silicon Microdisk Switches. In: OSA Technical Digest (2008)
46. Vantrease, D., Schreiber, R., Monchiero, M., McLaren, M., Jouppi, N.P., Fiorentino, M., Davis, A., Binkert, N., Beausoleil, R.G., Ahn, J.: Corona: System Implications of Emerging Nanophotonic Technology. In: ISCA-35, pp. 153–164 (2008)
47. Vantrease, D., Binkert, N., Schreiber, R., Lipasti, M.H.: Light speed arbitration and flow control for nanophotonic interconnects. In: Micro-42: Proceedings of the 42nd Annual IEEE/ACM International Symposium on Microarchitecture, pp. 304–315. ACM, NY, USA (2009)
48. Woo, S.C., Ohara, M., Torrie, E., Singh, J.P., Gupta, A.: The SPLASH-2 Programs: Characterization and Methodological Considerations. In: ISCA, pp. 24–36 (1995)
49. Xu, Q., Schmidt, B., Pradhan, S., Lipson, M.: Micrometre-scale silicon electro-optic modulator. Nature **435**(7040), 325–327 (2005)
50. Xu, Q., Schmidt, B., Shakya, J., Lipson, M.: Cascaded silicon micro-ring modulators for wdm optical interconnection. Optical Express **14**(20), 9431–9435 (2006)
51. Xu, Q., Fattal, D., Beausoleil, R.G.: Silicon microring resonators with 1.5 μm radius. Optical Express **16**(6), 4309–4315 (2008)
52. Xue, J., et al: An Intra-Chip Free-Space Optical Interconnect. In: CMP-MSI: 3rd Workshop on Chip Multiprocessor Memory Systems and Interconnects (2008)
53. Yu-Hsuan Kuo, Yong Kyu Lee, Yangsi Ge, Shen Ren, Roth, J., Kamins, T., Miller, D., Harris, J.: Strong quantum-confined Stark effect in germanium quantum-well structures on silicon. Nature **437**(7063), 1334–6 (2005)

第 10 章　未来片上网络的 RF 互连

10.1　引言

在纳米 CMOS 技术时代，由于在功耗和性能上严格的系统要求，处理器制造商越来越多地依赖于片上多处理器设计而不是具有高时钟频率和深流水线架构的单核设计。近来的研究[1]也表明，为了满足未来应用的需求，具有大规模并行数据处理和分布式缓存的异构多核设计将成为占主导地位的移动系统架构。然而，多核计算需要大量处理器核及内存缓存的硅片空间分区。因此，在大量的核中观察到的功耗和通信延迟将大大影响整个系统的性能。一个普遍建议的通信计划是通过 NoC 连接并且使用包交换[2,3]发送数据。最近的 NoC 设计工作包括 Intel 单芯片上 80 核的设计[4]和 Tilera 64 核微处理器设计[5]，这两个设计的处理内核是同质的。

然而，NoC 的未来发展趋势在性质上将是异构的。预计为实现更高的数据处理速度，一些核将是运行在具有正常供应电压的适度时钟频率下的通用处理器，而其他核将成为专用处理器，这些处理器在低时钟频率和较低的供应电压的接近或副阈值电压模式下运行。对于这样的异构多核系统，从功耗及延迟方面来说，片上互连网络已被认为是纳米处理器中的主要性能瓶颈[6-9]。主张采用重构互连作为在异构多核设计中提供各组件互连的低功率适应的一种手段。

特别地，提出采用低功耗多频带 RF 互连（RF-I），为了提供有效光速信号传输、低功耗操作和重构带宽，该互连通过多个频带使用共享传输线同时进行通信。实际上，RF-I 提供了一套灵活的低延迟通信通道，可自适应地配置特定结构的带宽需求提供多个来自共享物理传输介质的虚拟通信通道，如片上传输线。也研究了 CMOS 混合信号电路设计的突破口使 RF-I 得以实现，并提供了物理设计实例以确保 RF-I 信号的完整性和效率。此外，提出了一个微结构框架，可促进基于物理规划和原型的可扩展性研究，尤其是对于大量处理内核。以前的工作已考虑了一个构架，它结合了网状拓扑结构，该结构是通过覆盖有 RF-I 传输线捆绑的传统互连来实现的。所述 RF-I 的作用如同一个可重构高速公路，提供灵活性, 加速关键/敏感通信的信道。传统互连作为更通用的表面通道，将通信扩展到芯片上的所有组件。

10.2　未来信息处理器的互连问题

当代构建多核片上互连的解决方案是 CMOS 中继器的采用。然而，尽管晶体管的改进从一个技术时代到下一个不断加速，但是导线阻抗和电容却没有得到改善[9,10]。图 10.1 和图 10.2 预估 2 cm 的片上中继缓冲从 16～130 nm CMOS 技术链路的性能（即一个现代化的 2 cm×2 cm CMP 核间互连）。这些数字表明,由于缩小的特征尺寸,链路延时将增长得更糟,并且每比特能量的比例将在大约 10 pJ/b 达到饱和。一个可能的解决方案是采用低电压摆幅互连[11-13],但由于穿过基带频率的片上导线的严重色散信道特征,这就必然需要功耗均衡器。在可预见的未来现有 RC 中继器的信号带宽缓冲区操作不超过 5 GHz 频率,这主要是由于严重的散热和功耗问题的限制。

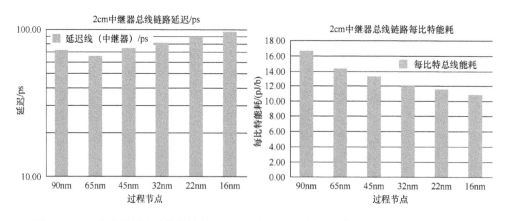

图 10.1　RC 中继器缓冲区的非缩放延迟　　图 10.2　增加 RC 中继器缓冲区降低每比特能耗

如图 10.3 所示,一个 RC 中继缓冲器只使用不到 2% 的最大可用带宽,设定 CMOS 的截止频率 f_T,根据 ITRS[14],如今 45 nm CMOS 是 240 GHz 并且最终将达到在 16nm CMOS 的 600 GHz 。Owens 等[7]甚至预言,在 22 nm 技术中,采用中继器缓存总的网络功耗将在芯片多处理器（CMP）的功耗中占主导地位。因此,未来使用 RC 中继器缓冲区的 CMP 将遇严重的通信拥塞,并将大部分时间和精力用在"协调"方面而不是"计算"方面。Intel 80W 的 CMP[4]表明,为了支持 256 GB 平分带宽,这对大规模并行处理是至关重要的,对运行在 4 GHz 的计时器的 10×8 mesh NoC,它们的 NoC 消耗了总功耗 100 W 的 30%。对于一个数据包在晶片的两

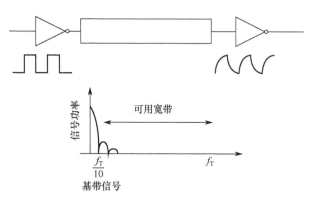

图 10.3　给定数据率为 4 Gb/s 和 45 nm CMOS 中 240 GHz 的 f_T、RC 中继器缓冲区只利用了最大可用带宽的 2%

个对角间通信，同样的 CMP 设计在最坏的情况下也需要 75 个时钟周期。这清楚地表明，开发新的片上互连方案的需求，该方案在功耗上是可扩展的，在核间通信上是高效的。

10.3 RF 如何帮忙？

未来的计算系统的互连架构不仅要能够在给定的低功率预算时具备高性能，而且能根据单个处理核的需求自适应。正如已经指出的那样，传统的中继器缓冲区不满足这些要求，是因为一般它的扩展性能差和抗干扰能力差。它也没有重新配置以执行低开销的多播网络通信，并且不能动态地适应于分配带宽不断变化的需要。为了规避上述在互连的传统基带专用类型中的缺陷，提出采用多边带 RF 互连，原因详述如下。

CMOS 扩展的主要优点之一是对于晶体管的开关速度每一代技术都有提高。根据 ITRS[14]，在 16 nm CMOS 技术中，f_T 和 f_{max} 将分别是 600 GHz 和 1 THz。一个 324 GHz 毫米波 CMOS 振荡器[15]的新记录也已被标准数字 90 nm CMOS 工艺验证。采用先进的 CMOS 毫米波电路，在不久的将来数百千兆赫的带宽将是可用的。此外，与 CMOS 中继器充电和放电金属丝相比，电磁波在引导介质中以在硅衬底上大约 10 ps/mm 光速行进。这里的问题是：通过 RF-I，如何在未来的移动系统中使用数百吉赫兹的带宽，而同时实现带宽超低功耗运行和动态分配，以满足未来的异质性整合的移动系统需求？

一个可能性是使用多频带 RF-I，根据频分多址算法（FDMA）[16,20,22,23]，以促进片上核间通信。过去，已经证明了片上和 3DIC（即三维集成电路）互连方案，RF 互连可以实现高速（在 0.18 μm CMOS 下 5~0 Gb/s）、低误码率（10^{-14} 无纠错）[17,18]、无缝重配置性，同时通过多个频带使用共享物理传输线路在多个 I/O 用户间通信。RF-I 的主要优点包括：

（1）优越的信噪比：由于所有数据流调制 RF 载波，这些载波频率至少在 10 GHz 的基带之上，高速 RF 互连不产生和/或受到任何的基带开关噪声的影响，这减少了对敏感的近/分 V_{th} 操作的电路的可能干扰。

（2）高带宽：多频带 RF 互连链路具有比单个中继器缓冲器链接高得多的聚合数据率。

（3）低功耗：相比中继器缓冲，多频带 RF 互连能够在 NoC 中每比特更低的能量下操作。相比于正常反复有线网络，其消耗大量的功率，少数 RF-I 节点只消耗很少的功率（见 10.4 节，使用 pJ/b 作为度量基线）。

（4）低开销：由于光速的数据传输，有高数据率/线，低区/千兆和低延迟（见 Sect.10.4，使用基线面积/（Gb/s）为度量）。

（5）可重配置性：通过共享片上传输线路自适应带宽高效同步通信。

（6）多播支持：从一个发射器传送到许多片上接收器的可扩展方式进行通信。

（7）总兼容性和可扩展性：RF-I 在主流数字 CMOS 技术上实施，可直接受益于 CMOS 缩放。

RF-I 的概念是基于波的传播，而不是电压信号。当在常规的 RC 时间常数中使用电压信号支配互连时，线的整个长度必须被充电和放电，以表示为'1'或'0'。在 RF 方法中，电磁（EM）波是连续沿导线（处理为传输线）发送。数据被调制到载波的振幅和/或相位的变化。这一应用的简单调制方案之一是二进制相移键控（BPSK），其中二进制数据在 0°～180° 之间改变波的相位。通过扩大单载波 RF-I 的想法，提高使用 N 沟道的多载波 RF-I 带宽的效率是可能的。在多载波 RF-I 中，Tx 有 N 个混频器，每个混频器变频个别基带数据流转换为一个特定的通道。这 N 个不同的信道发送 N 个不同的数据流到同一传输线路上。总聚合数据速率（$R_{总}$）等价于 $R_{总} = R_{基带} \times N$，其中每个基带的数据速率为 $R_{基带}$ 和通道的数量是 N。六载波 FDMA RFN 互连的概念图如图 10.4 所示。

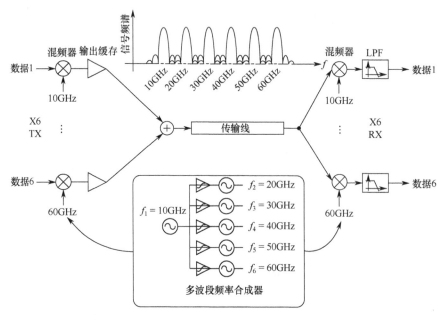

图 10.4 多波段 RF 互连的概念示意图

未来片上 RF-I 将需要片上传输线（TL），该传输线可实现多频带通信，且具高聚合数据率、低延迟、低信号损失、低色散、紧凑的硅面积。要同时支持在单个 TL 上的基带和 RF 频带而无严重信道间的干扰是一个特殊的挑战。在这种情况下，TL 中波的两个基本传播模式，奇数和偶数模式，分别用于支持基带和 RF 频带。因为奇数模式和偶数模式是正交的，本章设计了一种新类型的片上传输线，可支持双模式波传播。新的设计结合了微分和共面传输线结构——TL 的横截面，如图 10.5 所示。顶部的两个厚金属层（M7 和 M8）作为差分信号线支持在奇数模式下高频率 RF 频带的数据，而 M5 层作为接地计划支持在偶数模式下的基带数据。使用 EM 仿真验证，两根信号线之间的一个简单侧壁可减少 10dB 的交叉耦合。在 60 GHz 时，这样的 TL 延迟大约为 70 ps/cm，损失为 15 dB/cm。

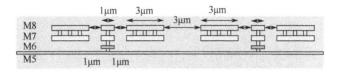

图 10.5　片上差分传输线的横截面示例

10.4　可扩展 RF-I 的预期性能

未来 CMP 需要可扩展互连以满足未来在通信带宽、功耗预算和硅面积上的需求。在 RF-I 中，无源器件（如电感器）的尺寸是硅面积的主要消耗者。因为无源器件的尺寸与工作频率成反比，如使用更高的载波频率时，无源器件的尺寸可被大大缩减。在 20 GHz，电感器的大小约 50 μm×50 μm。然而由于波长缩放，在 400 GHz 时电感器的大小可小到 12μm×12μm，在面积方面大约可以减少 20 倍。只要载波频率在每一代新技术可以增加，收发器面积也会缩小。切换速度 300 GHz（即 16 nm CMOS[14]一半的 f_T 以提供合理增益) 在未来一代又一代的 CMOS 将能够实现大量高频通道的物理 RF-I 总线。在每一代新技术，单个 TL 的可用信道的数量预期会增长。尽管如此，每个通信频带的平均能耗预计会保持不变（如表 10.1 所列，约 4～5 mW）。这种假设背后的逻辑是，虽然更高载波频率的 RF 电路需要更多的能耗，由于更高的操作频率晶体管扩展的可用，这额外的电源是通过保存在较低频率的通信频段的能耗获得补偿的。除了多频带，各频率载波的调制速度也将增大，从而使每频带有更高的数据速率。如表 10.1 所列，其结果是，预计聚合数据速率通过每一代 CMOS 技术增加约 40%。此外，就面积/（Gb /s）和每个传送位上的能耗而言，数据率的成本将缩减，如图 10.6 和图 10.7 所示。

表 10.1　RF-I 的扩展趋势

工艺	频段	频段数据率/（Gb/s）	线速/（Gb/s）	比特功耗/pJ	G 比特面积/（μm²/Gb）
90nm	3RF+1BB	5	20	1.00	1640
65nm	4RF+1BB	6	30	0.83	1183
45nm	5RF+1BB	7	42	0.71	810
32nm	6RF+1BB	8	56	0.63	562
22nm	7RF+1BB	9	72	0.56	399
16nm	8RF+1BB	10	90	0.50	325

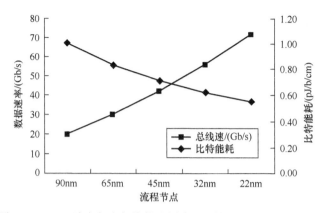

图 10.6　RF 互连在每点每线的比例缩放后的总能量和总数据速率

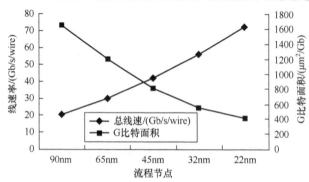

图 10.7　比例缩放后的 RF 互连总数据速率和 G 比特面积

10.5　实施案例

10.5.1　片上多载体形成

图 10.4 阐述了片上 RF-I 的工作原理,即在发射和接收单元之间的 FDMA 上使用一种多频带合成器,这种合成器实现在传输线上调制的 RF 信号多频带的传输。因此,广泛的片上频率合成方法是需要在毫米波范围内的多频带通信上同时产生多载波频率。而传统的片上频率生成方法需要专用的 VCO 和 PLL 来覆盖多个频段,从而消耗显著的功耗和面积。在文献[24]中提出了一种用于产生多个毫米波的载波频率的新技术,就是同时使用分谐波注入锁定为单一的参考频率。这一概念在图 10.8 中有详细说明。主 VCO 在 10 GHz 下产生参考载波,就会产生一个差分对。该差分对从非线性度上产生参考信号的奇次谐波。把 30 GHz 作为参考载波的第三次谐波,然后注入他们锁定的谐波相应的从属 VCO。该技术的主要优点是降低功耗,减少硅片面积和简化载波分配。在图 10.9 中,可以看到能够把一个 30 GHz 和 50 GHz 次谐波的原型注入锁定 VCO 是在 90 nm CMOS 数字工艺中实现的,且能够锁定在第二至第八次谐波的参考频率,该频率锁定范围达到 5.6 GHz。同时一

个 10GHz 的参考信号的第三、第五次谐波的锁定也被证明,如图 10.10 所示。

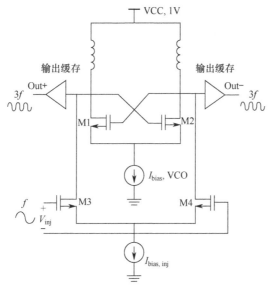

图 10.8 次谐波注入锁定振荡器原理图

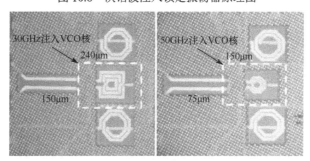

图 10.9 30GHz 和 50GHz 的次谐波注入 VCO 的晶片图

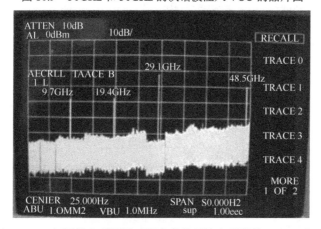

图 10.10 在 9.7GHz 相同的参考源同时锁定条件下输出频谱的 30GHz 和 50GHz VCO

10.5.2 片上 RF 互连

在本节中,通过阐明片上三频带 RF 互连[25]同时工作,证明多频带 RF 互连在未来片上网络中的可行性。在本设计中,使用毫米波频率的两个 RF 频带,30 GHz 和 50 GHz,采用幅移键控调制,而基带使用低摆幅的电容耦合技术。每个 RF 频带和基带分别载 4 Gb/s 和 2 Gb/s 频段。总计高达 10 Gb/s 的 3 个不同频带,同时传输在共享的 5 mm 片上差分传输线上。

正如许多其他通信系统一样,在任何主要的系统设计开始之前,要估测一下 RF-I 的信噪比,如选择调制方案和设计收发器架构。通过 SNR,可以估计整个系统的误码率。在 RF-I 中,应当考虑三种类型的噪声源。第一种类型是无源/有源器件的热噪声,第二种类型是电源噪声,第三种类型是信道间的干扰。

无源和有源器件的热噪声是噪声的主要来源之一,因此在许多 COM 低噪声接收器前端通信系统中进行了改进。另一方面,RF-I 不是受热噪声的限制。可以简单地从下面的简单计算推出结论。

假设,在 60 GHz 载波下,利用幅移键控调制载波的发送器具有 10%的输出效率,并且总功耗为 3 mW。平均输出功率 P_{TX} 将为

$$P_{TX} = 3 \text{ mW} \times 10\% \times 0.5 = -8.24 \text{ dBm} \tag{10.1}$$

基于全电磁波仿真(测量)上的传输线,在 60 GHz 时该片上传输线的平均信号衰减为 1.5 dB/mm。假定片上传输的平均长度为 1 cm,总信号会损失 15 dB。因此,在接收机前端的信号功率将为

$$P_{RX} = -8.2 \text{dBm} - 15 \text{dBm} = -23.2 \text{dBm} \tag{10.2}$$

假设信道带宽为 20 GHz 和接收机的噪声系数 NRX 为 10 dB。有了这些信息,可以计算出接收器的噪声功率为

$$P_{noise} = 4KTRBW + NF = -174 \text{dB} + 10 \lg(BW) + NF = -61 \text{dBm} \tag{10.3}$$

在获得接收机前端的信号功率与噪声功率后,计算信噪比(SNR)为

$$SNR_{RX} = P_{signal}(\text{dBm}) - P_{noise}(\text{dBm}) = 37 \text{dB} \tag{10.4}$$

由于接收机前端的 SNR 为 37 dB,该片上 RF-I 的误码率不受热噪声限制。

在未来的 CMP 中,单个芯片将有超过数十甚至数百个处理内核。通过电源网络和低阻抗 CMOS 衬底,这些嘈杂的数字电路产生嘈杂的开关噪声和敏感混合信号电路耦合。因此,消除数字开关噪声成为了最重要的设计考虑因素。幸运的是,在 RF-I 中,所有数据流调制 RF 载波,它具有至少 10 GHz 以上的基带,从而高速度 RF 互连不会产生和遭受任何基带切换噪声,该噪声通常低于 10 GHz。相对于传统的片上互连技术,低摆幅信号直接受到数字电源噪声影响,RF-I 显然具有优异的电源噪声抑制。

RF-I 的一个优点是它提供了比传统片上互连将多信道数据同时发送到一个单一的传输线上更高的总数据速率。在 RF-I 设计中多信道间的干扰成为关键因素。

用一个特定的参数来量化信道间的干扰,即信号干扰比(SIR)。假设最小 SIR 为 20 dB 且调制方案为振幅键控(ASK)。ASK 的功率谱即

$$P(f)=(A/2)^2 T\sin^2\left(\frac{f-f_c}{T}\right)+(A/2)^2\delta(f-f_c) \qquad (10.5)$$

由功率谱可知,两相邻信道之间的间隔必须至少为 3BW$_{data}$ 以满足 SIR 的 20 dB,其中 BW$_{data}$ 是数据流的数据速率。例如,每个通道的数据数率为 5 Gb/s 的信道间隔是 15 GHz。

所述三频带 RF-I 的方案如图 10.11 所示。RF 频带的调制方案为振幅键控(ASK),其中一对通断开关直接调制 RF 载波。不同于其他调制方案如 BPSK[18,22,23],ASK 系统的接收器只检测振幅的变化而不检测相位或频率的变化。因此,它异步操作且无需耗电的 PLL,它也无需接收机相干载波的再生。因此,RF-I 不受由工艺变化引起的发射机和接收机之间的载波变化。此外,RF-I 也可与传统的数字逻辑电路直接放置在其无源结构中,它提供了更高的面积利用率。

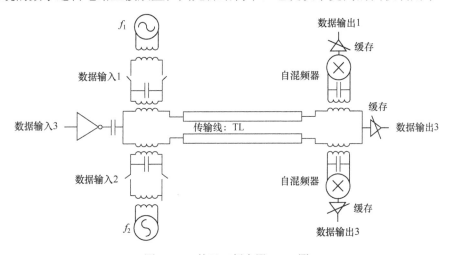

图 10.11 基于三频内置 RF-I 图

对于 RF 频带,本设计采用最小配置,包括在发送机方面的压控振荡器(VCO)和一对 ASK 开关,以及在接收机方面的自混频器和基带放大器。如图 10.12 所示,VCO 产生的 RF 载波作为推挽放大器。VCO 的 RF 载波通过 2∶1 比率的变压器,首先感应到耦合的 ASK 调制器。之后,通过一对 ASK 开关输入数据流调制 RF 载波。为了最大化调制 ASK 信号的深度,选择的开关大小需在通态损耗和关断状态馈通之间提供一个最佳平衡点。ASK 调制后,通过第二频率选择变压器,差分 ASK 信号电感耦合到传输线(TL)上。由于反射后,片上 TL 的反射波明显衰减,阻抗匹配要求大大放宽。在毫米波频率选择的 RF 载波,其高载波数据速率比进一步减少信号分散和消除耗电均衡电路的需求。RF 频带的接收机结构如图 10.13 所示。自混频器作为包络检波器和解调毫米波 ASK 信号为基带信号,它被进一步

放大到全摆幅数字信号。自混频器的模拟电压传输曲线的绘制如图 10.14 所示。普通测量技术在线性电路的频率响应,如小信号 AC 响应,不适用于自混频器,其操作是非线性的。通过眼图测量 ASK 信号不同的输入数据速率中自混合器的输出,图 10.15 显示了自混频器的模拟频率响应。模拟结果表明,自混频器能够解调高达 10 Gb/s 的 ASK 信号。图 10.16 显示自混频器运行在 5 Gb/s 载波为 60 GHz 的 ASK 信号的瞬态仿真。

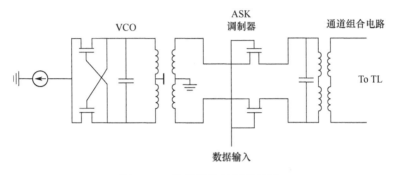

图 10.12　发射机的射频原理图

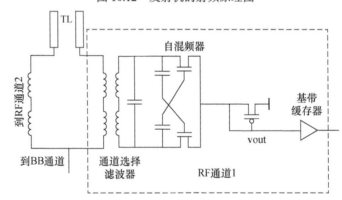

图 10.13　射频接收机的示意图

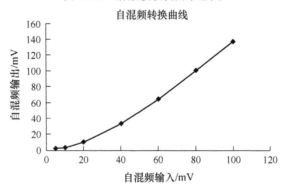

图 10.14　大信号电压传输的自混频曲线

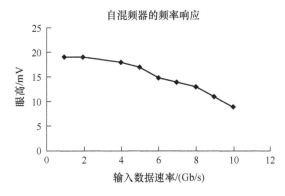

图 10.15 大信号电压自混频转换曲线

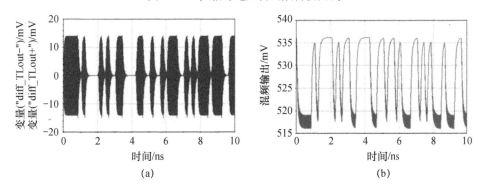

图 10.16 瞬态仿真的自混频

（a）输入 ASK 调制信号与载波 60GHz；（b）10Gb/sASK 信号的解调图像。

基带（BB）采用电容耦合的低摆幅互连技术[12]。如图 10.17 所示，通过差分 TL 的共同模式发送和接收基带数据。低频率时，变压器短路，一对低摆幅的电容耦合式缓冲器在其中心抽头发送并接收基带数据。

图 10.17 共模基带等效电路

发送器和接收器由一个片上 5 mm 长的差分 TL 连接。为了在共享的 TL 支持同步多频 RF-I，RF 和 BB 分别在差模和共模传输。这两种传播模式自然是彼此正交且抑制在 RF 和 BB 之间的信道间干扰（ICI）。即使在差模（RF）和共模（BB）之间是有限的耦合，BB 接收器的低通特性和 RF 接收机的带通特性可进一步抑制对 RF 和 BB 间任何可能的 ICI 。剩下的问题是不同的 RF 信道间的 ICI。在发送端，由于信号泄漏到相邻的 RF 频段的 ASK 调制器，RF 频带的第二变压器频率的选择性减少了 ICI。在 RF 频带的接收端，在自混频器的输入中，变压器作为带通滤波器。

三频带片上 RF-I 由 IBM 90 nm 数字 CMOS 工艺实现。如图 10.18 所示，芯片尺寸为 1 mm×2 mm。图 10.19 显示了三频带恢复的数据波形：30 GHz、50 GHz 和 BB。RF 频带和 BB 的最大数据速率分别为 4 Gb/s 和 2 Gb/s。总聚合数据速率是 10 Gb/s，带 TX 和 TL 的 RF-I 只实现三频带 RF-I 信号频谱的测量。67-GS 级联微探针直接探测片上差分 TL（只有差分模式可被测量）。图 10.20（a）显示了无输入数据在 RF 频段分别为 28.8 GHz 和 49.5 GHz 上的调制时自由运行的 VCO 谱。如图 10.20（b）所示，当两个不相关的 4GB 随机数据流应用于 RF 频带时，各个波段的光谱展宽并扩频在 10 GHz 带宽上。三频带 RF-I 可实现更高的总数据速率（10 Gb/s）、延迟（6 ps/mm），RF 和 BB 的每比特能耗分别为 0.45 pJ/b 和 0.625 pJ/b/mm，其总结如表 10.2 所列。

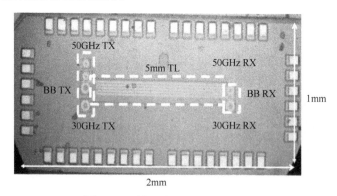

图 10.18 模具基于三频内置 RF-I

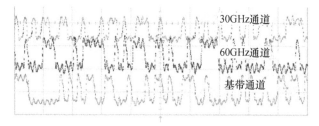

图 10.19 30GHz、50GHz 和基带的数据输出

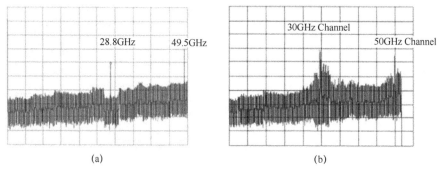

图 10.20 在每个频带中光谱差模 RF-I 信号
（a）没有数据输入；（b）4Gb/s 的数据输入。

表 10.2 三频段 RF-I 性能综述

三频段 RF-I	
互连技术	RF-I
频段	30 GHz、50 GHz 和基带
RF 通道数据率/(Gb/s)	4
BB 通道数据率/(Gb/s)	2
总数据率/(Gb/s)	10
BER	10^{-9}（在所有通道）
延迟/(ps/mm)	6
比特功耗（RF）/(pJ/b)	0.45（5mm）*
比特功耗（BB）/(pJ/b)	0.63（5mm）*

注：*VCO 功率（5 mW）被 NoC 中所有并行 RF-I 链路共享且非显著负担单链路。

10.5.3 3D IC 的 RF 互连

一个 CMOS 工艺的当前技术发展趋势是堆叠[9,26]，其中几个薄层电路被垂直堆叠来实现更高的集成水平。由于垂直整合，相同的功能可在较小的芯片区域实现，降低成本和信号在芯片上的传输距离。缩短距离减小传输延迟和能耗。然而，3D 堆叠要求垂直连接晶体管和金属层，通常使用切割硅和绝缘层的金属实现。对大规模来说，这种直接对准连接是困难的，因此需要一个相对较大的连接区。

对层间通信来说，采用 RF 信号比标准电压信号更有优势。因为该信号被调制在高频载体中，它不需要直接连接，且电容性或电感性耦合足以传输。图 10.21 显示了制造 3D 集成电路演示采用电容性耦合的 RF 互连的示意图，实际模具图如图 10.22 所示。该电路在 180 nm 3D SOI 处理的实现由 MIT 林肯实验室[17]提供，使用了振幅频移键控（ASK）的 25 GHz 载波调制，从而恢复数据只需一个包络检波器。每个层次的金属层被用于形成电容，该电容值达数十个飞法，足以有效耦合。如图 10.23 所示，在 8 Gb/s 测量时，实现了 RF 互连达到 11 Gb/s 的最大数据速率及非常低的误差（BER）10^{-14}。据估计，相邻通道间距可小至 6.5 倍的层间距，即 BER 为 10^{-12}。例如，在 180 nm 3D SOI 工艺中，层间距为 3 μm，电容耦

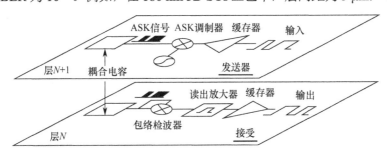

图 10.21 实现 0.18 μm CMOS 工艺 RF 互联的 3D 示意图

合互连中相邻通道间距约为 20 μm，也就是只有约 2/3 的电感耦合互连[21]。由于更好的磁场约束，该约束可减少差分环节的串扰和干扰，故采用小电容耦合优于片上电感或天线。

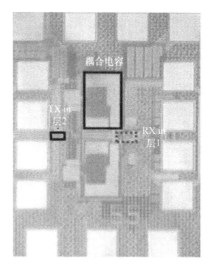

图 10.22 RF 互联的 3D 芯片图

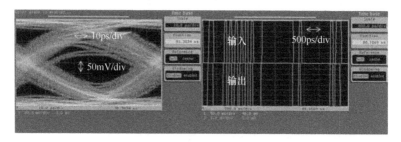

图 10.23 3D RF 互联在 11Gb/s 和 $2^{15}-1$ 的伪随机位序列的测量结果

10.6 RF-I 对未来 SoC/NoC 架构的影响

RF-I 在低延迟、低功耗、高带宽操作等方面有巨大的潜力，在未来微处理器结构设计中，RF-I 组件的关键是可重构性。作为这一重构实例，作者最近提出 MORFIC（RF 间连接的网状覆盖）[19,27]，一种混合的 NoC 设计如图 10.24 所示。它由传统网状路由器组成，该路由器被可在网目中配置成捷径的 RF-I 共享库增强。在本设计中，有 64 个计算核心、32 个缓存内存模块和 4 个存储器输出端口——RF-I 是一束传输线生成的网格并设有 16 个载波频率。本章研究了 4 种架构：

（1）没有任何 RF-I 的网基线——基线网状架构。

（2）在芯片设计时选择的路由器（传统导线，不是 RF-I）间具有明确捷径的网线基线——基线网线架构（即对应用变化无适应性）。

（3）网静态捷径——同样明确的捷径为网线基线，但采用 RF-I 而不是传统的重复丝。

（4）网格自适应捷径——叠加的带捷径的 RF-I 针对执行中特定的应用程序。

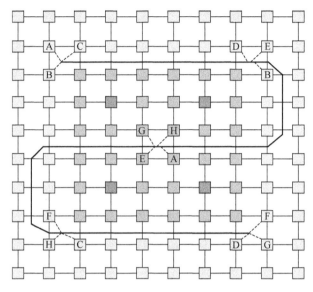

图 10.24　MORFIC 的示意图

从内部周期精确仿真[28]的模拟结果中，证明显著提升了基于网基线的网格自适应捷径的性能，如图 10.25 所示，通过可重构的 RF-I，平均数据包延迟减少了 20%～25%[19]。如图 10.26 所示，通过降低基线网格带宽的 75%，16 个字节的宽度缩小到 4 字节宽的基线网目，进一步证明功耗减少了 65%[27]。不断探索的 MORFIC 架构将在测量仪器中权衡未来 CMP 互连设计，并且更好地量化有助于期待 CMP 在未来 MORFIC 的 CMOS 技术的道路。

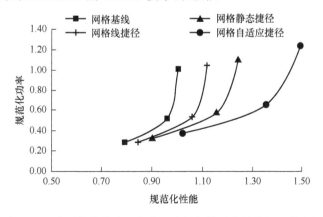

图 10.25　在网格基线中网格自适应捷径的功率性能权衡曲线图

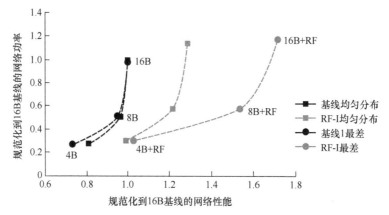

图 10.26　在不同的基线网带宽从 16 字节宽到 4 字节宽基线网格功率权衡性能曲线

10.7　未来 RF-I 的研究方向

在探讨 RF-I 未来可能的研究方向之前,应当比较所有 3 种互连类型的性能和适当的通信范围,包括传统的并行重复线总线、RF-I 和光互连。对相同的 2 cm 的片上通信距离,首先在图 10.27 中比较它们之间的延迟、比特能耗、数据率密度。根据优化的中继器设计实践[29]中 ITRS 数字技术路线图[14]估计并行中继器总线的性能;基于 RF 技术的路线图,采用所提出的设计方法描述 RF-I,从而估计 RF-I 的性能。根据文献[30]计算光互连性能并外推到进一步扩大技术节点。如图 10.28 所示,与传统中继器总线的延迟增加不利于扩展相反,RF 和光互连在扩展上能够保持同样的低延迟,且一个时钟周期内能保持 2 cm 的数据的传输。如图 10.29 所示,与传统总线相比,RF 和光学互连在能耗上具有显著优势。在比特绝对能量方面,RF-I 稍优于光互连。数据率密度预计将在所有 3 个互连中都有所改进:总线

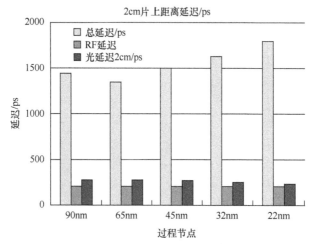

图 10.27　传统重复并行总线、RF-I 和光互连在全局 2cm 片上距离的延迟比较

将受益于导线间距;大量载波频段及可能有效的传输速度有利于 RF-I;使用更多波长[31]可提高光学数据密度。尽管它的光收发器通常需要非 CMOS 器件,但由于基本的物理限制,这些器件的可扩展性较差,而且通常对温度变化更敏感,另一方面,RF-I 具有使用的标准数字 CMOS 工艺的主要优势。

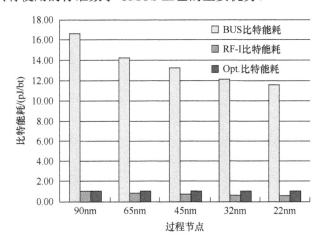

图 10.28 传统重复并行总线、RF-I 和光互连在全局 2cm 片上距离的比特能耗比较

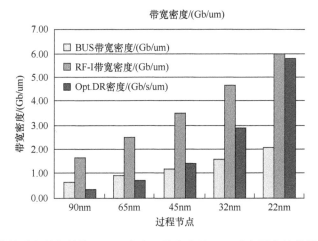

图 10.29 传统重复并行总线、RF-I 和光互连在全局 2cm 片上距离的数据率密度比较

除了性能,也可以对每个互连技术评估优化后的通信范围。随着 CMOS 不断向 16 nm 发展,通过采用最小特征宽度金属线[10],进一步增加物理密度,传统片上 RC 重叠线更适用于短距离通信的本地互连。图 10.30 说明最佳延迟[14,29]的 RC 线和 16 nm CMOS 工艺的 RF-I 的功率/性能。在约 1 mm 时,RC 中继器能够提供优良的节能通信,但是超过 1 mm,RF-I 的通信效率较高。由于其 CMOS 技术总兼容性,预计 RF-I 能维持互连片上全部的性能优势,但它对一个有延伸距离的片外系统能保持同样优势么?特别是,在什么范围内可以与光学互连竞争,光互连

在长距离通信中有明显优势？通过比较在图 10.31 的片外 RF-I 和光学互连，可以得到答案，图 10.31 说明了基于文献[18]的物理收发器/传输线设计预估 RF-I 的比特能耗，光互连的结果是从文献[32,33]的数据中得到的。相应地，在 30 cm 以下的适中距离下，RF-I 实际上具有更好的能效。随着通信距离的增加，由于需要过多的功耗对外印制电路板传输线的严重损失进行补偿，RF-I 能效迅速降低，而光互连功耗几乎保持不变。因此，尽管在集成和成本上有很大的缺点，当连接距离超过 30 cm 时，光互连变得更加有益。

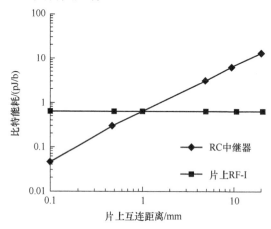

图 10.30　RF-I 和 RC 中继器交叉的能耗曲线
（在 16nm 的 CMOS 工艺 1mm 以上的互连距离，RF-I 能耗更低）

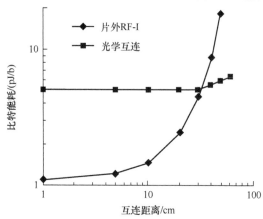

图 10.31　在中档或低于 30cm 的距离下，RF-I 具有更好的能源效率；
直到互连距离超过 30cm，光学互连在能耗上没有任何优势。

这就是说，在传统的 RC 中继器缓冲区和光互连之间，从几毫米到几十厘米的中距离范围内实现成本/性能有效通信方面存在着明显的技术差距。如图 10.32 所示，拥有最低延迟、最小能耗和最高数据速率密度的 CMOS 兼容的 RF-I 可弥补这样的技术差距。

然而，为了充分利用其潜力，让主流行业采用 CMP，必须在以下领域进一步推进 RF-I 电路和低功耗多核架构设计：

（1）有效的信道分配方案，支持在共享传输线上的共存 RF 频带及基带，包括设计面积小、耦合效率高、信道间干扰少的多波段的耦合器。

（2）可靠的信令技术，提供一个抗干扰和抗噪声的 RF-I，NoC 未来的 RF-I 高度可靠的互连可以保证误码率（BER）足够低，进而实现可靠的计算。由于有噪数字电路和

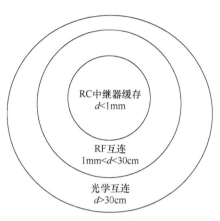

图 10.32 CMOS 工艺不断趋向 16nm 尺度时通信范围与互连技术的关系

有源器件的热噪声，在目前的三频带 RF-I 设计[25]中该 BER 可能无法满足未来需求。

（3）可支持自仲裁和无碰撞的多播通信的收发器结构——RF-I 的潜在优点之一是在 NoC 中提供有效的广播。然而，协议和基础设施支持的有效自我仲裁和无碰撞多播器不能被很好地实现。

（4）NoC 通过 RF-I 的自适应负载均衡——目前的设计在粗粒度下重构了 NoC，利用应用程序中相位位置在多个周期内摊销重构的成本。但由于更动态的自适应，进一步的增益是可能的——这样的设计将需要一个机制，以迅速仲裁多个连通成分中的 RF-I 频率，并迅速通知这些组件的通信频率。

（5）通过充分利用在存储器层次结构的 RF-I 减少 NoC 的存储器带宽、延迟和功率限制——已经考虑用于在网状拓扑明示通道的重叠 RF-I，将 RF-I 作为 NoC 的主信道可实现进一步的潜在收益。例如，正在探索启用 RF-I 的交叉开关和基于 RF-I 的缓存分区。

（6）凭借多播提高缓存的一致性、事务内存/线程同步或组合核——最初致力于处理一系列潜在发送者中多播发送方的粗粒度仲裁，但也考虑较大规模的实施方案，以协调更多的节点作为多播发送者。这样的实现可显著改善需要集体通信更复杂的高速缓存的一致性协议，该协议要求事务存储器方案确定广播所有参与的内核、同步技术，例如，在多线程应用中的障碍，及可组合芯片的一些简单芯片一起协作处理单一连续的线程。后一种情况下，在加速合作核间的通信方面，RF-I 具有明显的潜力。

（7）基于 RF-I 的传输线是难以形成规模超过 1000 核的 NoC 的，在超过 1000 核的 NoC 情况中，传输线需要跨越整个芯片面积和需要过多的分支点连接到本地内核。一种可能的解决方案是片上无线互连，其中，频带高达亚太赫兹（100～500 GHz）。Lee[34]为 NoC 提出了一种微无线互连架构，其有数百至数千内核，它使用两层的混合结构，无线骨干网和有线边缘，以互连在 NoC 中的数千内核。这种新

的微片上无线互连为长途、多跳、核间通信消除长线和减少延迟。此外，模拟结果显示这样的两层混合结构的延迟减少了约 20%～45%。

致谢 笔者要感谢美国 DARPA 和 GSRC 的合同支持及 TAPO/IBM 的晶圆代工服务。

参 考 文 献

1. S. Borkar, "Thousand Core Chips – A Technology Perspective," Proceeding of the 44th annual conference on design automation, pp. 746–749, 2007
2. W.J. Dally, B. Towles, "Route Packets, Not wire: On-Chip Inter-connection Networks," Proceeding of the 38th Design Automation Conference (DAC), pp. 684–689, 2001
3. L. Benini, G. De Micheli, "Networks on Chips: a new SoC paradigm," IEEE Computer Magazine, pp. 70–78, Jan. 2002
4. S. Vangal et al., "An 80-Title 1.28 TFLOPS Network-on-Chip in 65nm CMOS," IEEE International Solid-State Circuits Conference (ISSCC) Digest of Technical Papers, pp. 98–99, 2007, San Francisco, California, USA
5. S. Bell et al., "TILE64TM Processor: A 64-Core SoC with Mesh Intercon-nect," IEEE International Solid-State Circuits Conference (ISSCC) Digest of Technical Papers, pp. 88–89 2008, San Francisco, California, USA
6. R. Kumar, V. Zyuban, D. Tullsen, "Interconnections in multi-core architectures: Understanding Mechanisms, Overheads and Scaling," Proceed-ing of the 32nd International Symposium on Computer Architecture, pp. 408–419, June 2005
7. J.D. Owens, W.J. Dally, R. Ho, D.N. Jayasimha, S.W. Keckler, L.-S. Peh, "Research Challenges for On-Chip Interconnection Networks," IEEE MICRO, pp. 96–108, Sept 2007
8. T. Karnik, S. Borkar, "Sub-90nm Technologies-Challenges and Opportunities for CAD," Proceedings of International Conference on Com-puter Aided Design, pp. 203–206, November 2002
9. J. Cong, "An Interconnect-Centric Design Flow for Nanometer Technologies," Proc. of the IEEE, April 2001, vol. 89, no. 4, pp. 505–528
10. R. Ho, K.W. Mai, M. Horowitz, "The future of wires," Proceedings of the IEEE, vol. 89, no. 4, pp. 490–504, April 2001
11. A.P. Jose, K.L. Shapard, "Distributed Loss-Compensation Technique for Energy-Efficient Low-Latency On-Chip Communication," IEEE Journal of Solid State Circuits, vol. 42, no. 6, pp. 1415–1424, 2007
12. R. Ho et al., "High Speed and Low Energy Capacitively Driven On-Chip Wires," IEEE Journal of Solid State Circuits, vol. 43, no. 1, pp. 52–60, Jan 2008
13. H. Ito et al., "A 8-Gbps Low Latency Multi-Drop On-Chip Transmission Line Interconnect with 1.2mW Two-Way Transceivers," Proceeding of the VLSI Symposium, pp. 136–137, 2007
14. "International Technology Roadmap for Semiconductors," Semiconductor Industry Association, 2006
15. D. Huang et al., "Terahertz CMOS Frequency Generator Using Linear Superposition Technique," IEEE Journal of Solid State Circuits, vol. 43, no.12, pp. 2730–2738, Dec 2008
16. M.-C.F. Chang et al., "Advanced RF/Baseband Interconnect Schemes for Inter- and Intra-ULSI communications," IEEE Transactions on Electron Devices, vol. 52, no. 7, pp. 1271–1285, July 2005
17. Q. Gu, Z. Xu, J. Ko, M.-C.F. Chang, "Two 10Gb/s/pin Low-Power Interconnect Methods for 3D ICs," Solid-State Circuits Confe-rence, 2007. ISSCC 2007. Digest of Technical Papers. IEEE International, pp. 448–614, 11–15 Feb. 2007
18. J. Ko, J. Kim, Z. Xu, Q. Gu, C. Chien, M.F. Chang, "An RF/baseband FDMA-interconnect transceiver for reconfigurable multiple access chip-to-chip communication," Solid-State Circuits Conference, 2005. Digest of Technical Papers. ISSCC. 2005 IEEE International, pp. 338–602 vol. 1, 10–10 Feb. 2005
19. M.F. Chang, J. Cong, A. Kaplan, M. Naik, G. Reinman, E. Socher, S.-W. Tam, "CMP Network-

on-Chip Overlaid With Multi-Band RF-Interconnect," IEEE International Conference on High Performance Computer Architecture Sym, pp. 191–202, Feb. 2008
20. M.F. Chang et al., "RF/Wireless Interconnect for Inter- and Intra-chip Communication," Proceedings of the IEEE, vol. 89, no. 4, pp. 456–466, April 2001
21. N. Miura, D. Mizoguchi, M. Inoue, K. Niitsu, Y. Nakagawa, M. Tago, M. Fukaishi, T. Sakurai, T. Kuroda, "A 1 Tb/s 3 W Inductive-Coupling Transceiver for 3D-Stacked Inter-Chip Clock and Data Link," IEEE Journal of Solid-State Circuits, vol. 42, no. 1, pp. 111–122, Jan. 2007
22. R.T. Chang, N. Talwalkar, C.P. Yue, S.S. Wong, "Near speed-of-light signaling over on-chip electrical interconnects," IEEE Journal of Solid-State Circuits, vol. 38, no. 5, pp. 834–838, May 2003
23. B.A. Floyd, C.-M. Hung, K.K. O, "Intra-chip wireless interconnect for clock distribution implemented with integrated antennas, receivers, and transmitters," IEEE Journal of Solid-State Circuits, vol. 37, no. 5, pp. 543–552, May 2002
24. S.-W. Tam et al., "Simultaneous Sub-harmonic Injection-Locked mm-Wave Frequency Generators for Multi-band Communications in CMOS," IEEE Radio Frequency Integrated Circuits Symposium, pp. 131–134, 2008
25. S.-W. Tam et al., "A Simultaneous Tri-band On-Chip RF-Interconnect for Future Network-on-Chip," VLSI Circuits, 2009 Symposium on, vol., no., pp. 90–91, 16–18, June 2009
26. J.A. Burns et al., "A Wafer-Scale 3-D Circuit Integration Technology," IEEE Transactions on Electron Devices, vol. 53, no. 10, pp. 2507–2516, October 2006
27. M.F. Chang et al., "Power Reduction of CMP Communication Networks via RF-Interconnects," Proceedings of the 41st Annual International Symposium on Microarchitecture (MICRO), Lake Como, Italy, pp. 376–387, November 2008
28. J. Cong et al., "MC-Sim: An Efficient Simulation Tool for MPSoC Designs," IEEE/ACM International Conference on Computer-Aided Design, pp. 364–371, 2008
29. J. Rabaey, A. Chandrakasan, B. Nikolic, "Digital Integrated Circuits: A Design Perspective," 2/e, Prentice Hall, 2003
30. N. Kirman et al., "Leveraging Optical Technology in Future Bus-based Chip Multiprocessors," 39th International Symposium on Microarchitecture, pp. 495–503 December 2006
31. M. Haurylau, G. Chen, H. Chen, J. Zhang, N.A. Nelson, D.H. Al-bonesi, E.G Friedman, P.M. Fauchet, "On-Chip Optical Interconnect Road-map: Challenges and Critical Directions," IEEE Journal of Selected Topics in Quantum Elec-tronics, vol. 12, no. 6, pp. 1699–1705, Nov. – Dec. 2006
32. H. Cho, P. Kapur, K. Saraswat, "Power comparison between high-speed electrical and optical interconnects for interchip communication," Journal of Lightwave Technology, vol. 22, no. 9, pp. 2021–2033, Sep. 2004
33. L. Schares, et.al., "Terabus: Terabit/Second-Class Card-Level Optical Inter-connect Technologies," IEEE Jour-nal of Selected Topics in Quantum Electronics, vol. 12, no. 5, pp. 1032–1044, Sept. – Oct. 2006
34. S.-B. Lee, et.al., "A Scalable Micro Wireless Interconnect Structure for CMPs," ACM MOBICOM 2009, pp. 217–228, 20–25 September 2009

编 者 介 绍

Cristina Silvano,1987 年于意大利米兰理工大学获得电子工程硕士学位,1999 年于意大利布雷西亚大学获得计算机工程博士学位。1987—1996 年,任意大利普雷尼亚纳 Groupe Bull 公司研发实验室的高级工程师。2000—2002 年,任米兰大学计算机科学系助理教授,现为米兰大学生物工程与电子信息计算机工程专业的副教授,出版了一本国际科学著作,并在国际期刊和会议上发表了 70 多篇论文,同时还拥有多项国际专利。她的主要研究领域是数字系统计算机架构和计算机辅助设计,主要集中在多处理器系统芯片的设计空间探索和低功耗设计技术。她参与了多项国家和国际研究项目,其中一些是与意法半导体公司进行合作,还是 FP7-2PARMA-248716 项目的欧洲协调员,该项目为关于"多核架构的并行扩展和运行时管理技术"(2010 年 1 月—2012 年 12 月);她也是"关于嵌入式多媒体应用多处理器 SoC 架构的多目标设计空间探索"(2008 年 1 月—2010 年 6 月)正在进行的 FP7-MULTICUBE-216693 项目的欧洲协调员。

Marcello Lajolo,1995 年和 1999 年在意大利都灵理工大学分别获得电子工程硕士学位和博士学位。随后,他加入了新泽西州普林斯顿的计算机和通信研究实验室(CCRL),即现在的美国 NEC 实验室,并负责了片上通信设计和高级嵌入式架构领域的各种项目。他还与瑞士卢加诺的高级学习与研究所(ALaRI)合作,自 2002 年以来一直负责芯片网络课程的授课。他曾担任过电子设计自动化和 DAC、DATE、ASP-DAC 和 SCAS 等嵌入式系统主要会议的计划委员会成员,在嵌入式系统设计领域为 ICCAD、ASP-DAC、ICCD 等会议提供了全天教程,而且是 IEEE 的资深成员。他的主要研究课题涉及片上网络、硬件/软件低功耗协同设计、计算机体系结构、数字集成电路的高级综合和片上系统测试。

Gianluca Palermo,2002 年和 2006 年在意大利米兰大学分别获得电子工程硕士学位和计算机工程博士学位。此前,他曾是意法半导体公司先进系统技术低功耗设计组的高级顾问工程师,负责片上网络方向的工作,同时还在瑞士卢加诺大学高级学习研究所担任研究助理,研究课题包括嵌入式系统的设计方法和架构,致力于低功耗设计、片上多处理器及片上网络。他参与了一些国内和国际研究项目。